新世纪高职高专
建筑工程技术类课程规划教材

建筑
CAD应用教程

第二版

新世纪高职高专教材编审委员会 组编

主　编　张阿玲　刘耀芳
副主编　王海渊　兰梦瑶

大连理工大学出版社

图书在版编目(CIP)数据

建筑 CAD 应用教程 / 张阿玲，刘耀芳主编. -- 2 版. -- 大连：大连理工大学出版社，2022.2(2023.3重印)
ISBN 978-7-5685-3329-4

Ⅰ. ①建… Ⅱ. ①张… ②刘… Ⅲ. ①建筑设计－计算机辅助设计－AutoCAD 软件－教材 Ⅳ. ①TU201.4

中国版本图书馆 CIP 数据核字(2021)第 222008 号

大连理工大学出版社出版

地址：大连市软件园路 80 号　邮政编码：116023
发行：0411-84708842　邮购：0411-84708943　传真：0411-84701466
E-mail：dutp@dutp.cn　URL：http://dutp.dlut.edu.cn
大连图腾彩色印刷有限公司印刷　大连理工大学出版社发行

幅面尺寸：185mm×260mm　印张：16　字数：369 千字
2018 年 2 月第 1 版　　　　　　　　　　　2022 年 2 月第 2 版
2023 年 3 月第 3 次印刷

责任编辑：康云霞　　　　　　　　　　责任校对：吴媛媛
封面设计：张　莹

ISBN 978-7-5685-3329-4　　　　　　　　　　定　价：45.00 元

本书如有印装质量问题，请与我社发行部联系更换。

前 言

《建筑 CAD 应用教程》(第二版)是新世纪高职高专教材编审委员会组编的建筑工程技术类课程规划教材之一。

本书紧密结合现行建筑设计规范及制图标准,同时把基本绘图命令有效融入工程实例的绘制过程,是编者多年教学经验的总结与升华。

本书在编写过程中力求突出以下几方面的特点:

1. 将命令融入实例,使枯燥的命令变为现实的任务

本书注重学生实际技能的训练。教材的编排以建筑施工图的绘制为主线,选取合适的建筑平面图、建筑立面图、建筑剖面图实例,在基本命令的分解讲解之外,将命令的学习贯穿、渗入每一个实例,通过对实例绘制过程的讲解,掌握基本命令的操作,最终达到应用 AutoCAD 软件熟练绘制建筑施工图的目的。

2. 表述简练,条理清楚,简单直观

教材的内容深入浅出、图文并茂,将软件的学习和建筑工程类专业紧密结合,去繁从简,注重软件的实用性及指导性。

3. 与时俱进,紧跟软件更新的步伐

在软件的选择上,使用了计算机辅助设计软件 AutoCAD 2015 和 T20 天正建筑设计软件。AutoCAD 2015 是目前较新、功能较多的 CAD 通用软件;T20 天正建筑设计软件是在 AutoCAD 平台上开发的针对建筑设计的一款实用性较强的软件。二者的有机结合,可满足建筑设计人员和工程技术人员对计算机辅助设计的需要。

4. 配有微课,操作步骤一目了然,提高学习效率

本书配有 71 个微视频,其中操作步骤一目了然,便于学生自学。

本书由陕西职业技术学院张阿玲、陕西工商职业学院刘耀芳担任主编;陕西省交通规划设计研究院王海渊、郑州

大学综合设计研究院有限公司兰梦瑶担任副主编。具体编写分工如下:张阿玲编写第1章和第2章;兰梦瑶编写第3章;刘耀芳编写第4章～第6章;王海渊编写第7章、第8章。全书由张阿玲统稿。

在编写本教材的过程中,编者参考、引用和改编了国内外出版物中的相关资料以及网络资源,在此表示深深的谢意!相关著作权人看到本教材后,请与我社联系,我社将按照相关法律的规定支付稿酬。

尽管我们在探索教材特色的建设方面做出了许多努力,但由于编者水平有限,教材中仍可能存在不足之处,恳请读者批评指正,并将意见反馈给我们,以便及时修订完善。

编　者

2022年2月

所有意见和建议请发往:dutpgz@163.com
欢迎访问职教数字化服务平台:https://www.dutp.cn/sve/
联系电话:0411-84708979　84707424

目 录

第 1 章　AutoCAD 2015 基础知识及基本设置 ·············· 1
1.1　AutoCAD 2015 的基本功能简介 ·············· 2
1.2　中文版 AutoCAD 2015 启动、工作空间、工作界面及退出 ·············· 3
1.3　中文版 AutoCAD 2015 的图形文件管理 ·············· 11
1.4　中文版 AutoCAD 2015 的基本操作 ·············· 16
1.5　设置绘图基本环境 ·············· 22
1.6　设置绘图辅助功能 ·············· 34

第 2 章　基本绘图和编辑命令 ·············· 42
2.1　实例 1　"点""直线"绘图命令 ·············· 43
2.2　实例 2　"构造线"绘图命令 ·············· 45
2.3　实例 3　"矩形"绘图命令、"删除"编辑命令 ·············· 47
2.4　实例 4　"修剪"编辑命令 ·············· 49
2.5　实例 5　"圆"绘图命令、"复制"编辑命令 ·············· 50
2.6　实例 6　"多线"绘图命令 ·············· 52
2.7　实例 7　"多段线"绘图命令 ·············· 58
2.8　实例 8　"圆弧"绘图命令 ·············· 62
2.9　实例 9　"多边形"绘图命令 ·············· 64
2.10　实例 10　"椭圆"绘图命令 ·············· 65
2.11　实例 11　"椭圆弧"绘图命令 ·············· 66
2.12　实例 12　"圆环"绘图命令 ·············· 67
2.13　实例 13　"偏移"编辑命令 ·············· 68
2.14　实例 14　"移动""镜像"编辑命令 ·············· 69
2.15　实例 15　"图案填充"绘图命令 ·············· 72
2.16　实例 16　"旋转"编辑命令 ·············· 76
2.17　实例 17　"分解""打断"编辑命令 ·············· 78
2.18　实例 18　"阵列"编辑命令 ·············· 81
2.19　实例 19　"缩放"编辑命令 ·············· 85
2.20　实例 20　"拉伸"编辑命令 ·············· 86
2.21　实例 21　"延伸"编辑命令 ·············· 88
2.22　实例 22　"拉长"编辑命令 ·············· 89
2.23　实例 23　"合并"编辑命令 ·············· 89

2.24 实例 24 "倒角""圆角"编辑命令 ··· 90
2.25 实例 25 "夹点"编辑命令 ··· 92
2.26 实例 26 "特性"编辑命令 ··· 93
2.27 实例 27 "特性匹配"编辑命令 ··· 94

第 3 章 文字与表格 ··· 100
3.1 实例 1 文　字 ··· 101
3.2 实例 2 表　格 ··· 107

第 4 章 图块与外部参照 ··· 114
4.1 图块的创建 ··· 115
4.2 属性图块的创建与编辑 ·· 121

第 5 章 尺寸标注 ··· 131
5.1 创建标注样式 ·· 132
5.2 常用的尺寸标注 ··· 139
5.3 尺寸标注的编辑 ··· 148

第 6 章 建筑施工图绘制实例 ·· 151
6.1 平面图的绘制 ·· 152
6.2 立面图的绘制 ·· 165
6.3 楼梯剖面图的绘制 ·· 173

第 7 章 图形的输出 ·· 185
7.1 图形输入 ·· 186
7.2 模型空间和布局空间 ··· 187
7.3 布局的创建、管理及视口的概念 ·· 189
7.4 图形的打印 ··· 193

第 8 章 天正建筑软件在建筑设计中的使用 ···································· 196
8.1 天正建筑软件的基础知识 ··· 197
8.2 天正建筑软件的基本操作 ··· 201
8.3 创建立面图和剖面图 ··· 224

习题答案 ·· 243
参考文献 ·· 244
附　录 ··· 245

第1章

AutoCAD 2015 基础知识及基本设置

教学内容

　　AutoCAD 基本功能简介
　　中文版 AutoCAD 2015 工作界面及空间介绍
　　中文版 AutoCAD 2015 的图形文件管理
　　中文版 AutoCAD 2015 的基本操作
　　设置绘图基本环境
　　设置绘图辅助功能

教学重点与难点

　　中文版 AutoCAD 2015 的工作空间
　　中文版 AutoCAD 2015 的图形文件管理
　　中文版 AutoCAD 2015 的基本操作
　　设置绘图基本环境
　　设置绘图辅助功能

AutoCAD 2015 是由美国 Autodesk 公司开发的通用计算机辅助绘图与设计软件包，可以帮助用户绘制和编辑二维和三维图形。在目前的计算机绘图领域，AutoCAD 2015 是使用较为广泛的计算机绘图软件之一，在土木、机械、汽车、地质、航天、纺织等多个领域得到了广泛应用。

1.1 AutoCAD 2015 的基本功能简介

1.1.1 图形绘制与编辑

使用 AutoCAD 2015 中的"绘图"命令，可以绘制直线、构造线、多段线、圆、矩形、多边形、椭圆等基本图形，也可以将绘制的图形转换为面域，对其进行填充，还可以借助编辑命令绘制各种复杂的二维图形。

1.1.2 标注图形尺寸和文字

标注显示了对象的测量值、对象之间的距离、角度，或者特征与指定原点的距离。AutoCAD 2015 提供了线性、半径和角度等多种标注类型，可以进行水平、垂直、对齐、旋转、坐标、基线或连续等标注。此外，还可以进行引线标注、公差标注，以及自定义粗糙度标注。标注对象可以是二维图形或三维图形。文字说明也是图形对象中不可缺少的组成部分，它能够更加清晰地表达图形内容。建筑图标注如图 1-1 所示。

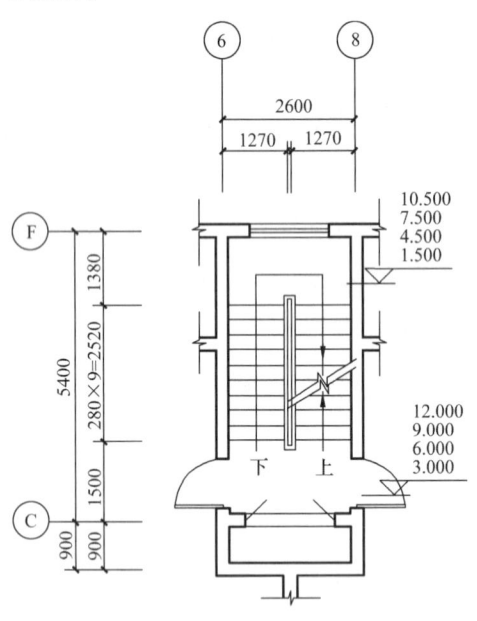

图 1-1　建筑图标注

1.1.3 三维图形的渲染

在 AutoCAD 2015 中，可以运用雾化、光源和材质，将模型渲染为具有真实感的图像。如果为了演示，可以渲染全部对象；如果时间有限，或显示设备和图形设备不能提供足够的灰度等级和颜色，就不必精细渲染；如果只需快速查看设计的整体效果，则可以简单消隐或设置视觉样式。建筑图渲染效果如图 1-2 所示。

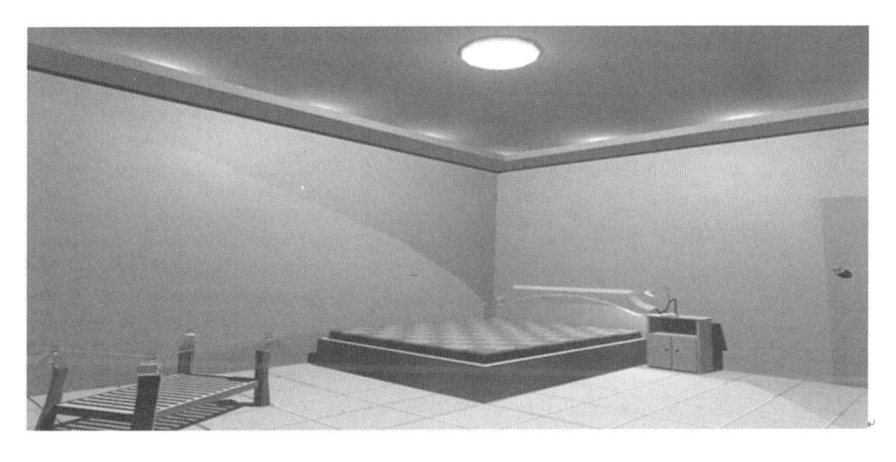

图 1-2　建筑图渲染效果

1.1.4　图形输出和打印

AutoCAD 2015 不仅允许将所绘图形以不同的样式通过绘图仪或打印机输出，还能够将不同格式的图形导入 AutoCAD 2015 或将 AutoCAD 2015 图形以其他格式输出。因此，当图形绘制完成之后可以使用多种方法将其输出。例如，可以将图形打印在图纸上，或创建成文件以供其他应用程序使用。

1.2　中文版 AutoCAD 2015 启动、工作空间、工作界面及退出

1.2.1　启动 AutoCAD 2015

常用"启动 AutoCAD 2015"方式如下：
(1) 双击桌面快捷图标 。
(2) 依次选择"开始"菜单→"所有程序"→"Autodesk"→"AutoCAD 2015"。
(3) 双击 AutoCAD 图形文件（扩展名为".DWG"的文件）。

AutoCAD 2015 软件应用简介

1.2.2　AutoCAD 2015 的工作空间

AutoCAD 2015 提供了"草图与注释""三维基础""三维建模"三种工作空间模式。用户也可以自定义工作空间。本书以常用的"草图与注释"工作空间进行讲解。

三种工作空间模式可以相互转换，转换方式如下：
(1) 选择"工具"菜单→"工具栏"→AutoCAD→"工作空间"，即可调出"工作空间"工具栏，如图 1-3 所示。
(2) 在状态栏中单击"切换工作空间"按钮 ，在弹出的菜单中选择相应的命令即可，如图 1-4 所示。

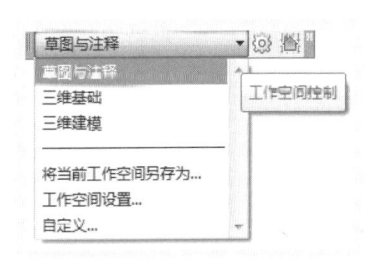

图 1-3　"工作空间"工具栏

(3) 打开"快速访问"工具栏中的"工作空间"，选择需要的工作空间即可，如图 1-5 所示。

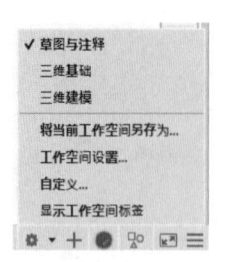

图 1-4　"切换工作空间"按钮菜单 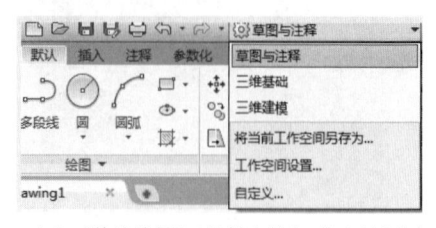　　　　1-5　"快速访问"工具栏中的"工作空间"列表

1.2.3　AutoCAD 2015 的工作界面

启动 AutoCAD 2015 进入到软件的工作界面中，AutoCAD 2015 工作界面主要由"应用程序"按钮、"功能区"选项板、"快速访问"工具栏、"命令行"窗口、"状态"栏等元素组成，如图 1-6 所示。

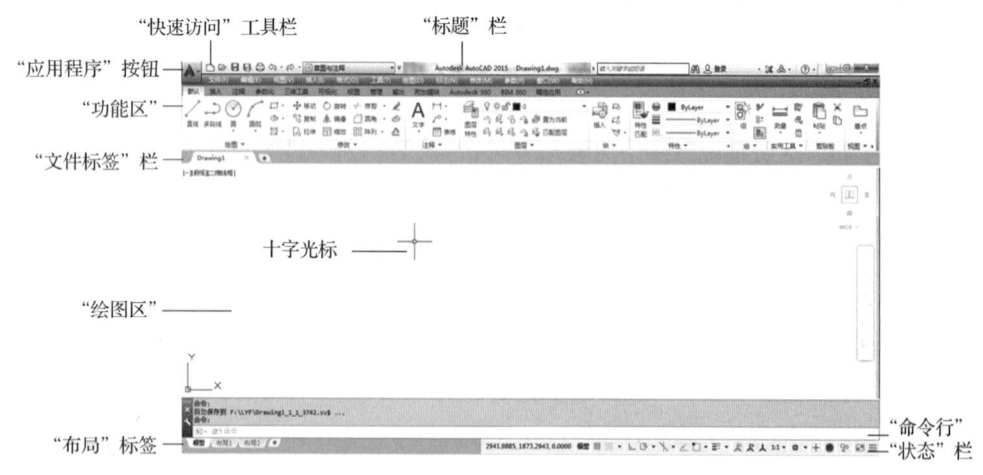

图 1-6　AutoCAD 2015 工作界面

1."应用程序"按钮

"应用程序"按钮 位于操作界面的左上角。单击"应用程序"按钮 右边的小三角按钮，可以新建、打开、保存、发布和输出图形文件。通过菜单中"最近使用的文档"，可以快速预览之前打开的图形文件，如图 1-7 所示。

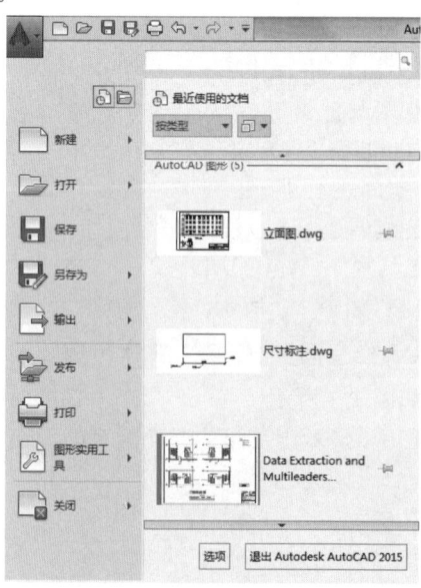

图 1-7　"应用程序"按钮菜单

2."快速访问"工具栏

"快速访问"工具栏的具体位置如图1-6所示。在默认状态下,"快速访问"工具栏包含"新建""打开""保存""另存为""打印""放弃"和"重做"七个按钮。用鼠标单击"快速访问"工具栏右侧小三角按钮时,可以打开"自定义快速访问工具栏"下拉菜单,可以把下拉菜单中的相应命令拖到"快速访问"工具栏上,如图1-8所示。

图1-8 "快速访问"工具栏

注:在打开的"自定义快速访问工具栏"下拉菜单中单击"显示菜单栏"按钮,即可调出菜单栏。

3."标题"栏

"标题"栏位于应用程序窗口的最上面,用于显示当前正在运行的程序名及文件名等信息,如果是AutoCAD 2015默认的图形文件,其名称为DrawingN.dwg(N是数字)。单击标题栏右端的按钮,可以最小化、最大化或关闭应用程序窗口。如图1-9所示。

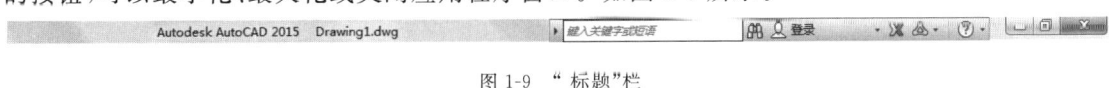

图1-9 "标题"栏

4."功能区"选项板

"功能区"选项板将AutoCAD常用的命令进行分类,集成了"默认""插入""注释""参数化""视图""管理""输出"等选项卡,每个选项卡又包括若干个面板,面板中有相应的工具按钮,在这些选项卡的面板中单击按钮即可执行相应的绘制或编辑操作,如图1-10所示。

图1-10 "功能区"选项板

5. "文件标签"栏

"文件标签"栏位于功能区选项板的左下方,用于显示当前已经打开图形文件的名称,单击文件标签即可切换至相应的图形文件窗口。如图1-11所示。

图1-11 "文件标签"栏

6. 绘图区

在AutoCAD 2015中,绘图区是用户绘图的工作区域,所有的绘图结果都反映在这个窗口中。在绘图区中除了显示当前的绘图结果外,还显示了当前使用的坐标系类型以及X轴、Y轴、Z轴的方向和十字光标等。默认情况下,坐标系为世界坐标系(WCS),在绘图区域的右上角设置坐标系类型。十字光标用于定位点、选择和绘制对象,如图1-12所示。

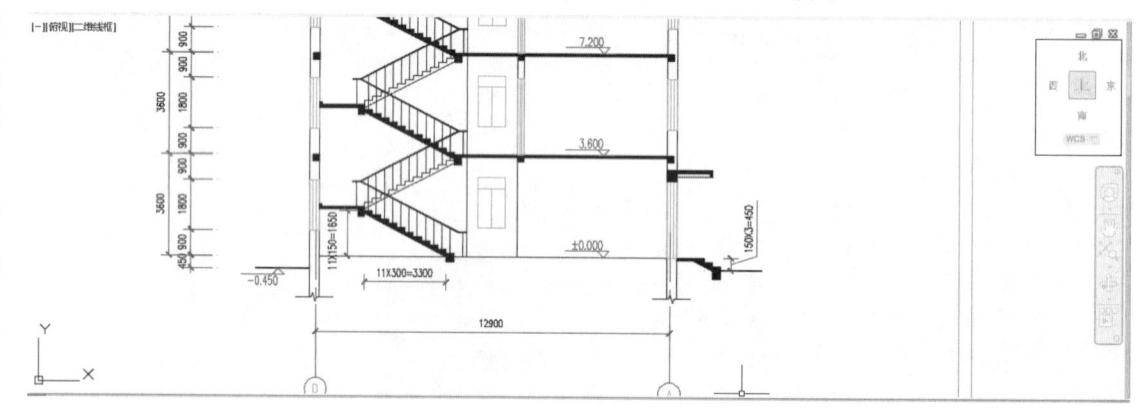

图1-12 绘图区

7. "命令行"窗口

"命令行"窗口位于绘图窗口的底部,用于接收用户输入的命令,并显示AutoCAD 2015的提示信息。

位于"命令行"窗口上面的是"命令历史"窗口,它是记录AutoCAD 2015命令的窗口,是放大的"命令行"窗口,它记录了已执行的命令,如图1-13所示。

图1-13 "命令行"和"命令历史"窗口

此外,还可以拖动"命令历史"窗口上边框改变命令行大小(如图1-14所示),或者按F2键打

图1-14 "命令历史"窗口

开 AutoCAD 2015 文本窗口(如图 1-15 所示),显示更多已执行过的命令。

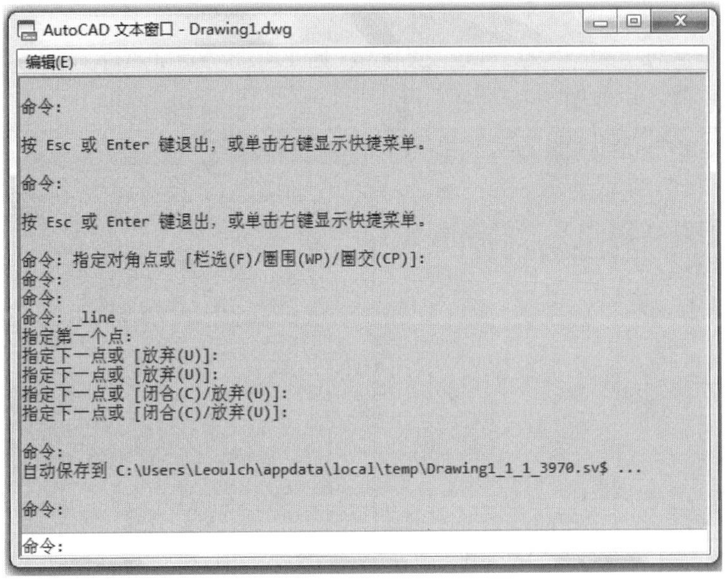

图 1-15　AutoCAD 2015 文本窗口

8."状态"栏

"状态"栏在 AutoCAD 2015 界面的最底部,提供关于打开和关闭图形工具的有用信息和按钮。它包括模型与布局标签、光标的三维坐标值、辅助绘图工具、注释、工作空间等工具。可以从"状态"栏中最右侧的自定义菜单 ☰ 中选择要在"状态"栏中显示哪些工具。如图 1-16 所示。

图 1-16　"状态"栏

9."模型/布局"标签

单击"模型/布局"标签可在模型空间和图纸空间中转换所绘制图形。在绘图时,通常在模型空间创建图形,然后转换到图纸空间创建布局,打印所绘制的图形。如图 1-17 所示。

图 1-17　"模型/布局"标签

注:在模型空间中对图形进行修改,当转换到图纸空间时,修改可见;但在图纸空间中修改图形后,再转换到模型空间时,其中修改的部分在模型空间中无法体现。因此,如果需要对图形做出修改,则建议在模型空间中修改,然后转换到图纸空间进行打印。

1.2.4　退出 AutoCAD 2015

常用"退出 AutoCAD 2015"方式如下:
(1)命令行:"EXIT"或"QUIT"✓(✓表示按"Enter"键,下同)。
(2)"应用程序"按钮 ▲→"关闭"。
(3)下拉菜单:"文件(F)"→"退出"。
(4)单击界面左上角"关闭 ✕ "按钮。
(5)快捷键:"CTRL+Q"。

【例 1-1】 在 AutoCAD 2015 中自定义"AutoCAD 经典"工作空间。

操作步骤如下：

(1)单击"工作空间"菜单中的"自定义"按钮(见 1.2.2 AutoCAD 2015 的工作空间)，打开"自定义用户界面"窗口。如图 1-18 所示。

图 1-18 "自定义用户界面"窗口

(2)右键单击"草图与注释 默认(当前)"，弹出子菜单，单击"新建工作空间"，如图 1-19 所示。

图 1-19 "草图与注释 默认(当前)"子菜单

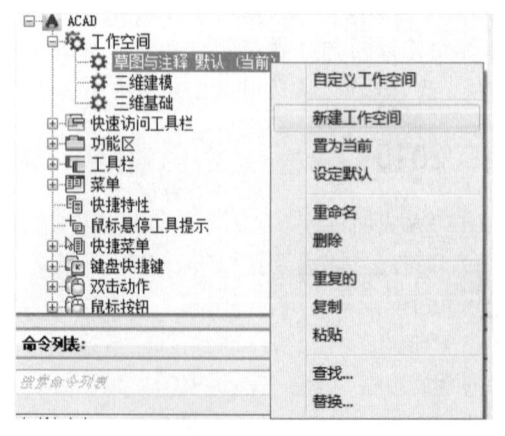

例题 1-1

(3)编辑名称为"AutoCAD 经典"的工作空间,如图 1-20 所示。

图 1-20　编辑名称为"AutoCAD 经典"的工作空间

(4)单击新生成的工作空间,右边会弹出该工作空间的内容结构,单击右边的工作内容结构里的"工具栏"前的"+",即可显示常用的工具栏名称,如图 1-21 所示。

图 1-21　工具栏级联菜单

(5)把步骤 4 中左边工具栏级联菜单的相应名称拖到右边的工具栏中,一般包括"标注""绘图""特性""样式""图层修改"等(图 1-22),然后单击"应用"按钮,再单击"确定"按钮退出此界面即可。

图 1-22　拖动相应工具栏

（6）单击新建立的"AutoCAD 经典"，如图 1-23 所示。

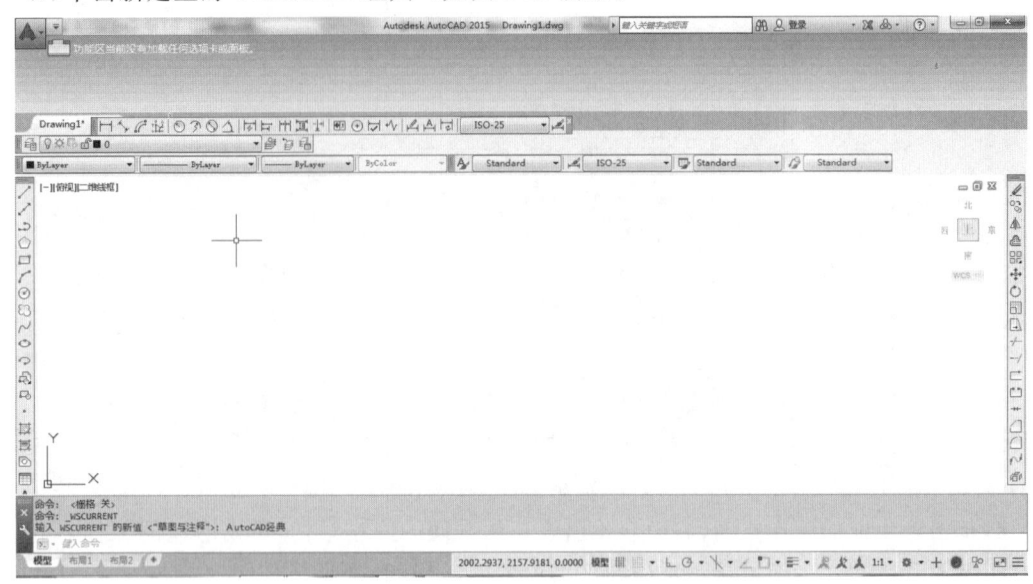

图 1-23　新建立的"AutoCAD 经典"工作空间

（7）右键单击"功能区"，选择"关闭"，如图 1-24 所示。

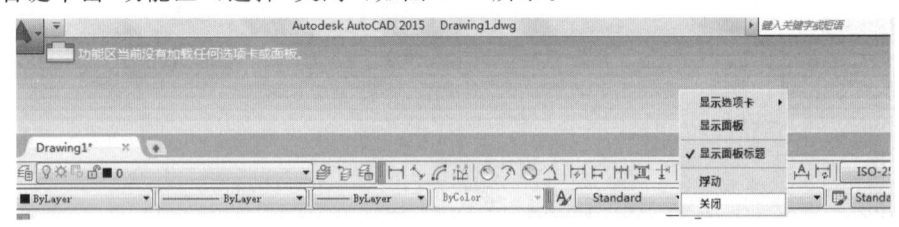

图 1-24　关闭"功能区"选项板

（8）关闭"功能区"选项板后的"AutoCAD 经典"工作空间，如图 1-25 所示。

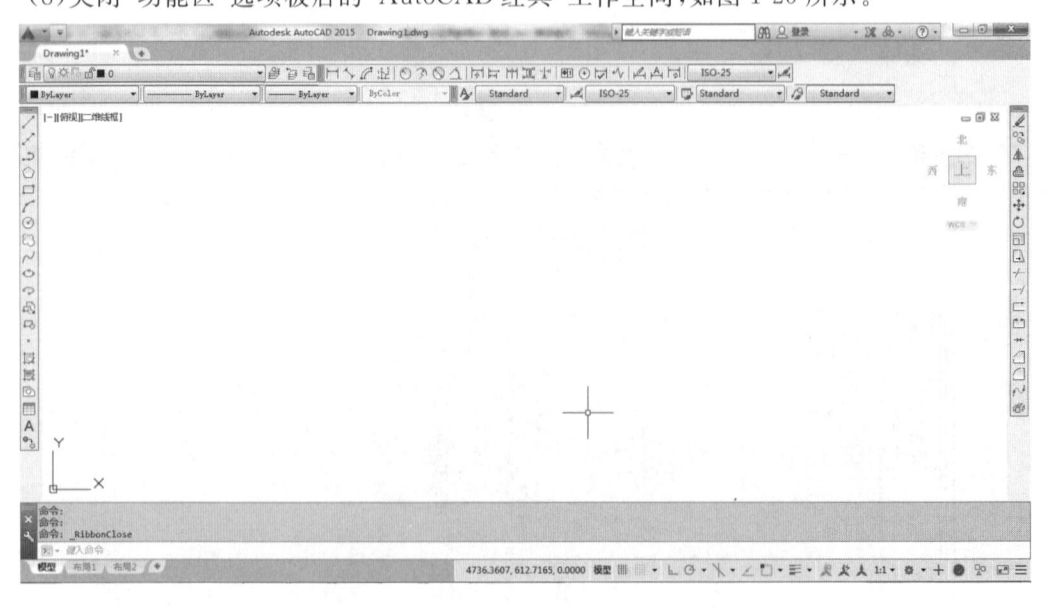

图 1-25　关闭"功能区"选项板后的"AutoCAD 经典"工作空间

1.3 中文版 AutoCAD 2015 的图形文件管理

图形文件管理包括新建图形文件、打开已有文件、保存图形文件、加密保护图形文件、输出图形文件等。

1.3.1 新建图形文件

常用"新建图形文件"命令方式如下：
(1) 命令行："NEW"或"QNEW"✓。
(2) 下拉菜单："文件"→"新建"。
(3) 快捷键："Ctrl＋N"。
(4) "快速访问"工具栏→"新建 "按钮。
(5) "应用程序 "按钮→"新建"。

执行命令后，将打开"选择样板"对话框（如图 1-26 所示），从中选择样板，然后单击"打开"按钮即可新建图形文件。

图形文件管理

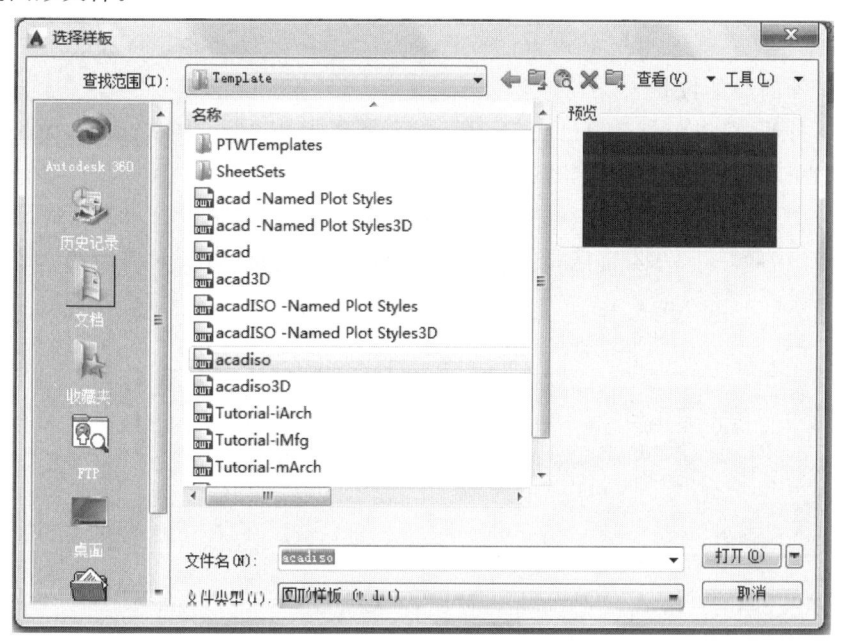

图 1-26 "选择样板"对话框

1.3.2 打开图形文件

1. 常用"打开图形文件"命令方式

(1) 命令行："OPEN"✓。
(2) 下拉菜单："文件"→"打开"。
(3) 快捷键："Ctrl＋O"。
(4) "快速访问"工具栏→"打开 "按钮。

(5)"应用程序▲"按钮→"打开"。

执行命令后,将打开"选择文件"对话框(图1-27),选择需要打开的文件,单击"打开"即可。

图1-27 "选择文件"对话框

2. 图形文件的局部打开

使用局部打开,可以只打开自己所需要的内容,不但加快文件的加载速度,而且也减少绘图窗口中显示的图形数量。

操作方法:"快速访问"工具栏→"打开📂"→"选择文件"对话框→单击"打开"按钮右侧的三角形按钮→"局部打开"→勾选需要打开的图层→"打开"按钮,如图1-28所示。

图1-28 图形文件的局部打开

此时打开"局部打开"对话框,单击图层,即可打开该图层的图形文件,如图 1-29 所示。

图 1-29 "局部打开"对话框

1.3.3 保存图形文件

常用"保存图形文件"命令方式如下：

(1)命令行:"SAVE"✓。

(2)下拉菜单:"文件"→"保存"。

(3)快捷键:"Ctrl+S"。

(4)"快速访问"工具栏→"保存 💾"按钮。

(5)"应用程序 ▲"按钮→"打开"。

在第一次保存创建的图形时,系统将打开"图形另存为"对话框,如图 1-30 所示。默认情况下,文件以"AutoCAD 2013 图形(＊.dwg)"格式保存,也可以在"文件类型"下拉列表框中选择其他格式。

图 1-30 图形文件的保存

注：由于高版本的文件在低版本中打不开，建议用户在保存文件时选择较低版本的格式保存，例如选择"AutoCAD 2004/LT2004 图形（*.dwg）"。

除了以上操作外，AutoCAD 2015 有文件自动保存功能，并且自动保存的时间和路径均可以修改，操作如下：

自动保存时间的修改："应用程序"按钮→"选项"→"打开和保存"选项卡→"文件安全措施"→"自动保存"，如图 1-31 所示。

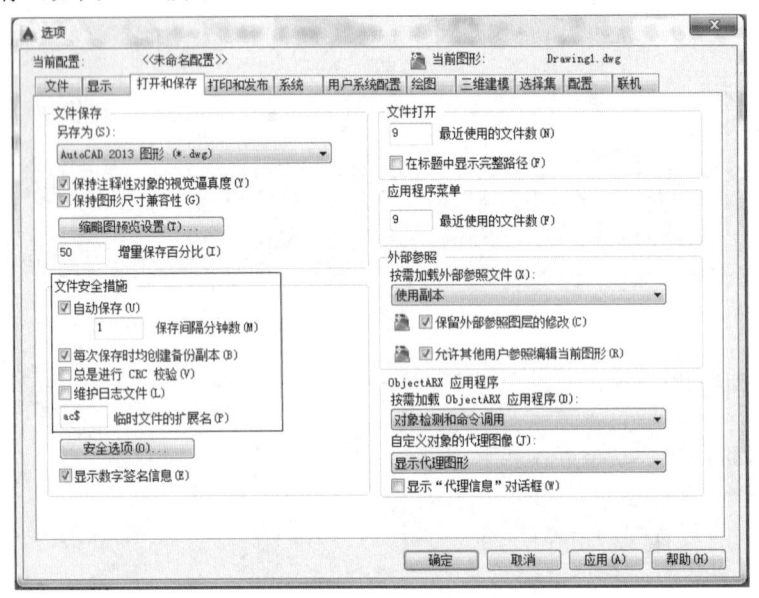

图 1-31　自动保存时间的修改

自动保存路径的修改："应用程序"按钮→"选项"→"文件"选项卡→"自动保存文件位置"→"浏览"，重新指定自动保存文件路径，然后单击"应用"和"确定"按钮即可，按照给定的路径即可找到自动保存的图形文件，如图 1-32 所示。

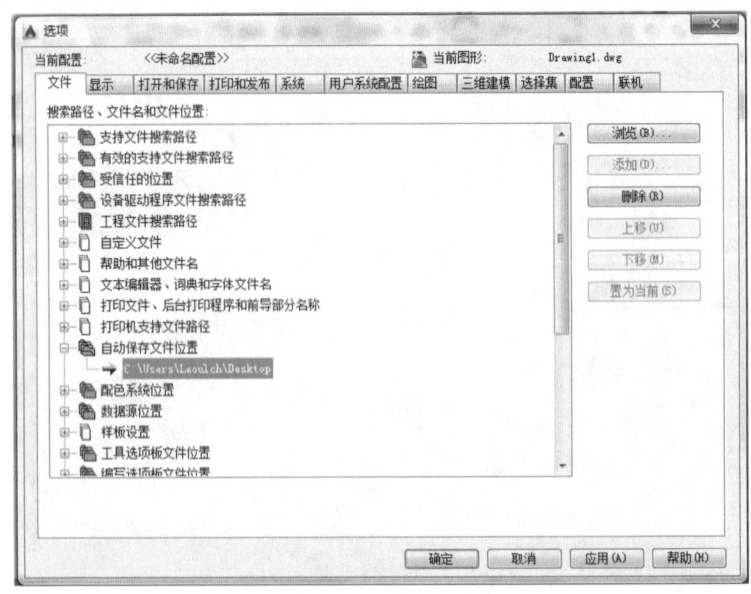

图 1-32　自动保存路径的修改

注：自动保存文件名后缀为".svMYM",后缀须改为".dwg"方可打开自动保存的 AutoCAD 2015 图形文件。

1.3.4 加密保护图形文件

在 AutoCAD 2015 中,保存文件时可以使用密码保护功能,对文件进行加密保存。

常用"加密保护图形文件"命令方式如下：

(1) 执行"保存"或"另存为"命令→"图形另存为"对话框→"工具"按钮→"安全选项"→"安全选项"对话框→"密码"选项卡→"用于打开此图形的密码或短语"文本框中输入密码→"确定"→"确认密码"对话框→"再次输入用于打开此图形的密码"文本框中输入确认密码。图形文件加密保护的路径如图 1-33 所示。

图 1-33 图形文件加密保护的路径

(2)"应用程序"按钮→"选项"→"打开和保存"选项卡 →"安全选项"按钮 →打开"安全选项"对话框,图形文件加密保护的操作如图 1-34 所示。

图 1-34 图形文件加密保护的操作

1.3.5　输出图形文件

常用"输出图形文件"命令方式如下：
(1)命令行:"EXPORT"↙。
(2)下拉菜单:"文件"→"输出"。
(3)"应用程序▲"按钮→"输出"。

执行命令后输入保存的文件名称,选择需要保存的文件类型和位置即可输出文件,如图 1-35 所示。

图 1-35　输出图形文件

1.4　中文版 AutoCAD 2015 的基本操作

1.4.1　基本输入操作

1. 命令的执行方式

常用执行命令方式如下：
(1)使用命令行直接输入命令。
(2)使用下拉菜单,如图 1-36 所示。
(3)使用工具栏,单击"工具"下拉菜单→绘图工具栏→"AutoCAD 2015"子菜单,即可单击需要调出的工具栏,如图 1-37 所示。

微课 4

AutoCAD 2015 软件
基本输入操作

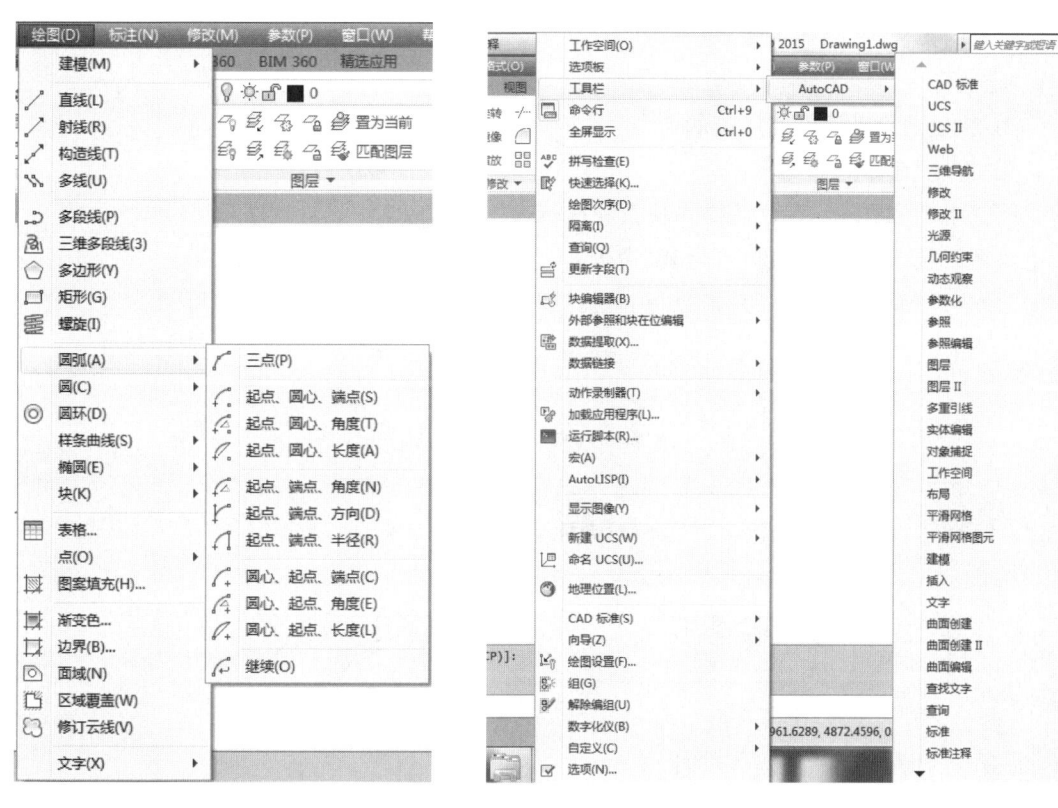

图 1-36　使用下拉菜单执行圆弧命令　　　　　　　图 1-37　调出绘图工具栏

(4)使用"屏幕菜单",鼠标右键单击绘图区,可显示"屏幕菜单",如图 1-38 所示。
(5)使用"功能区"选项板,如图 1-39 所示。

图 1-38　"屏幕菜单"　　　　　　　图 1-39　使用"功能区"选项板执行圆弧命令

2. 命令的重复、撤销与重做

(1) 重复命令

作用：快速地启动已经使用过的命令。

常用"重复"命令方式如下：

① 按空格键或"Enter"键(此操作仅重新执行上一个命令)。

② 绘图区域单击鼠标右键→"重复"命令。

③ "命令行"或"文本窗口"单击鼠标右键→"最近使用的命令"，如图 1-40 所示。

图 1-40 通过"命令行"执行"重复"命令

(2) 命令的撤销

作用：取消前面执行过的命令。

常用"撤销"命令方式如下：

① 命令行："UNDO"或"U"✓。

② 下拉菜单："编辑"→"放弃 ↶"。

③ "快速访问"工具栏→"放弃 ↶"。

(3) 重做

作用：恢复"U"命令撤销的操作。

常用"重做"命令方式如下：

① 命令行："REDO"✓。

② 下拉菜单："编辑"→"重做 ↷"。

③ "快速访问"工具栏→"重做 ↷"。

注："REDO"命令恢复最后一次执行"U"或"UNDO"命令撤销的操作。

1.4.2 坐标系及点坐标的输入

1. 坐标系

坐标(x,y)是表示点的最基本方法。在 AutoCAD 2015 中，坐标系分为世界坐标系(WCS)和用户坐标系(UCS)。两种坐标系下都可以通过坐标(x,y)来精确定位点。

默认情况下，当前坐标系为世界坐标系，即 WCS，它包括 X 轴和 Y 轴(如果在三维空间工作，还有一个 Z 轴)。WCS 坐标轴的交汇处显示"口"形标记，坐标原点位于图形窗口的左下角，所有的位移都是相对于原点计算的,并且沿 X 轴正向及 Y 轴正向的位移规定为正方向。

在 AutoCAD 2015 中,为了能够更好地辅助绘图,经常需要修改坐标系的原点和方向,这时世界坐标系将变为用户坐标系,即 UCS。UCS 的原点以及 X 轴、Y 轴、Z 轴方向都可以移动及旋转,甚至可以依赖于图形中某个特定的对象。尽管用户坐标系中 3 个轴之间仍然互相垂直,但是在方向及位置上都更灵活。另外,UCS 没有"口"形标记。

常用"用户坐标系的建立"方式如下:
(1)命令行:"UCS"✓"。
(2)"工具"下拉菜单→"新建 UCS""。

2. 点坐标的输入

在 AutoCAD 2015 中,点的坐标可以使用绝对直角坐标、绝对极坐标、相对直角坐标和相对极坐标 4 种方法表示。

(1)点坐标的表示方法

绝对直角坐标:从点(0,0)或(0,0,0)出发的位移,可以使用分数、小数或科学记数等形式表示点的 X、Y、Z 坐标值,坐标间用逗号隔开。例如点(100,50),表示此点的 X 坐标值为 100,Y 坐标值为 50。

绝对极坐标:从点(0,0)或(0,0,0)出发的位移,但给定的是距离和角度,其中距离和角度用"<"分开,且规定 X 轴正向为 0°,Y 轴正向为 90°。例如点(120<60),表示此点距离原点的长度为 120,点与原点的连线与 X 轴正方向夹角为 60°。

相对直角坐标和相对极坐标:相对坐标是指相对于某一点的 X 轴和 Y 轴的位移,或距离和角度。它的表示方法是在绝对坐标表达方式前加上"@"号,如(@-200,100)和(@300<30)。其中,相对极坐标中的角度是新点和上一点连线与 X 轴的夹角。

注:在 AutoCAD 2015 中角度默认以 X 轴正向为度量基准,逆时针方向为正,顺时针方向为负。

【例 1-2】 用"点坐标的输入"方法,绘制如图 1-41 所示的折线 ABCD。

操作步骤:

(1)命令:L✓

LINE 指定第一点:0,0✓

指定下一点或 [放弃(U)]:20,10✓

指定下一点或 [放弃(U)]:@5,30✓

指定下一点或 [闭合(C)/放弃(U)]:@25<30✓

指定下一点或 [闭合(C)/放弃(U)]:// 按"ESC"键退出命令

(2)坐标显示的控制

在绘图窗口中移动光标的十字指针时,"状态"栏上将动态地显示当前指针的坐标。在 AutoCAD 2015 中,常用"坐标显示"方式如下:

①按下"F6"键。

②按"Ctrl+D"组合键。

③单击状态栏的坐标显示区域。

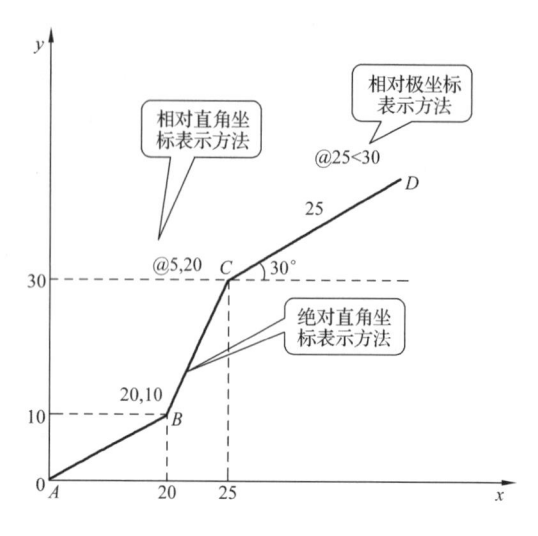

图 1-41 折线 ABCD

1.4.3 对象的选择

常用"选择对象"的方式如下：

(1)直接单击法：鼠标左键直接单击需要编辑的图形对象，鼠标每单击一次增加一个选择的对象。

(2)框选法(W)：在命令行显示"选择对象"时，输入"W"即可启动框选法，框选分为左框选和右框选。框选命令启动一次之后只能使用一次，可以批量选择需要编辑的图形对象。

①左框选：从左往右拉出一实线矩形框，完全落在矩形框内的对象被选择。

②右框选：从右往左拉出一虚线矩形框，完全落在矩形框内以及与矩形框相交的对象被选择。

(3)圈围选择法(WP)：在命令行显示"选择对象"时，输入"WP"即可启动圈围选择法，圈围选择法通过拉出的实线多边形图形来选择需要编辑的图形对象，完全落在多边形图形内的对象被选择。

(4)圈交选择法(CP)：在命令行显示"选择对象"时，输入"CP"即可启动圈交选择法，圈交选择法通过拉出的虚线多边形图形来选择需要编辑的图形对象，完全落在多边形内以及与多边形相交的对象被选择。

(5)栏选法(FENCE 或 F)：在命令行显示"选择对象"时，输入"FENCE"或"F"即可启动栏选法，通过多次拉出一条折线，与折线相交的对象被选中。

(6)选择最后的图形对象(LAST 或 L)：在命令行显示"选择对象"时，输入"LAST"或"L"即可选择最后一个绘制的图形对象。

(7)全选(ALL)：在命令行显示"选择对象"时，输入"ALL"，可选定除冻结和锁定图层以外的所有对象，关闭图层上的对象即使不可见也可被选中。

(8)REMOVE 或 R：撤销选择集中的某一个或几个对象。

(9)PREVIOUS 或 P：再次选择前一个选择集。

微课 6

对象的选择

1.4.4 透明命令

在 AutoCAD 2015 中,透明命令指在执行其他命令的过程中可以执行的命令。常用的透明命令包括"视图缩放"和"视图平移"。

1. 视图缩放

作用:对图形的显示大小进行缩放,便于用户观察、绘制图形。

(1)常用"视图缩放"命令启动方式如下:

①命令行:"ZOOM"或"Z"↙。

②下拉菜单:"视图"→"缩放(Z)"。

③"缩放"工具栏中的工具按钮。

④屏幕快捷菜单:没有选定对象时,在绘图区域单击鼠标右键并选择"缩放(Z)"。

注:执行"视图缩放"命令时,所绘制图形本身尺寸不改变。

透明命令重画及重生成

(2)选项说明

①全部(A):在当前视窗中显示整张图形,显示图形界限与图形范围中较大尺寸的一个。

②范围(E):显示图纸的范围,与"全部"不同之处是显示边界只是图形范围。

③动态(D):动态缩放图形,视图框中所圈图形全屏显示。

④比例(S):以指定的比例因子缩放图形显示。

nX:根据当前视图指定比例。例如输入 0.5X,使屏幕上的每个对象显示为原大小的 1/2。

nXP:根据当前视图指定比例。例如输入 0.5XP,则以图纸空间单位的 1/2 显示模型空间。创建每个视口以不同的比例显示对象的布局。

⑤窗口(W):缩放用矩形框选取的指定区域。

⑥对象(O):显示选定的对象并使其位于绘图区域的中心。

⑦中心(C):以新建立的中心点和高度缩放图形。

⑧上一个(P):缩放显示上一个视图,最多可恢复此前的 10 个视图,若当前视图中删除了某些实体,则使用"P"方式返回后,该视图中不再有这些图形实体。

2. 视图平移

作用:在不改变屏幕缩放比例及绘图极限的条件下,移动窗口,从而使图样中的特定部分位于屏幕指定位置,便于观察。

(1)常用"视图平移"命令启动方式如下:

①命令行:"PAN"或"P"↙。

②下拉菜单:"视图"→"平移(P)"。

③屏幕快捷菜单:没有选定对象时,在绘图区域单击鼠标右键并选择"平移"。

(2)选项说明

①"实时"平移:光标指针变成一只小手,按住鼠标左键拖动,窗口内的图形就可按光标移动的方向移动。释放鼠标,可返回到平移等待状态。按"Esc"键或"Enter"键退出实时平移模式。

②"点"平移:通过指定基点和位移值来平移图形。

③"左""右""上""下":表示图形移动方向分别是向左、向右、向上、向下。

此外,视图的缩放和平移也可通过鼠标操作实现:

滚轮:向前——放大;

向后——缩小,同"实时缩放";
双击——图形最大限度显示,同"范围 E";
按住滚轮:"实时"平移。

1.4.5　重画

在绘图和编辑中,屏幕上经常会出现由于拾取与删除图形对象而留下小十字形的标识点,选用重画命令可以清除屏幕上的这些标识点以及杂乱的显示内容,并且将当前屏幕图形进行重新绘制、刷新显示。

1. 常用"重画"命令启动方式

(1)命令行:"REDRAW"或"R"✓。

(2)下拉菜单:"视图"→"重画"。

2. 操作说明

执行"REDRAW"命令后按"Enter"键,当前屏幕图形立即被刷新。

1.4.6　重生成

重生成命令用来重新生成当前视图内全部图形并在屏幕上显示出来,而全部重生成命令还将用来重新生成所有视图内的图形。自动重生成命令可以自动重生成整个图形,确保屏幕上的显示能够反映图形的实际状态,从而保持视觉的真实,该命令可以对所有的视图窗口进行操作。

1. 常用"重生成"命令启动方式

(1)命令行:"REGEN"或"RE"✓。

(2)下拉菜单:"视图"→"重生成"。

2. 操作说明

执行"REGEN"命令后按"Enter"键,AutoCAD 2015 重新计算图形组成部分的屏幕坐标,并重新在屏幕上显示图形的过程。比如圆形放大显示时,轮廓不光滑,刷新当前视图后,圆形轮廓就会变的光滑。

1.5　设置绘图基本环境

1.5.1　设置系统参数

一般情况下,AutoCAD 2015 安装完成后就可以在其默认状态下绘制图形了,但有时为了提高制图效率,在绘图时可以通过"选项"命令设置一些与绘图命令相关的系统参数,如绘图窗口的颜色、光标的大小等。

1. 常用"选项"命令启动方式

(1)命令行:"OPTIONS"或"OP"✓。

(2)下拉菜单:"工具"→"选项(N)"。

(3)"应用程序▲"按钮→"选项"。

(4)屏幕快捷菜单:在绘图区域单击鼠标右键并选择"选项(O)"。

微课8

设置绘图基本环境

执行"选项"命令后将弹出"选项"对话框，如图1-42所示。

图1-42 "选项"对话框

2. 选项说明

该对话框包括"文件""显示""打开和保存""打印和发布""系统""用户系统配置""绘图""三维建模""选择集""配置"和"联机"11个选项卡，由于篇幅有限，只对其中一些常用的设置进行简单介绍。

（1）"文件"选项卡

"文件"选项卡用于列出程序在其中搜索支持文件、驱动程序文件和其他文件的文件夹以及文件自动保存路径的设置等。

（2）"显示"选项卡

"显示"选项卡用于设置AutoCAD 2015的显示。

①"窗口元素"选项组

该选项组用于控制绘图环境特有的显示设置。

a."配色方案"下拉列表

用于确定工作界面中工具栏、状态栏等元素的配色，有"明"和"暗"两种选择。

b."在图形窗口中显示滚动条"复选框

确定是否在绘图区域的右侧显示滚动条。

c."在工具栏中使用大按钮"复选框

确定是否以32×32像素的格式来显示图标。

d."显示工具提示"复选框

确定当光标放在工具栏按钮或菜单浏览器中的菜单项之上时，是否显示工具提示，还可以设置在工具提示中是否显示快捷键以及是否显示扩展的工具提示等。

e."显示鼠标悬停工具提示"复选框

确定是否启用鼠标悬停工具提示功能。

f."颜色"按钮

用于确定 AutoCAD 2015 工作界面中各部分的颜色,单击该按钮,AutoCAD 2015 弹出"图形窗口颜色"对话框。用户可以通过对话框中的"上下文"列表框选择要设置颜色的项。通过"界面元素"列表框选择要设置颜色的对应元素;通过"颜色"下拉列表框设置对应的颜色。

g."字体"按钮

用于设置 AutoCAD 2015 工作界面中命令行窗口内的字体。单击该按钮,AutoCAD 2015 弹出"命令行窗口字体"对话框,用户从中选择即可。

②"布局元素"选项组

此选项组用于控制现有布局和新布局。

a."显示布局和模型选项卡"复选框

用于设置是否在绘图区域的底部显示"布局"和"模型"选项卡。

b."显示可打印区域"复选框

用于设置是否显示布局中的可打印区域(可打印区域指布局中位于虚线内的区域,其大小由选择的输出设备来决定。打印图形时,绘制在可打印区域外的对象将被剪裁或忽略掉)。

c."显示图纸背景"复选框

用于确定是否在布局中显示所指定的图纸尺寸的背景。

d."新建布局时显示页面设置管理器"复选框

设置当第一次选择布局选项卡时,是否显示页面设置管理器,以通过此对话框设置与图纸和打印相关的选项。

e."在新布局中创建视口"复选框

用于设置当创建新布局时是否自动创建单个视口。

③"显示精度"选项组

此选项组用于控制对象的显示质量。

a."圆弧和圆的平滑度"文本框

用于控制圆、圆弧和椭圆的平滑度。平滑度的值越高,对象越平滑,但 AutoCAD 2015 也因此需要更多的时间来执行重生成等操作。可以在绘图时将该选项设置成较低的值(如 100),当渲染时再增加该选项的值,以提高显示质量。圆弧和圆的平滑度的有效值是 1~20 000,默认值为 1 000。

b."每条多段线曲线的线段数"文本框

用于设置每条多段线曲线生成的线段数目,有效值为 -32 768~32 767,默认值为 8。

c."渲染对象的平滑度"文本框

用于控制着色和渲染曲面实体的平滑度,有效值为 0.01~10,默认值为 0.5。

d."每个曲面的轮廓素线"文本框

用于设置对象上每个曲面的轮廓线数目,有效值为 0~2 047,默认值为 4。

④"显示性能"选项组

此选项组控制影响 AutoCAD 2015 性能的显示设置。

a."利用光栅和 OLE 进行平移与缩放"复选框

控制当实时平移(PAN)和实时缩放(ZOOM)时光栅图像和 OLE 对象的显示方式。

b."仅亮显光栅图像边框"复选框

控制选择光栅图像时的显示方式,如果选中该复选框,当选中光栅图像时只会亮显图像边框。

c."应用实体填充"复选框

确定是否显示对象中的实体填充(与 FILL 命令的功能相同)。

d."仅显示文字边框"复选框

确定是否只显示文字对象的边框而不显示文字对象。

e."绘制实体和曲面的真实轮廓"复选框

控制是否将三维实体和曲面对象的轮廓曲线显示为线框。

⑤"十字光标大小"选项组

此选项组用于控制十字光标的尺寸,其有效值为 1%～100%,默认值为 5%。当将该值设置为 100%时,十字光标的两条线会充满整个绘图窗口。

(3)"打开和保存"选项卡

此选项卡用于控制 AutoCAD 2015 中与打开和保存文件相关的选项。

①"文件保存"选项组

该选项组用于控制 AutoCAD 2015 中与保存文件相关的设置。其中,"另存为"下拉列表框设置保存文件时所采用的有效文件格式;"缩略图预览设置"按钮用于设置保存图形时是否更新缩微预览;"增量保存百分比"文本框用于设置保存图形时的增量保存百分比。

②"文件安全措施"选项组

该选项组可以避免数据丢失并进行错误检测。

a."自动保存"复选框

确定是否按指定的时间间隔自动保存图形,如果选中该复选框,可以通过"保存间隔分钟数"文本框设置自动保存图形的时间间隔。

b."每次保存时均创建备份副本"复选框

确定保存图形时是否创建图形的备份(创建的备份和图形位于相同的位置)。

c."总是进行 CRC 校验"复选框

确定每次将对象读入图形时是否执行循环冗余校验(CRC)。CRC 是一种错误检查机制。如果图形遭到破坏,且怀疑是由于硬件问题或 AutoCAD 2015 错误造成的,则应选用此选项。

d."维护日志文件"复选框

确定是否将文本窗口的内容写入日志文件。

e."临时文件的扩展名"文本框

用于为当前用户指定扩展名来标识临时文件,其默认扩展名为"acMYM"。

f."安全选项"按钮

用于提供数字签名和密码选项,保存文件时可以调用此选项。

g."显示数字签名信息"复选框

确定当打开带有有效数字签名的文件时是否显示数字签名信息。

③"文件打开"选项组

此选项组控制与最近使用过的文件以及所打开文件相关的设置。

a."最近使用的文件数"文本框

用于控制在"文件"菜单中列出的最近使用过的文件数目,以便快速访问,其有效值为0～9。

b."在标题中显示完整路径"复选框

确定在 AutoCAD 2015 标题栏中(图形最大化时)是否显示活动图形的完整路径。

④"应用程序菜单"选项

此选项确定在菜单中列出的最近使用的文件数。

⑤"外部参照"选项组

此选项组控制与编辑、加载外部参照有关的设置。

⑥"ObjectARX 应用程序"选项组

此选项组控制"ObjectARX 应用程序"及代理图形的有关设置。

(4)"用户系统配置"选项卡

此选项卡用于控制优化工作方式的各个选项。

①"Windows 标准操作"选项组

此选项组控制是否允许双击操作以及右键单击定点设备(如鼠标)时的对应操作。

a."双击进行编辑"复选框

确定当在绘图窗口中双击图形对象时,是否进入编辑模式以便用户编辑。

b."绘图区域中使用快捷菜单"复选框

确定当右键单击定点设备时,是否在绘图区域显示快捷菜单,如果不选中此复选框,AutoCAD 2015 会将右键单击解释为按"Enter"键。

c."自定义右键单击"按钮

用于通过弹出的"自定义右键单击"对话框来进一步定义如何在绘图区域中使用快捷菜单。

②"插入比例"选项组

控制在图形中插入块和图形时使用的默认比例。

③"超链接"选项

此选项控制与超链接显示特性相关设置。

④"字段"选项组

此选项组设置与字段相关的系统配置。

a."显示字段的背景"复选框

确定是否用浅灰色背景显示字段(但打印时不会打印背景色)。

b."字段更新设置"按钮

表示通过"字段更新设置"对话框来进行相应的设置。

⑤"坐标数据输入的优化级"选项组

此选项组用于控制 AutoCAD 2015 如何优先响应坐标数据的输入,从中选择即可。

⑥"关联标注"选项

此选项控制标注尺寸时是创建关联尺寸标注还是创建传统的非关联尺寸标注。对于关联尺寸标注,当所标注尺寸的几何对象被修改时,关联标注会自动调整其位置、方向和测量值。

⑦"放弃/重做"选项组

a."合并'缩放'和'平移'命令"复选框

用于控制如何对"缩放"和"平移"命令执行"放弃"和"重做"。如果选中此复选框,AutoCAD 2015 把多个连续的缩放和平移命令合并为单个动作来进行放弃和重做操作。

b."合并图层特性更改"复选框

用于控制如何对图层特性更改来执行"放弃"和"重做"。如果选中"合并图层特性更改"复选框,AutoCAD 2015 把多个连续的图层特性更改合并为单个动作来进行放弃和重做操作。

⑧"块编辑器设置"按钮

单击该按钮,AutoCAD 2015 弹出"块编辑器设置"对话框,用户可利用它设置块编辑器。

⑨"线宽设置"按钮

单击该按钮,AutoCAD 2015 弹出"线宽设置"对话框,用户可以利用其设置线宽。

⑩"默认比例列表"按钮

单击该按钮,AutoCAD 2015 弹出"默认比例缩放列表"对话框,用于更改在"比例列表"区域中列出的现有的缩放比例。

(5)"绘图"选项卡

此选项卡用于设置各种基本编辑选项。

①"自动捕捉设置"选项组

此选项组控制使用"对象捕捉"功能时所显示的辅助工具的相关设置。

a."标记"复选框

控制是否显示自动捕捉标记。

b."磁吸"复选框

用于打开或关闭自动捕捉磁吸。磁吸是指十字光标自动移动并锁定到最近的捕捉点上。

c."显示自动捕捉工具提示"复选框

控制当 AutoCAD 2015 捕捉到对应的点时,是否给出对应提示。

d."显示自动捕捉靶框"复选框

用于控制是否显示自动捕捉靶框。靶框是捕捉对象时出现在十字光标内部的方框。

e."颜色"按钮

用于设置自动捕捉标记的颜色。

②"自动捕捉标记大小"选项

此选项通过水平滑块设置自动捕捉标记的大小。

③"对象捕捉选项"选项组

此选项组确定对象捕捉时是否忽略填充的图案等设置。

④"AutoTrack 设置"选项组

此选项组控制"极轴追踪"和"对象捕捉追踪"时的相关设置。

a."显示极轴追踪矢量"复选框

表示当启用"极轴追踪"时,AutoCAD 2015 会沿指定的角度显示出追踪矢量。利用"极轴追踪",可以使用户方便地沿追踪方向绘出直线。

b."显示全屏追踪矢量"复选框

控制全屏追踪矢量的显示。选择此选项,AutoCAD 2015 将以无限长直线显示追踪矢量。

c."显示自动追踪工具提示"复选框

控制是否显示自动追踪工具提示。

⑤"对齐点获取"选项组

此选项组控制在图形中显示对齐矢量的方法。

a."自动"选项

表示当靶框移到对象捕捉点时,AutoCAD 2015 会自动显示出追踪矢量。

b."按 Shift 键获取"选项

表示当按"Shift"键并将靶框移到对象捕捉点上时,AutoCAD 2015 会显示出追踪矢量。

⑥"靶框大小"选项

此选项通过水平滑块设置自动捕捉靶框的显示尺寸。

⑦"设计工具提示设置"按钮

此按钮用于设置当采用"动态输入"时,工具提示的颜色、大小以及透明性。单击此按钮,AutoCAD 2015 弹出"工具提示外观"对话框。

⑧"光线轮廓设置"按钮

"光线轮廓设置"按钮用于设置光线的轮廓外观,用于三维绘图。

⑨"相机轮廓设置"按钮

"相机轮廓设置"按钮用于设置相机的轮廓外观,用于三维绘图。

(6)"三维建模"选项卡

此选项卡用于三维建模相关的设置。

①"三维十字光标"选项组

此选项组控制三维绘图中十字光标的显示样式。

②"在视口中显示工具"选项组

此选项组控制是否在二维或三维模型空间中显示"UCS"图标以及"ViewCube"等,用户根据需要从中选择即可。

③"三维对象"选项组

控制与三维实体和表面模型显示有关的设置。

④"三维导航"选项组

此选项组控制漫游和飞行、动画等方面的设置。

⑤"动态输入"选项

此选项控制当采用动态输入时,在指针输入中是否显示 Z 字段。

(7)"选择集"选项卡

此选项卡用于设置选择对象时相关的选项。

①"拾取框大小"选项

通过水平滑块控制 AutoCAD 2015 拾取框的大小,此拾取框用于选择对象。

②"选择集模式"选项组

此选项组控制与对象选择方法相关的设置。

a."先选择后执行"复选框

表示在启动命令之前先选择对象,然后再执行对应的命令进行操作。

b."用 Shift 键添加到选择集"复选框

表示当选择对象时,是否采用按下"Shift"键再选择对象时才可以向选择集添加对象或从选择集中删除对象。

c."对象编组"复选框

表示如果设置了对象编组(用 GROUP 命令创建编组),当选择编组中的一个对象时是否要选择编组中的所有对象。

d."关联图案填充"复选框

用于确定所填充的图案是否与其边界建立关联。

e."隐含选择窗口中的对象"复选框

确定是否允许采用隐含窗口(即默认矩形窗口)选择对象。

f."允许按住并拖动对象"复选框

确定是否允许通过指定选择窗口的一点后,仍按住鼠标左键,并将鼠标拖至第二点的方式来确定选择窗口。如果未选中此复选框,则表示应通过拾取点的方式单独确定选择窗口的两点。

g."窗口选择方法"下拉列表

用于确定选择窗口的选择方法。

③"功能区选项"选项

此选项中的"上下文选项卡状态"按钮用于通过对话框设置功能区上下文选项卡的状态。

④"夹点尺寸"选项

此选项用来设置夹点操作时的夹点方框的大小。

⑤"夹点"选项组

此选项组控制与夹点相关的设置,选项组中主要选项含义如下:

a."夹点颜色"按钮

通过对话框设置夹点的对应颜色。

b."显示夹点"复选框

确定直接选择对象后是否显示出对应的夹点。

⑥"预览"选项组

此选项组确定当拾取框在对象上移动时,是否亮显对象。

a."命令处于活动状态时"复选框

表示仅当对应的命令处于活动状态并显示"选择对象"提示时,才会显示选择预览。

b."未激活任何命令时"复选框

表示即使未激活任何命令,也可以显示选择预览。

c."视觉效果设置"按钮

弹出"视觉效果设置"对话框,用于进行相关的设置。

注:只有有经验的用户才可修改系统的环境参数,否则修改后可能造成 AutoCAD 2015 某些功能无法正常使用。

1.5.2 设置图形单位

用 AutoCAD 2015 创建的所有对象都是根据图形单位进行测量的。在开始绘图前,必须基于要绘制的图形确定一个图形单位代表的实际大小。例如一个图形单位的距离通常表示实际单位的 1 毫米、1 厘米或 1 英寸。

1. 常用"图形单位"命令启动方式

(1)命令行:"DDUNITS"或"UNITS"↙。

(2)下拉菜单:"格式"→"单位(U)"。

执行"单位"命令后将弹出"图形单位"对话框,如图1-43所示。

2. 选项说明

在该对话框中可设置制图时使用的长度单位、角度单位以及单位的显示格式和精度等参数。

(1)"长度"选项组

"类型"下拉列表框用于设置长度单位的格式类型;"精度"下拉列表框用于设置长度单位的显示精度。

(2)"角度"选项组

"类型"下拉列表框用于设置角度单位的格式类型;"精度"下拉列表框用于设置角度单位的显示精度。选中"顺时针"复选框表明角度测量方向是顺时针方向,未选中则表示角度测量方向为逆时针方向。

(3)"插入时的缩放单位"选项组

"用于缩放插入内容的单位"下拉列表控制插入当前图形的块和图形的测量单位。如果块或图形创建时使用的单位与该选项指定的单位不同,则在插入这些块或图形时,将对其按比例缩放。插入比例是源块或图形使用的单位与目标图形使用的单位之比。如果插入时不按指定单位缩放,选择"无单位"。

(4)方向

单击"方向"按钮可打开"方向控制"对话框,如图1-44所示。在此对话框中可定义角度"0°"并指定测量角度的方向。默认情况下,角度0°方向指向右即正东的方向,逆时针方向为角度增大的方向。

图1-43 "图形单位"对话框　　　　图1-44 "方向控制"对话框

注:建筑制图中,图形单位的设置一般为:长度类型为"小数",精度为0;角度类型为"十进制度数",精度为0;单位为"mm"。

1.5.3 设置图形界限

图形界限就是绘图区域,也称为图限。默认情况下,AutoCAD 2015 对绘图范围没有限制,可以将绘图区看作是一幅无穷大的图纸,但通常用于打印的图纸都有一定的规格尺寸,如 A3(297 mm×420 mm),为了将绘制的图形方便地打印输出,在绘图前应设置好图形界限。

常用设置"图形界限"命令启动方式如下:
(1)命令行:"LIMITS"✓。
(2)下拉菜单:"格式"→"图形界限"。

命令启动后,命令行提示:

重新设置模型空间界限:

指定左下角点或[开(ON)/关(OFF)]<0.0000,0.0000>: // 输入图形边界左下角的坐标后按"Enter"键

指定右上角点 <420.0000,297.0000>: // 输入图形边界右上角的坐标后按"Enter"键

注:命令行提示中的"开(ON)"表示打开绘图界限检查,如果所绘图形超出图形界限,则系统不绘制此图形,并在命令行给出提示信息,"关(OFF)"表示绘图边界无效,用户可以在绘图边界以外拾取点或实体。

【例 1-3】 以 A2 图纸大小为例,设置图纸的图形界限。

操作步骤:

按上述方式启动"图形界限",命令行提示如下:

重新设置模型空间界限:

指定左下角点或 [开(ON)/关(OFF)] <0.0000,0.0000>: 0,0　　　　//输入左下角点坐标

指定右上角点 <420.0000,297.0000>: 59400,42000　　　　//输入右上角点坐标

图形界限设置完成后,在命令行输入"SE(草图设置)"命令,在弹出的"草图设置"对话框中选择"捕捉和栅格"选项卡,取消右下角"捕捉行为"选项组中"显示超出界限的栅格"复选框的勾选,单击"确定"按钮。打开图形界限,按"F7"键打开栅格显示,执行"视图"→"缩放"→"全部"命令,即可观察到设置结果。

注:由于本书中建筑平面、立面和剖面图都是采用 1∶1 的比例绘图,1∶100 的比例打印出图,所以 A2 图纸设置的绘图界限就为 59 400×42 000。

1.5.4 设置图层

图层是 AutoCAD 2015 用来组织、管理图形对象的一种有效工具,在工程图样的绘制工作中发挥着重要的作用。用户可以把图层理解成没有厚度、透明的图纸,一个完整的工程图样由若干个图层完全对齐、重叠在一起形成的。例如,绘制建筑平面图时,可以把轴线、墙体、门窗、文字与尺寸标注分别绘制在不同的图层上,如果要修改墙体的线宽,只要修改墙体所在图层的线宽即可,而不必逐一地修改每一道墙体。同时,还可以关闭、解冻或锁定某一图层,使该图层不显示或不能对其进行修改。

1. 建立新图层

开始绘制新图形时,AutoCAD 2015 将自动创建一个名为"0"的特殊图层。默认情况下,图层"0"将被指定使用 7 号颜色、"Continuous"线型、"默认"线宽,用户不能删除或重命名该"0"图层。在绘图过程中,如果用户要使用更多的图层来组织图形,就需要先创建新图层。

常用"建立新图层"命令启动方式如下：
(1)命令行："LAYER"或"LA"↙。
(2)下拉菜单："格式"→"图层(L)"。
(3)图层工具栏：图标 。
(4)功能区："默认"选项卡→"图层"面板→"图层特性 "。
执行"建立新图层"命令后将弹出"图层特性管理器"对话框，如图1-45所示。

设置图层

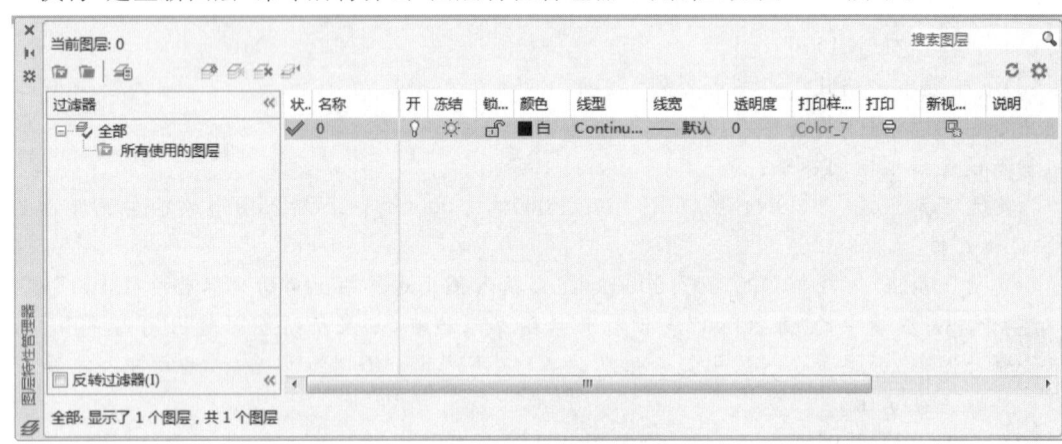

图1-45 "图层特性管理器"对话框

在"图层特性管理器"对话框中单击"新建图层"按钮 ，可以创建一个名称为"图层1"的新图层。默认情况下，新建图层与当前图层的颜色、线型、线宽等设置相同，用户可以根据需要对图层的名称、图层的线条颜色、线型、线宽等重新进行设置。

2.设置当前图层

所有 AutoCAD 2015 绘图工作只能在当前图层进行，设置当前图层的方法如下：
(1)在"图层特性管理器"对话框的图层列表中，选择需置为当前的图层后，单击"置为当前"按钮，即可将该图层设置为当前层。
(2)在"图层特性管理器"对话框的图层列表中，选择需置为当前的图层后，单击鼠标右键，在弹出的快捷菜单中选择"置为当前"命令，即可将该图层设置为当前层。
(3)在"图层特性管理器"对话框的列表图区双击需要置为当前的图层。
(4)通过"图层"工具栏来实现图层切换，这时只需选择要将其设置为当前层的图层名称即可，如图1-46所示。
(5)通过"图层"面板实现图层切换，如图1-47所示。

图1-46 "图层"工具栏切换图层 图1-47 "图层"面板切换图层

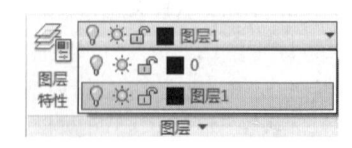

3.设置图层颜色、线型和线宽
(1)设置图层颜色
在工程制图中，整个图形包含多种不同功能的图形对象，为了便于直观地区分它们，可以对不同的图形对象使用不同的颜色绘制。
需要改变图层颜色时，可在"图层特性管理器"对话框中单击图层的"颜色"图标 白，打开

"选择颜色"对话框,如图1-48所示。它是一个标准的颜色设置对话框,可以使用"索引颜色""真彩色""配色系统"3个选项来选择颜色。

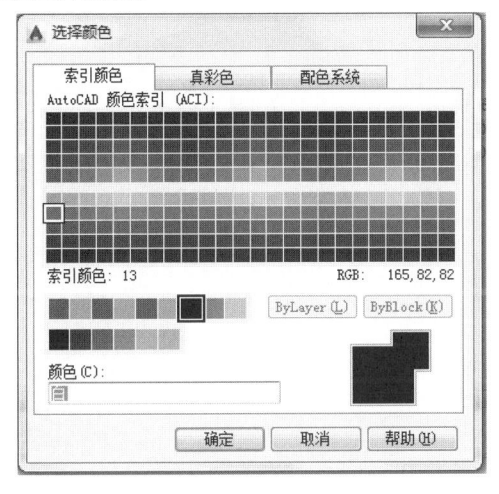

图1-48 "选择颜色"对话框

(2)设置图层线型

线型是指图形基本元素中线条的组成和显示方式,如虚线和实线等。在AutoCAD 2015中既有简单线型,也有由一些特殊符号组成的复杂线型,以满足不同国家或行业标准的要求。

在绘制图形时要使用线型来区分图形元素,这就需要对线型进行设置。默认情况下,图层的线型为"Continuous"。要改变线型,可在图层列表中单击"线型"列的"Continuous",打开"选择线型"对话框,如图1-49所示。默认情况下,在"选择线型"对话框的"已加载的线型"列表框中只有"Continuous"一种线型,如果要使用其他线型,必须将其添加到"已加载的线型"列表框中。可单击"加载"按钮打开"加载或重载线型"对话框,如图1-50所示。从当前线型库中选择需要加载的线型,然后单击"确定"按钮。

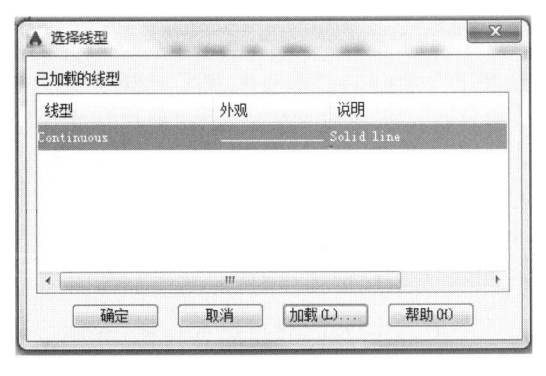

图1-49 "选择线型"对话框　　　　　　图1-50 "加载或重载线型"对话框

(3)设置图层线宽

线宽设置就是改变线条的宽度。在AutoCAD 2015中,使用不同宽度的线条表现对象的大小或类型,可以提高图形的表达能力和可读性。

要设置图层的线宽,可以在"图层特性管理器"对话框的"线宽"列中单击该图层对应的线宽"—默认",打开"线宽"对话框,如图1-51所示,有多种线宽可供选择。也可以选择"格式"→"线宽"命令,打开"线宽设置"对话框,如图1-52所示。通过调整线宽比例,使图形中的线宽显示得更宽或更窄。

图 1-51 "线宽"对话框

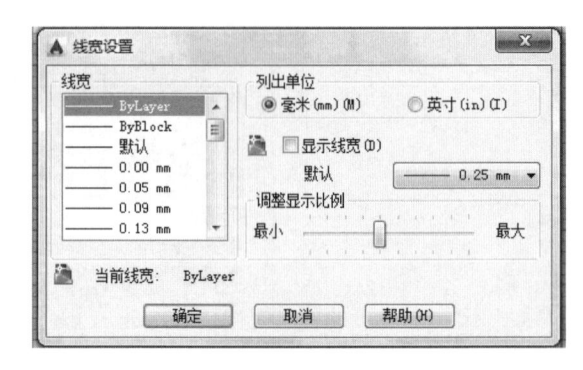

图 1-52 "线宽设置"对话框

4.管理图层

在 AutoCAD 2015 中,使用"图层特性管理器"对话框不仅可以创建图层,删除图层,切换图层,设置图层的颜色、线型和线宽,还可以对图层进行更多的设置与管理,如图层的显示控制等。

(1)图层的打开和关闭

在"图层特性管理器"对话框图层显示列表或在图层工具栏图层显示列表中,通过单击"图层开关"按钮 ,可以控制图层的"开"与"关"。当图层被打开时,图层上的图形对象是可见的,并且可以被编辑和打印输出;当图层被关闭时,此图层上的图形对象不可见,并且不能被编辑和打印输出。

(2)图层的冻结和解冻

在"图层特性管理器"对话框图层显示列表或在图层工具栏图层显示列表中,通过单击"图层冻结与解冻"按钮 ,可以控制图层的"冻结"与"解冻"。当图层被冻结时,此图层上的图形对象不可见,不参与重生成,并且不能被打印输出;当图层未被冻结时,图层上的图形对象是可见的,参与重生成,也可以被打印输出。

冻结图层有利于减少系统重生成图形的时间,如果用户绘制的图形较大且需要重生成图形时,即可使用图层的冻结功能将不需要重生成的图层进行冻结。完成重生成后,可使用解冻功能将其解冻,恢复为原来的状态。

(3)图层的锁定和解锁

在"图层特性管理器"对话框图层显示列表或在图层工具栏图层显示列表中,通过单击"图层锁定与解锁"按钮 ,可以控制图层的"锁定"与"解锁"。当图层被锁定时,此图层上的图形对象可见,但不能被编辑;当锁定的图层被解锁,图层上的图形对象可见,且可以被选择、编辑。锁定图层有利于对较复杂的图形进行编辑。

1.6 设置绘图辅助功能

为了快捷、准确地绘制图形,AutoCAD 2015 提供了多种必要的辅助绘图工具,利用这些工具,可以方便、迅速、准确地实现图形的绘制和编辑,不仅可以提高工作效率,而且能更好地保证图形的质量。这些工具主要集中在状态栏上。

1.6.1 栅格

功能：给用户一个直观的相对尺寸的概念，如同传统纸面制图中的坐标纸一样。
常用控制"栅格"打开和关闭命令方式如下：
(1)命令行："GRID"✓。
(2)左键单击状态栏中的"显示图形栅格 ▦ "按钮，即可打开或关闭"栅格"。
(3)功能键："F7"。
注：栅格打开后，组成栅格的点在屏幕上可见，但不是图形文件的组成部分，不能被打印输出。

1.6.2 捕捉模式

功能：将光标锁定或捕捉到栅格线的交叉点上，使用户能够精确地捕捉和选择这个栅格上的点。

1. 常用控制"捕捉模式"打开或关闭命令方式

(1)命令行："SNAP"✓。
(2)左键单击状态栏中的"捕捉模式 ▦ ▼"按钮，即可打开或关闭"捕捉"功能。
(3)功能键："F9"。
(4)捕捉与栅格设置。

2. 常用"绘图设置"命令启动方式

(1)命令行："DSETTINGS"或"SE"✓。
(2)下拉菜单："工具"→"绘图设置"。
(3)单击状态栏上"捕捉模式 ▦ ▼"小箭头，选择"捕捉设置"。

设置绘图辅助功能

执行命令后，即可打开"草图设置"对话框，如图1-53所示。在该对话框的"捕捉和栅格"选项卡中可分别设置 X,Y 两个方向上的捕捉及栅格间距，一般情况下取相同的间距。

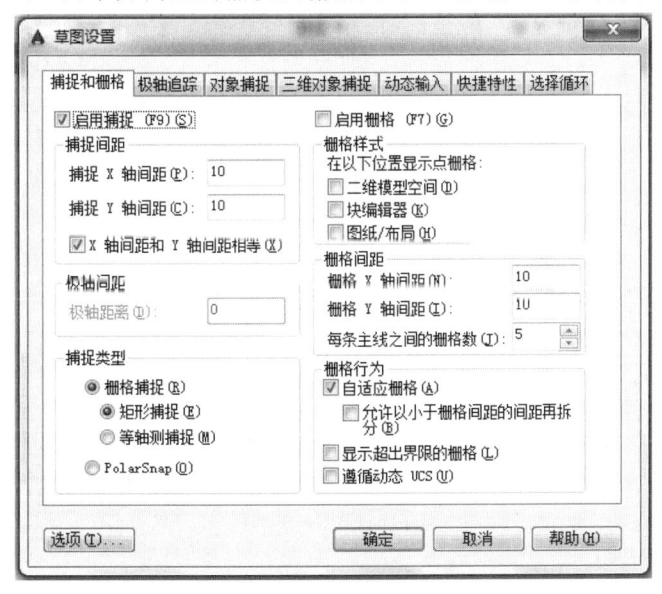

图 1-53 "草图设置—捕捉和栅格"对话框

1.6.3 正交模式

功能：限制光标只能沿水平方向或垂直方向移动，从而快速绘制出水平或垂直直线。

常用控制"正交模式"打开或关闭命令方式如下：

(1)命令行："ORTHO"↙。

(2)左键单击状态栏中的"正交限制光标 ⌐"按钮，即可打开或关闭"正交"模式。

(3)功能键："F8"。

注：正交模式打开后，当要绘制一定长度的线段时，直接输入线段长度即可，不需要输入完整的相对坐标值。

1.6.4 对象捕捉

功能：十字光标可以精确定位到现有图形对象的特定点或特定位置上，例如直线的中点、圆的圆心等。

1. 常用控制"对象捕捉"打开或关闭命令方式

(1)左键单击状态栏中的"对象捕捉 □▼"按钮 ，即可打开或关闭"对象捕捉"。

(2)功能键："F3"。

2. 设置对象捕捉

利用捕捉与栅格设置中的方法打开"草图设置"对话框，选择"对象捕捉"选项卡，即可选择"对象捕捉"的特征点，如图1-54所示。

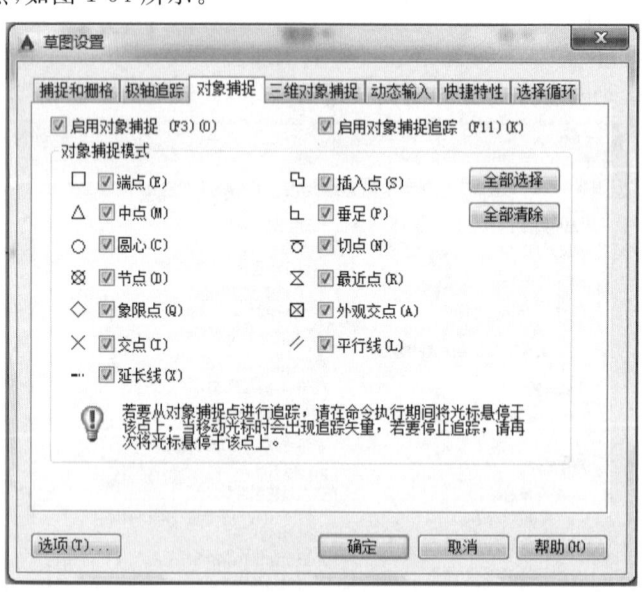

图1-54 "草图设置—对象捕捉"对话框

3. 对象捕捉类型说明

(1)端点：直线或曲线端头的点。

(2)中点：直线或圆弧的中间点。

(3)节点:包括对象、文字的起点或尺寸标注定义点。

(4)象限点:圆、圆弧、椭圆等与当前用户坐标相关的0°、90°、180°、270°处的点。

(5)交点:图形对象相交的点。

(6)延长线:封闭或者非封闭对象的线段或圆弧延长线的点。

(7)插入点:图块、标注对象或外部参照的插入点。

(8)最近点:距离光标最近的特征点。

(9)外观交点(重影点):二维空间看似相交,实际在三维空间并不相交的点。

(10)平行线:用来创建从一点出发与指定直线段平行的辅助线。

单击右侧的"全部选择"或"全部清除"按钮可以快速选择或取消选择所有的对象捕捉类型。

1.6.5 自动追踪

功能:"自动追踪"可按照指定角度绘制对象,或者绘制与其他对象有特定关系的对象。"自动追踪"功能分为"极轴追踪"和"对象捕捉追踪"两种。

"极轴追踪"是按照给定的角度增量来追踪特征点;而"对象捕捉追踪"则按照与对象的某种特定关系来追踪。也就是说,如果已经确定要追踪的方向(角度),则使用"极轴追踪";如果不能确定具体的追踪方向(角度),但知道与其他对象的某种关系(如相交),则用"对象捕捉追踪"。"极轴追踪"和"对象捕捉追踪"可以同时使用。

1. 极轴追踪

(1)常用控制"极轴追踪"打开或关闭命令方式如下:

①在"草图设置"对话框中勾选"启用极轴追踪",如图1-55所示。

②左键单击状态栏中的"极轴追踪"按钮 ,即可打开或关闭"极轴追踪"。

③功能键:"F10"。

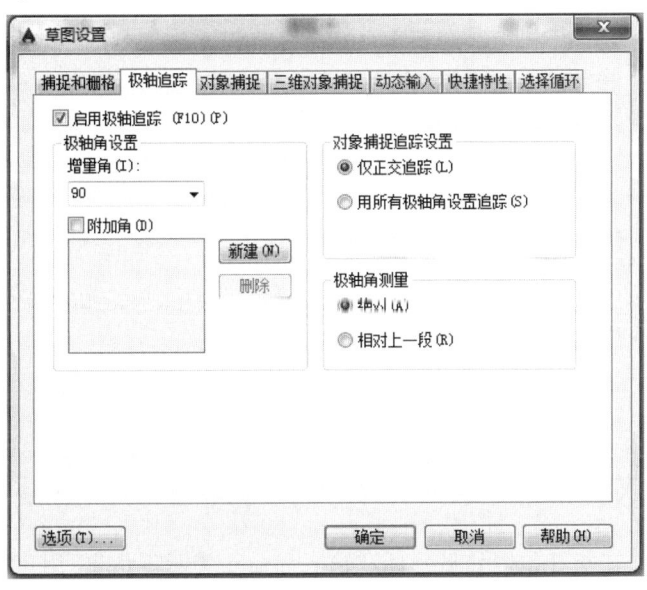

图1-55 "草图设置—极轴追踪"对话框

(2)"极轴追踪"操作步骤如下：

①选择增量角度(实际追踪可以为增量角的倍数)，当需要的增量角度在下拉箭头下未找到，或者需要设置多个增量角时，可以勾选图 1-55 中的"附加角"复选框，然后单击"新建"按钮手动添加需要的增量角度。

②启用极轴追踪功能。

③移动光标，寻找"追踪辅助线"。

④输入距离值即可确定所需点位置。

2. 对象捕捉追踪

常用控制"对象捕捉追踪"打开或关闭命令方式如下：

(1)在"草图设置"对话框中"对象捕捉"选项卡下勾选"启用对象捕捉追踪"。

(2)左键单击状态栏中的"对象追踪"按钮，即可打开或关闭"对象捕捉追踪"。

(3)功能键："F11"。

注：在使用极轴追踪及对象捕捉追踪功能时，对象捕捉功能应同时被启用。

【例 1-4】 绘制一条线段，使该线段的一个端点与另一条已知线段的端点在同一条水平线上。

操作步骤：

(1)同时打开状态栏上的"对象捕捉"和"对象捕捉追踪"按钮，启动对象捕捉追踪功能。

(2)绘制一条线段。

(3)绘制第二条线段。

命令行提示与操作如下：

命令：LINE↙

指定第一点：　　　　　　　// 指定点 1，如图 1-56(a)所示

指定下一点或[放弃(U)]：　// 将鼠标移动到点 2 处，系统自动捕捉到第一条直线的端点 2，如图 1-56(b)所示。系统显示一条虚线为追踪线，移动鼠标，在追踪线的适当位置指定点 3，如图 1-56(c)所示

指定下一点或[放弃(U)]：↙

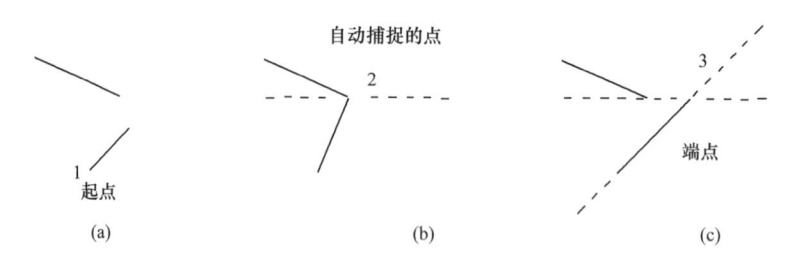

图 1-56 "对象捕捉追踪"示例

1.6.6 动态输入

动态输入的功能：在指针位置处显示标注输入和命令提示等信息，用户可以在鼠标附近的输入框内直接输入绘图命令，而不必在命令行和绘图窗口之间反复切换，这可以帮助用户专注于绘图区域，加快绘图效率。

打开"草图设置"对话框,进入"动态输入"选项卡,如图 1-57 所示。

1. 指针输入

选中"启用指针输入"复选框,当有命令执行时,十字光标附近的工具栏提示中显示为坐标。用户可以在工具栏提示中输入坐标值,而不需要切换至命令行输入。

输入坐标时,用户可以按"Tab"键将焦点切换到下一个工具栏提示,然后输入下一个坐标值。在指定点时,第一个坐标是绝对坐标,第二个或下一个点是相对极坐标。如果要输入绝对值,则需在值前加上前缀"#"符号。

单击"指针输入"选项组中的"设置"按钮,将弹出如图 1-58 所示的"指针输入设置"对话框。"格式"选项组可以设置指针输入时第二个或者后续点的默认格式,"可见性"选项组可以设置在什么情况下显示坐标工具栏提示。

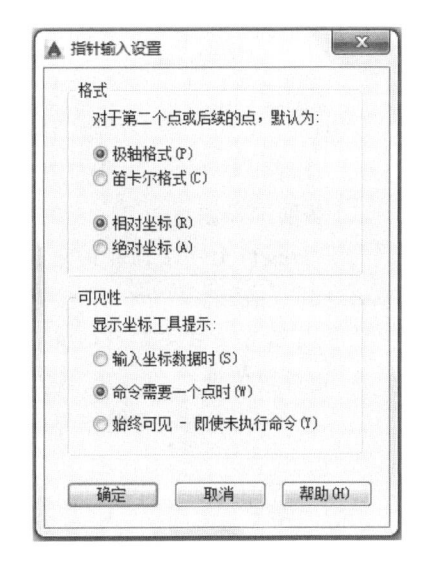

图 1-57 "草图设置—动态输入"对话框　　图 1-58 "指针输入设置"对话框

2. 标注输入

选中"可能时启用标注输入"复选框,当命令提示输入第二点时,工具栏提示将显示距离和角度值。在工具栏提示中的值会随着光标移动而改变。按"Tab"键可以移动到要更改的值。标注输入可用于"LINE""PLINE""ARC""CIRCLE""ELLIPSE"等命令。

启用"标注输入"后,坐标输入字段会与正在创建或编辑的几何图形上的标注绑定。

3. 动态提示

选中"在十字光标附近显示命令提示和命令输入"复选框,可以在光标附近的工具栏显示命令提示,并对提示做出响应。如果提示包含多个选项,可按键盘右下角箭头查看这些选项,然后单击选择一个选项。"动态提示"可以与"指针输入""标注输入"一起使用。

习 题

一、单项选择题

1. 哪个功能键可以进入文本窗口?
   A. 功能键"F2"   B. 功能键"F3"   C. 功能键"F1"   D. 功能键"F4"

2. 在AutoCAD 2015中,要打开或关闭栅格,可按(　　)键。
   A. F12   B. F2   C. F7   D. F9

3. "缩放(ZOOM)"命令在执行过程中改变了(　　)。
   A. 图形在视图中显示的大小   B. 图形在视图中的位置
   C. 图形的界限范围大小   D. 图形的绝对坐标

4. AutoCAD 2015中,用来选择长度、角度的数制和精度的命令是(　　)。
   A. LIMITS   B. SHELL   C. RENAME   D. DDUNITS

5. AutoCAD 2015中设置图幅用(　　)命令。
   A. NEW   B. LIMITS   C. EXTEND   D. RECTANGLE

二、多项选择题

1. 重新执行上一个命令的最快捷方法是(　　)。
   A. 按"空格"键   B. 按"ESC"键   C. 按"F1"键   D. 按"ENTER"键

2. 坐标输入方式主要有(　　)。
   A. 相对直角坐标   B. 绝对直角坐标   C. 相对极坐标   D. 绝对极坐标

3. AutoCAD 2015的操作界面主要由标题栏、"功能区"选项板和(　　)几部分组成。
   A. 状态栏   B. 快速访问工具栏   C. 命令行   D. 绘图区

4. 在AutoCAD 2015中,有关栅格命令GRID的叙述正确的有(　　)。
   A. 栅格虽然是可见的,但不是图的组成部分
   B. 栅格点的范围总是充满整屏
   C. 绘图时,如果栅格打开,则打印出图时栅格同时被打印
   D. 可以设置栅格间距不等于捕捉间距

5. AutoCAD 2015中,下列关于图层被锁定后性质的叙述,正确的有(　　)。
   A. 图层仍然可见   B. 图层不能被编辑
   C. 图层被关闭   D. 图层中的实体不能被选中

三、操作题

1. 用点坐标的输入方法绘制边长为10 mm的正六边形。

   提示:启动"绘图"→"直线"命令,各点在命令行输入值见图1-59中点A、B、C、D、E、F旁的坐标值。

2. 将图1-59保存到桌面,文件命名为"正六边形"。

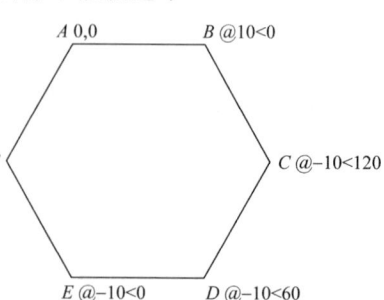

图1-59 正六边形

提示:单击"应用程序▲"按钮后面的下拉前头→"另存为"→选择"图形"→选择保存路径为"桌面"→修改文件名为"正六边形"→单击"保存"按钮。

3.绘制图1-60所示基础剖面图(不填充)。

提示:启动"绘图"→"直线"命令,应用点的绝对直角坐标输入法确定第一个点的位置,再应用点的相对直角坐标输入法完成基础轮廓图(也可在绘制水平线和垂直线时,打开"正交"模式,然后移动光标到相应的位置后,直接输入所需的距离值即可)。

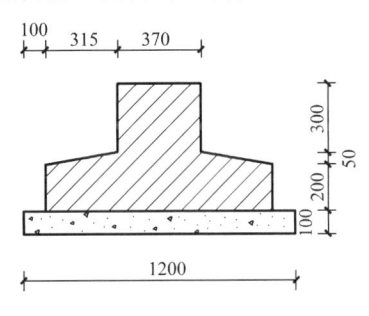

图1-60 基础剖面图

4.建立一个新的AutoCAD 2015文件,并完成建筑绘图前的基本设置。其中包括:

(1)此文件自动保存路径和自动保存的时间;

(2)设置绘图界限的大小为"42000,29700";

(3)建立多个图层,其名称和颜色、线型、线宽等对象特性设置见表1-1。

表1-1 某图形文件图层设置内容

名称	颜色	线型	线宽
中心轴线	红色	Center	0.15 mm
墙线	白色	Continuous	0.35 mm
门	黄色	Continuous	0.15 mm
窗	青色	Continuous	0.25 mm
楼梯	白色	Continuous	0.15 mm
尺寸标注	绿色	Continuous	0.15 mm
文字标注	白色	Continuous	0.15 mm

提示:

(1)打开"选项"对话框,选择"文件"选项卡中的"自动保存文件位置"设置自动保存路径。

(2)执行图形界限命令(limits),通过命令行提示设置图形界限的左下角点坐标(0,0)及右上角点坐标(42000,29700)。

(3)执行图层命令(layer),打开"图层特性管理器"对话框,在"图层特性管理器"对话框中单击"新建图层"按钮,可设置相应的图层,并可进行图名修改,颜色、线型、线宽设置。

第 2 章

基本绘图和编辑命令

教学内容
点绘图命令
直线、多线、多段线和构造线绘图命令
矩形和正多边形绘图命令
圆、圆弧、椭圆、椭圆弧和圆环绘图命令
图案填充绘图命令
删除编辑命令
复制、镜像、阵列和偏移编辑命令
移动和旋转编辑命令
缩放、拉伸和拉长编辑命令
修剪和延伸编辑命令
打断、合并和分解编辑命令
倒角和圆角编辑命令
夹点编辑命令
特性编辑命令

教学重点与难点
直线、多线、多段线和构造线绘图命令
矩形绘图命令
圆、圆弧绘图命令
图案填充绘图命令
复制、镜像、阵列和偏移编辑命令
移动和旋转编辑命令
缩放、拉伸和拉长编辑命令
修剪和延伸编辑命令
夹点编辑命令
特性编辑命令

2.1 实例1 "点""直线"绘图命令

【例2-1】 应用"点"和"直线"绘图命令绘制如图2-1所示储物柜平面图。

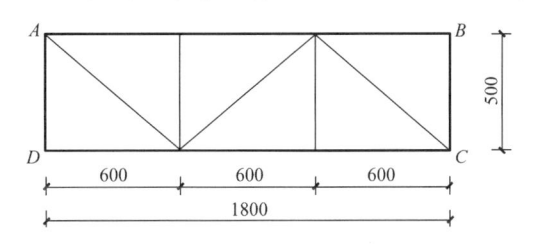

图 2-1 储物柜平面图

绘图步骤分解：

第一步 用"直线"绘图命令绘制储物柜平面图外轮廓线。

"直线"绘图命令是指绘制具有起点和终点的线段。直线是建筑绘图中最简单、最基本的图形对象。建筑工程制图中常用于绘制轴线、墙线等。

(1)常用"直线"绘图命令启动方式如下：

①命令行："LINE"或"L"↙。

②下拉菜单："绘图"→"╱ 直线"。

③功能区："默认"选项卡→"绘图"面板→"╱ 直线"。

(2)选项说明

①闭合(C)：在命令行输入"C"↙，将用户输入的最后一点和第一点连成一条直线，形成封闭图形，并结束直线绘制。

②放弃(U)：在命令行输入"U"↙，将放弃最后一步操作。

(3)储物柜外轮廓线操作步骤如下：

命令：LINE↙　　　　　　　　//启动"直线"绘图命令

指定第一个点：＜正交 开＞　　//在绘图区域单击确定A点后，打开"正交"模式

指定下一点或［放弃(U)］：1800　//光标放在A点右侧，输入"1800"后即可绘制完成B点

指定下一点或［放弃(U)］：500　//光标放在B点下侧，输入"500"后即可绘制完成C点

指定下一点或［闭合(C)/放弃(U)］：1800

　　　　　　　　　　　　　　　//光标放在C点左侧，输入"1800"后即可绘制完成D点

指定下一点或［闭合(C)/放弃(U)］：C

　　　　　　　　　　　　　　　//输入字母C，即可闭合储物柜外轮廓线，如图2-2所示。

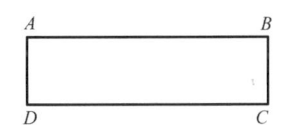

图 2-2 储物柜外轮廓线

点和直线绘图命令

第二步 设置"点样式"。

(1)常用"点样式"命令启动方式如下：

①命令行:"DDPTYPE"✓。

②下拉菜单:"格式"→"点样式"。

启动"点样式"命令后,打开"点样式"对话框,如图 2-3 所示。如图 2-4 所示选择点样式,单击"确定"按钮。

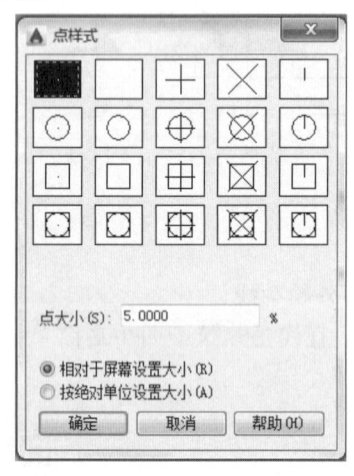

图 2-3 "点样式"对话框

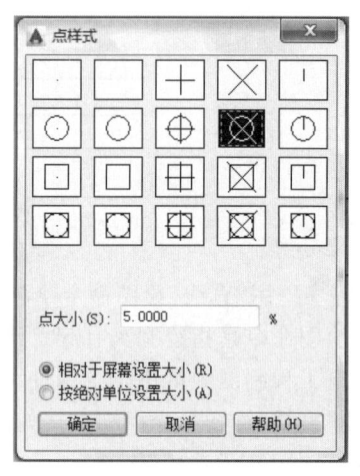

图 2-4 选择点样式

(2)选项说明

点大小:输入的数值决定点的大小。

①相对于屏幕设置大小:按屏幕尺寸的百分比设置点的大小。

②按绝对单位设置大小:按点大小指定的实际单位设置点的大小。

第三步 用"点"绘图命令的"定数等分"三等分直线"AB",用"定距等分"将直线"CD"分为每段长度为 600 mm 的三条线段。

在 AutoCAD 2015 中,可以通过"单点""多点""定数等分""定距等分"4 种方法创建点对象。

(1)常用"点"绘图命令启动方式如下：

①命令行:"POINT"或"PO "✓(只能绘制单点)。

②下拉菜单:"绘图"→"点"(可以绘制单点、多点、定数等分点和定距等分点)。

③功能区:"默认"选项卡→"绘图"面板→"多点 "或" 定数等分"或" 定距等分"。

(2)选项说明

①单点:每次绘制一个点,命令自动结束。

②多点:可以一次绘制多个点,直到按"Esc"键结束命令。

③定数等分:在指定的对象上绘制等分点。指定对象可以是直线、圆弧、圆、椭圆、椭圆弧或多段线等。

④定距等分:在指定的对象上按指定的长度绘制点,指定对象可以是直线或圆弧等。

注:定距等分时,如图 2-5 所示,最后一段长度不足 200 mm 时,则前面的直线按照 200 mm 间距插入点。如果单击对象时单击直线的左端,则剩余段 130 mm 位于右端;单击对象时单击直线的右端,则剩余段位于左端。

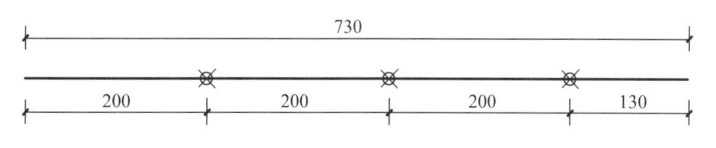

图 2-5 定距等分

(3)"定数等分"三等分直线"AB"操作步骤如下：

命令：DIVIDE✓

选择要定数等分的对象：　　　　//单击直线AB

输入线段数目或[块(B)]：3　　　//输入数字"3"✓，如图2-6所示

(4)"定距等分"等分直线CD操作步骤如下：

命令：MEASURE✓

选择要定距等分的对象：　　　　//单击直线CD(此操作单击的是直线CD左端)

指定线段长度或[块(B)]：600　　//输入数字"600"✓，如图2-7所示

图 2-6 "定数等分"直线"AB"　　　图 2-7 "定距等分"直线"CD"

第四步 用"直线"绘图命令连接对应点后，删除图形中的点即可绘制完成储物柜平面图。

2.2 实例2 "构造线"绘图命令

【例 2-2】 应用"构造线"绘图命令绘制如图 2-8 所示轴网图。

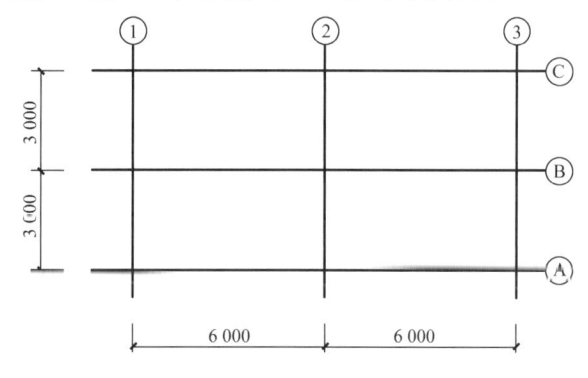

图 2-8 轴网图

"构造线"绘图命令是指绘制两端可以无限延伸的直线，建筑工程制图中常用于辅助绘图和轴线的绘制。

(1)常用"构造线"绘图命令启动方式如下：

①命令行："XLINE"或"XL"✓。

②下拉菜单:"绘图"→" 构造线"。

③功能区:"默认"选项卡→"绘图"面板→" 构造线"。

(2)选项说明

①水平(H):绘制通过指定点的水平构造线

②垂直(V):绘制通过指定点的垂直构造线

③角度(A):绘制与 X 轴的正方向成指定角度的构造线,如图 2-9 所示。

④参照(R):输入与指定直线成一定角度的构造线,如图 2-10 所示。

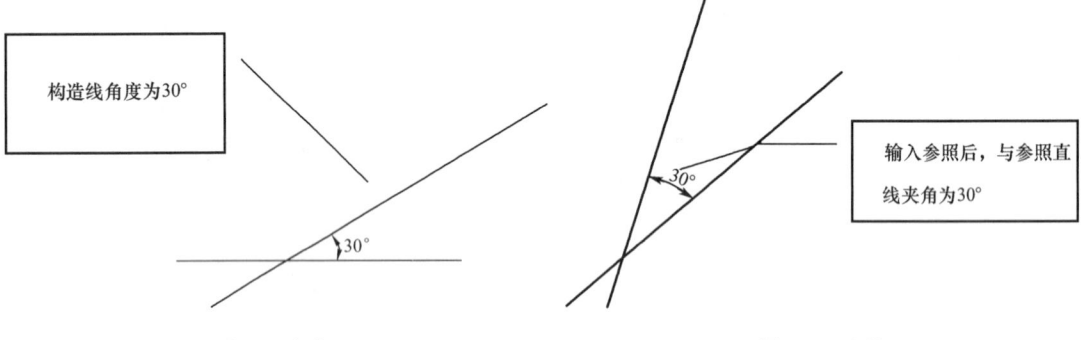

构造线角度为30°

输入参照后,与参照直线夹角为30°

图 2-9 角度　　　　　　　　　　　　　图 2-10 参照

⑤二等分(B):生成角平分线的构造线,如图 2-11 所示。

⑥偏移(O):生成与已知指定直线或构造线平行的构造线,如图 2-12 所示。

图 2-11 二等分　　　　　　　　　　　　图 2-12 偏移

(3)初步绘制轴线操作步骤如下:

命令:XLINE 指定点或 [水平(H)/垂直(V)/角度(A)/二等分(B)/偏移(O)]:H✓
指定通过点:　　　　　　　　//在绘图区域单击确定一点,绘制 A 轴线
命令:XLINE 指定点或 [水平(H)/垂直(V)/角度(A)/二等分(B)/偏移(O)]:V✓
指定通过点:　　　　　　　　//在绘图区域单击确定一点,绘制 1 轴线
命令:XLINE 指定点或 [水平(H)/垂直(V)/角度(A)/二等分(B)/偏移(O)]:O✓
指定偏移距离或 [通过(T)]<6000.0000>:3 000✓
选择直线对象:　　　　　　　//单击Ⓐ轴
指定向哪侧偏移:　　　　　　//在Ⓐ轴上方单击,即可确定Ⓑ轴
选择直线对象:　　　　　　　//单击Ⓑ轴

指定向哪侧偏移：	//在Ⓑ轴上方单击,即可确定Ⓒ轴
选择直线对象：	//按"Esc"键退出
指定点或［水平(H)/垂直(V)/角度(A)/二等分(B)/偏移(O)］：O↙	
指定偏移距离或［通过(T)］＜3000.0000＞：6000↙	
选择直线对象：	//单击①轴
指定向哪侧偏移：	//在①轴右边单击,即可确定②轴
选择直线对象：	//单击②轴
指定向哪侧偏移：	//在②轴右边单击,即可确定③轴
选择直线对象：	//按"Esc"键退出命令,如图2-13所示

注：若要将轴线改为点划线,可在"特性"面板处选择"线型"中的"其他",然后在弹出的"线型管理器"对话框中加载点划线,单击"显示细节"按钮,改变"全局比例因子"为"50",将所绘轴线线型改为已加载的点划线即可显示如图2-14所示轴网图。

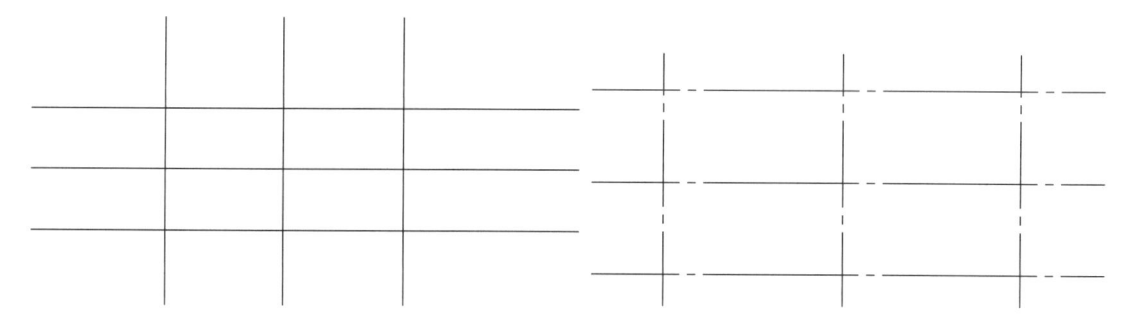

图2-13 初步轴网图　　　　图2-14 点划线轴网图

全局比例因子＝1/(图形输出比例×2),例如图形输出比例为1∶100,则全局比例因子为50。

2.3 实例3 "矩形"绘图命令、"删除"编辑命令

【例2-3】 应用"矩形"绘图命令和"删除"编辑命令绘制如图2-15所示的窗立面图。

绘图步骤分解：

第一步 用"矩形"绘图命令绘制完成窗外框线。

"矩形"绘图命令是指通过指定两个角点的方式绘制矩形,或绘制带有倒角和圆角的矩形,执行该命令时,可改变线的宽度。建筑工程制图中常用于绘制图框、标题栏、窗等。

(1)常用"直线"绘图命令启动方式如下：

①命令行："RECTANG"或"REC"↙。

②下拉菜单："绘图"→"▭ 矩形"。

③功能区："默认"选项卡→"绘图"面板→"▭ 矩形"。

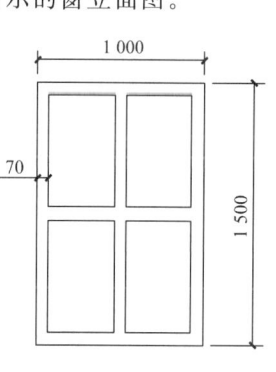

图2-15 窗立面图

(2)选项说明

①倒角(C)：设置具有倒角的矩形。

②圆角(F):设置具有圆角的矩形。
③标高(E):矩形的高度,Z轴坐标值,默认值为0。默认情况下,矩形在 XOY 平面内。该选项一般用于三维绘图。
④厚度(T):设置矩形三维厚度,默认值为0。
⑤宽度(W):设置矩形轮廓线的宽度。
⑥尺寸(D):通过指定矩形的长和宽绘制矩形。
注:①参数的设置在确定矩形第一个角点前进行。
②如设置倒角距离或圆角半径大于矩形边长,则不显示倒角或圆角。

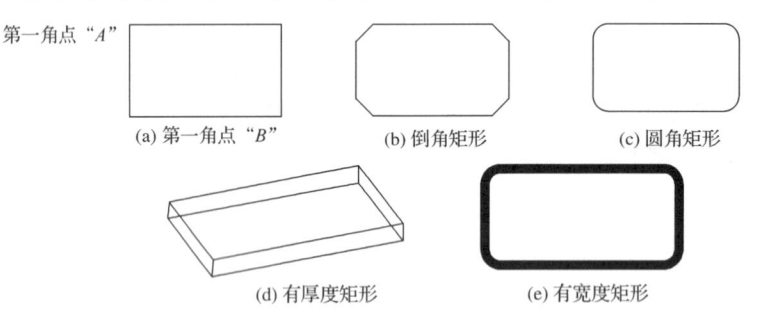

(a) 第一角点"B" (b) 倒角矩形 (c) 圆角矩形
(d) 有厚度矩形 (e) 有宽度矩形

图 2-16 不同参数设置绘制的矩形

(3)窗外框线操作步骤如下:
命令:REC✓
指定第一个角点或［倒角(C)/标高(E)/圆角(F)/厚度(T)/宽度(W)］://在绘图区域单击确定第一个角点
指定另一个角点或［面积(A)/尺寸(D)/旋转(R)］:@1000,1500✓

第二步 应用"构造线"作辅助线,如图 2-17 所示。
操作步骤如下:
命令:XL✓
XLINE 指定点或［水平(H)/垂直(V)/角度(A)/二等分(B)/偏移(O)］:O✓
指定偏移距离或［通过(T)］<通过>:70✓
选定窗外框线及中心线,应用构造线偏移完成辅助线的绘制,详细操作过程略。

第三步 应用"矩形"绘图命令,捕捉辅助线交点完成内部窗格的绘制。

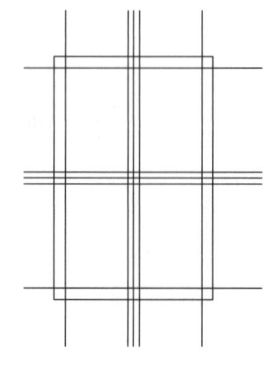

图 2-17 "构造线"作为辅助线绘制窗

第四步 应用"删除"编辑命令删除辅助线,完成窗立面图绘制。
"删除"编辑命令指删除选中的图形对象,相当于手工绘图中用橡皮擦图。
(1)常用"删除"编辑命令启动方式如下:
①命令行:"ERASE"或"E"✓。
②下拉菜单:"修改"→" 删除"。
③功能区:"默认"选项卡→"修改"面板→" 删除"。

④键盘输入:delete。

(2)删除辅助线操作步骤如下:

用"右框选"法选中需要删除的辅助线,然后执行"删除"命令,按"Enter"键即可删除辅助线;也可先启动"删除"命令,然后"右框选"选中需要删除的辅助线,按"Enter"键删除辅助线。

2.4　实例4　"修剪"编辑命令

【例2-4】　应用"修剪"编辑命令修剪完成如图2-14所示轴网图。

绘图步骤分解:

第一步　用"矩形"绘图命令绘制"修剪边界"。如图2-18所示。

图 2-18　用"矩形"绘图命令绘制"修剪边界"

第二步　用"修剪"编辑命令修剪边界外的构造线。

"修剪"编辑命令指将超出修剪边界的多余部分修剪(删除)掉。

(1)常用"修剪"编辑命令启动方式如下:

①命令行:"TRIM"或"TR"↙。

②下拉菜单:"修改"→"-/-- 修剪"。

③功能区:"默认"选项卡→"修改"面板→"-/-- 修剪"。

(2)选项说明

①栏选(F)/窗交(C):指定被裁剪部分的选择方式。

②投影(P):选择三维图形编辑中实体剪切的不同投影方式。

a.无(N):在三维空间中不进行投影修剪,只修剪在三维空间中与剪切边界真正相交的对象。

b.UCS(U):将剪切边和对象首先投影在当前 USC 的 XOY 平面上,然后对投影进行二维修剪,不管它们在三维空间中是否真正相交。

c.视图(V):在当前视图平面中进行二维修剪。

③边(E):设置剪切边界属性。

a.延伸(E):当选择此选项时,被修剪对象与剪切边界不相交,但与剪切边界的延长线隐含相交时,对象也能以剪切边界为界被修剪。

b.不延伸(N):被修剪对象只有与剪切边界真正相交时,才可被修剪。

注:①执行"修剪"命令时首先必须选择修剪边界,按"Enter"键后再选择被修剪的对象。

②执行"修剪"命令时,当提示选择要修剪的对象时,如果按住"Shift"键,选择对象就转换成执行延伸功能。剪切边暂时起延伸边界作用。

修剪编辑命令

(3)操作步骤如下：
命令：TRIM ↙
当前设置：投影＝UCS，边＝无　　　　　　　　//提示当前设置
选择剪切边...　　　　　　　　　　　　　　　//提示选择剪切边界
选择对象或＜全部选择＞：找到 1 个　　　　　//单击选择图 2-18 中的矩
　　　　　　　　　　　　　　　　　　　　　　　形框

选择对象：↙
选择要修剪的对象，或按住"Shift"键选择要延伸的对象，或
[栏选(F)/窗交(C)/投影(P)/边(E)/删除(R)/放弃(U)]：　　//用"右框选"法连续选择
　　　　　　　　　　　　　　　　　　　　　　　　　　　　矩形外面的构造线

选择要修剪的对象，或按住"Shift"键选择要延伸的对象，或
[栏选(F)/窗交(C)/投影(P)/边(E)/删除(R)/放弃(U)]：＊取消＊　//按"Esc"键退出命令
绘制结果如图 2-19 所示。

第三步　用"删除"编辑命令删除矩形框，如图 2-20 所示。

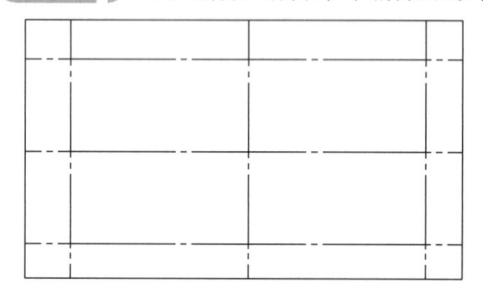

图 2-19　修剪轴网图　　　　　　　　图 2-20　轴网图

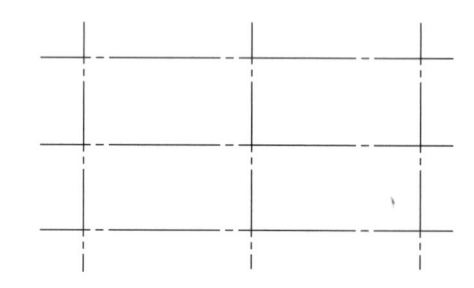

2.5　实例 5　"圆"绘图命令、"复制"编辑命令

【例 2-5】　应用"圆"绘图命令在图 2-20 上绘制如图 2-8 所示的轴线圆。
绘图步骤分解：

第一步　用"圆"绘图命令绘制第一个轴线圆。
"圆"绘图命令在建筑工程制图中常用于绘制轴线圆、指北针、圆形建筑物或构筑物等。
(1)常用"圆"绘图命令启动方式如下：
①命令行："CIRCLE"或"C" ↙。
②下拉菜单："绘图"→"圆"。
③功能区："默认"选项卡→"绘图"面板→" ⊙ 圆"。
(2)选项说明
①指定圆的半径或[直径(D)]：通过输入圆的半径或"D"(直径值)绘制圆。
②三点(3P)：通过指定圆周上的三个点绘制圆。
③两点(2P)：通过指定圆直径上的两个端点绘制圆。
④相切、相切、半径(T)：通过捕捉相切对象上的切点并输入半径值绘制圆。与之相切的对象可以是圆、圆弧或直线。

⑤相切、相切、相切:通过捕捉相切对象上的三个切点绘制圆。

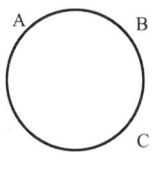

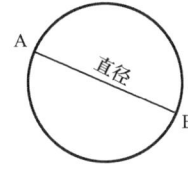

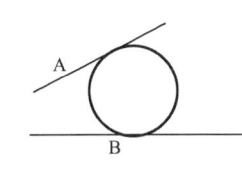

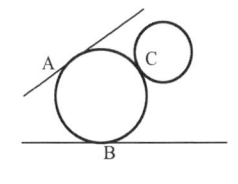

图 2-21 所示为不同方式绘制的圆。

(a)三点定圆　　(b)两点定圆　　(c)双切、半径定圆　　(d)三切定圆

图 2-21　不同方式绘制圆

注意: ①用切点、切点、半径(T)的方式绘制圆,如果输入半径太小,则圆不存在。

②如果选择的两个相切对象为两条平行线,即使所输入的半径为平行线之间垂直距离的一半,AutoCAD 2015 也认为不存在公切圆。

(2)绘制轴线圆操作步骤如下(图 2-22):

命令:CIRCLE✓

指定圆的圆心或[三点(3P)/两点(2P)/切点、切点、半径(T)]:"2P"✓　　//用两点法绘制圆

指定圆直径的第一个端点:　　　　　　　　　　　　　　　　　　//捕捉Ⓐ轴的右端点

指定圆直径的第二个端点:＜正交 开＞800 ✓　　　　　　　　//打开"正交"模式,光标沿着水平方向向右移动,输入值为"800"。

"圆"绘图命令及"复制"编辑命令

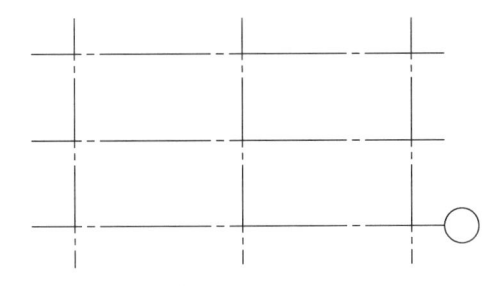

图 2-22　绘制 A 轴的轴线圆

第二步　用"复制"编辑命令绘制完成其他轴线圆。

(1)常用"复制"编辑命令启动方式如下:

①命令行:"COPY"或"CP"或"CO"✓。

②下拉菜单:"修改"→" 复制"。

③功能区:"默认"选项卡→"修改"面板→" 复制"。

(2)选项说明

①基点:图形复制时的基准点,一般都是图形上的特殊点,例如"圆"上的象限点和圆心,"直线"上的端点和中心点等。

②位移(D):通过确定源对象与将要复制对象之间的距离复制图形对象。

③模式(O):选择单个复制或者多个复制。

a.单个(S):复制出一个图形对象后,自动结束复制命令。

b.多个(M):可以反复多次地复制图形对象。

(3)操作步骤如下:

命令:CO↙

选择对象:找到 1 个　　　　　　　　　　//单击已绘制完成的轴线圆

选择对象:↙　　　　　　　　　　　　　//结束选择被复制的对象

当前设置: 复制模式 = 多个　　　　　　//提示复制模式为连续多个复制

指定基点或[位移(D)/模式(O)]<位移>:　//单击选择已绘制轴线圆左侧的象限点

指定第二个点或[阵列(A)]<使用第一个点作为位移>:

　　　　　　　　　　　　　　　　　　　//单击Ⓑ轴的右端点

指定第二个点或[阵列(A)/退出(E)/放弃(U)]<退出>:

　　　　　　　　　　　　　　　　　　　//单击Ⓒ轴的右端点

指定第二个点或[阵列(A)/退出(E)/放弃(U)]<退出>:＊取消＊

　　　　　　　　　　　　　　　　　　　//按"Esc"键退出命令,如图 2-23 所示

用类似的方法完成上方轴线圆的绘制,不同之处在于:

①"指定基点"时单击选择已绘制轴线圆下方的象限点。

②"指定第二个点"时单击选择①、②、③轴上方的端点。

绘制完成的轴线圆图形如图 2-24 所示。

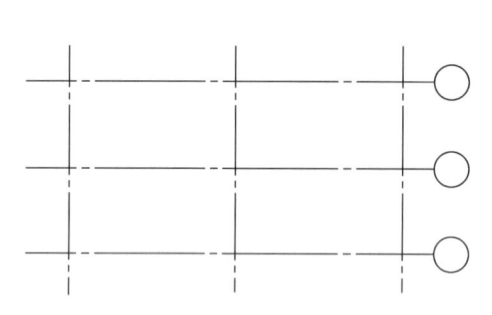

图 2-23　绘制完成右侧轴线圆

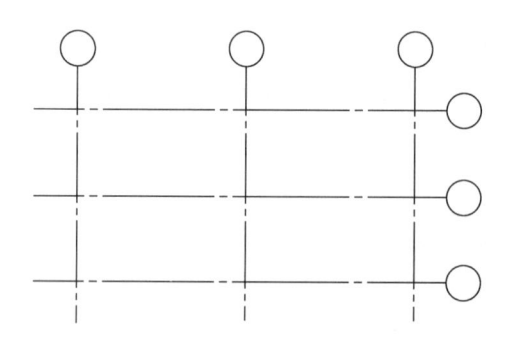

图 2-24　绘制完成的轴线圆

2.6　实例 6　"多线"绘图命令

【例 2-6】 应用"多线"绘图命令绘制如图 2-25 所示墙体图,外墙厚度为 370 mm,内墙厚度为 240 mm。

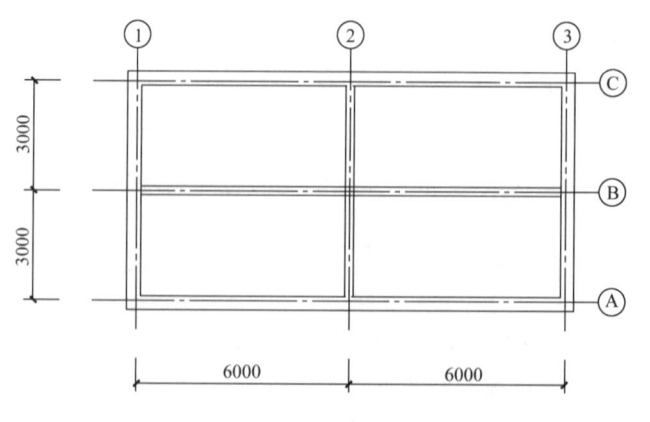

图 2-25　墙体图

"多线"绘图命令

"多线"绘图命令是指绘制多条(1~16条)相互平行的直线,且各条直线可以设置不同颜色和线型。建筑工程制图中常用于绘制墙体、多路平行排列的不同管线或平开窗平面图等。

多线应用步骤:

a."MLSTYLE"设置多线样式。

b."ML"绘制多线。

c."MLEDIT"编辑修整多线的交叉点。

绘图步骤分解:

第一步 设置墙体的多线样式。

(1)常用设置"多线样式"命令启动方式如下:

①命令行:"MLSTYLE"✓。

②下拉菜单:"格式"→" 多线样式"。

通过以上命令,即可打开"多线样式"对话框,如图 2-26 所示。

(2)选项说明

①"修改"按钮:修改选中的多线样式,单击后将会出现"修改多线样式"对话框,如图 2-27 所示。

注:当前图形中已使用过的样式不能再修改。

图 2-26 "多线样式"对话框

图 2-27 "修改多线样式"对话框

②"新建"按钮:新建多线样式,单击该按钮即可打开"创建新的多线样式"对话框。在"新样式名"内输入名称,例如"370 墙",如图 2-28 所示。

图 2-28 "创建新的多线样式"对话框

③"继续"按钮：单击"继续"按钮，将会出现"新建多线样式"对话框，如图 2-29 所示，对话框中的内容与"修改多线样式"对话框中的内容相同。

图 2-29 "新建多线样式"对话框

④"说明"：在文本框中输入新样式的描述文字，最多可以输入 255 个字符，包括空格，例如"外墙皮距离轴线 250 mm"，也可不进行说明。

⑤"封口"选项区域：选择多线的封口形式，例如，选择封口为"起点""直线"，则预览图如图 2-30 所示。

⑥"填充"选项区域：选择是否在平行线间填充颜色。

⑦"显示连接"：显示平行线间的连接线，预览图如图 2-31 所示。

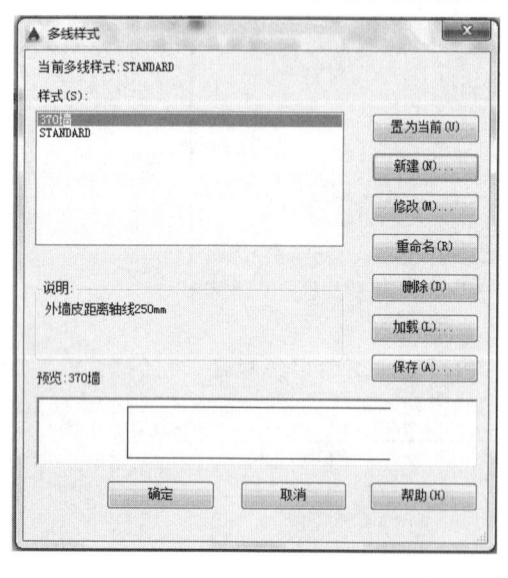

图 2-30 封口为"起点""直线"时预览图　　图 2-31 "显示连接"预览图

⑧"添加"：每单击一次该按钮则增加一条图元元素（平行线）。

⑨"删除"：单击该按钮则删除选中的图元元素（平行线）。

⑩"偏移"：表示各条线和多线中心位置（偏移量为零的位置）的相对距离，中心位置以上的偏移量为正值，反之为负值。单击"图元"中需要修改偏移量的图元元素，在下方"偏移"后面的框中输入数值即可修改选中的图元元素的偏移量。例如："370 墙"把轴线位置定为偏移量为零的位置，则墙线偏移量可以分别设置为 250、−120，如图 2-32 所示。

图 2-32　370 墙"偏移量"设置

⑪"颜色""线型"：设置图元元素的颜色和线型。

⑫"确定"：单击"确定"按钮后，返回"多线样式"对话框。

⑬"置为当前"：把设置的新的多线样式置为当前样式。

⑭"保存"：把多线样式保存为文件，默认文件名为"acad.mln"。然后单击"确定"按钮，完成"多线样式"设置。

注：用户不能删除或重命名多线样式"STANDARD"。

(3) 设置 370 墙和 240 墙的多线样式如下：

外墙设置样式名称为"37"，偏移量分别为"250，−120"；内墙设置样式名称为"24"，偏移量可以采用默认值"0.5，−0.5"。

第二步　应用"多线"绘图命令绘制墙体。

(1) 常用绘制"多线"绘图命令启动方式如下：

①命令行："MLINE"或"ML"↙。

②下拉菜单："绘图"→"多线"。

(2) 选项说明

①样式(ST)："ST"↙，输入多线样式名，当输入"？"时，可查询当前图形的所有多线样式名。

②对正(J)：指定多线的对正方式。

a. 上<T>：顶(TOP)对正，光标与最大非 0 偏移量的线（元素）对齐。

b. 无<Z>：中心(ZERO)对正，光标与中心位置（偏移量为零的位置）对齐。

c. 下<B>：底(BOTTOM)对正，光标与最小非 0 偏移量的线（元素）对齐。

注意：在相同对正方式下，定位点的输入方向不同，直接影响多线绘制效果，如图2-33所示。

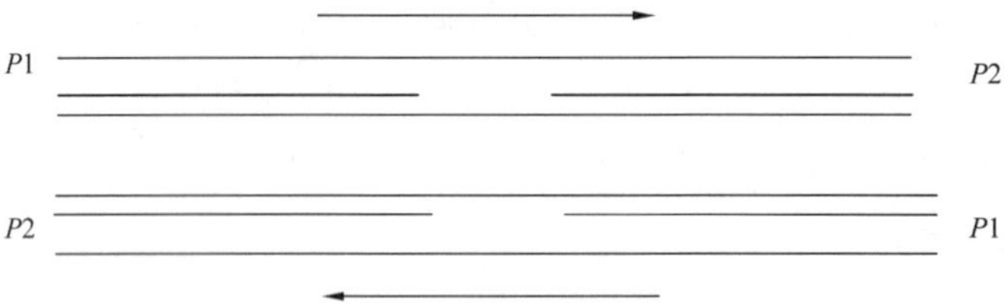

```
P1 ————————————————————        ———————————————————— P2
   ————————————————————        ————————————————————
   ————————————————————        ————————————————————

P2 ————————————————————        ———————————————————— P1
   ————————————————————        ————————————————————
   ————————————————————        ————————————————————
```

图2-33 "多线"绘制的方向性

③比例(S)：控制多线总宽度（平行线最大非0偏移量与最小非0偏移量之间的实际间距）。

多线的总宽度(实际绘制得到的平行线间的距离)＝|多线定义宽度|×|S|

多线定义宽度：元素最大与最小偏移量之差，例如，0.5－(－0.5)＝1

(3)操作步骤如下：

①绘制外墙(370)

命令：ML↵

当前设置：对正 ＝ 无,比例 ＝ 1.00,样式 ＝ STANDARD

指定起点或 [对正(J)/比例(S)/样式(ST)]： ST↵

输入多线样式名或 [?]： 37↵

当前设置：对正 ＝ 无,比例 ＝ 1.00,样式 ＝ 37

指定起点或 [对正(J)/比例(S)/样式(ST)]： J↵

输入对正类型 [上(T)/无(Z)/下(B)]＜无＞： Z↵

当前设置：对正 ＝ 无,比例 ＝ 1.00,样式 ＝ 37

指定起点或 [对正(J)/比例(S)/样式(ST)]： S↵

输入多线比例 ＜1.00＞： 1↵

当前设置：对正 ＝ 无,比例 ＝ 1.00,样式 ＝ 37

指定起点或 [对正(J)/比例(S)/样式(ST)]：　　　//捕捉①轴与Ⓒ轴交点

指定下一点：　　　　　　　　　　　　　　　　//捕捉③轴线与Ⓒ轴交点

指定下一点或 [放弃(U)]：　　　　　　　　　　//捕捉③轴与Ⓐ轴交点

指定下一点或 [闭合(C)/放弃(U)]：　　　　　　//捕捉①轴与Ⓐ轴交点

指定下一点或 [闭合(C)/放弃(U)]：　　　　　　//捕捉①轴与Ⓒ轴交点

指定下一点或 [闭合(C)/放弃(U)]：　　　　　　//按"Esc"键退出命令

②绘制内墙(240)

命令：ML↵

当前设置：对正 ＝ 无,比例 ＝ 1.00,样式 ＝ 37

指定起点或 [对正(J)/比例(S)/样式(ST)]： ST↵

输入多线样式名或 [?]： 24↵

当前设置：对正 ＝ 无,比例 ＝ 1.00,样式 ＝ 24

指定起点或 [对正(J)/比例(S)/样式(ST)]： S↵

输入多线比例 ＜1.00＞： 240↵

当前设置：对正 ＝ 无,比例 ＝ 240.00,样式 ＝ 24

指定起点或[对正(J)/比例(S)/样式(ST)]: //捕捉②轴与ⓒ轴交点
指定下一点: //捕捉②轴线与Ⓐ轴交点
指定下一点或[放弃(U)]: //按"Esc"键退出命令
命令: MLINE↙
当前设置:对正 = 无,比例 = 240.00,样式 = 24
指定起点或[对正(J)/比例(S)/样式(ST)]: //捕捉①轴与Ⓑ轴交点
指定下一点: //捕捉③轴与Ⓑ轴交点
指定下一点或[放弃(U)]: //按"Esc"键退出命令
完成如图2-34所示图形。

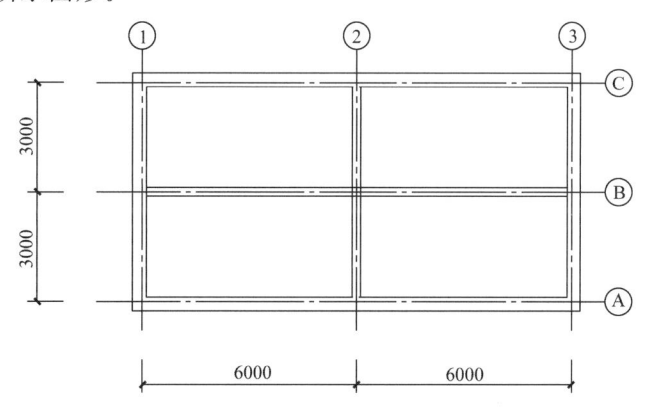

图2-34 "未编辑多线"的墙体图

第三步 应用"多线编辑"命令完成墙体。

(1)常用"多线编辑"命令启动方式如下:

①命令行:"MLEDIT"↙。

②下拉菜单:"修改"→"对象"→"多线"。

③双击已绘制的多线。

启动"多线编辑"命令后,出现"多线编辑工具"对话框,如图2-35所示。

图2-35 "多线编辑工具"对话框

(2)操作说明

①选择"十字闭合":第一条单击的多线将被修改,如图2-36所示。

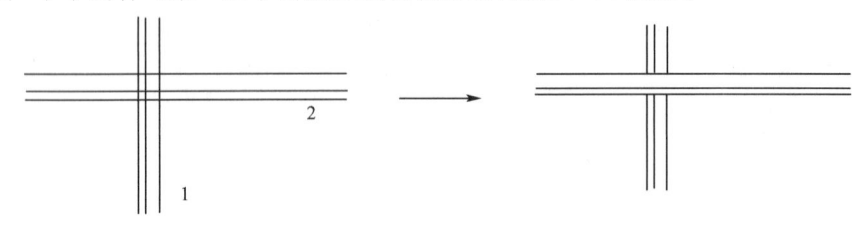

图2-36 "十字闭合"

②处理"T"形交叉点时,多线的选择顺序影响交叉点修整结果,选择的第一个多线将在"T"形交叉点处被裁去多余部分,如图2-37所示。

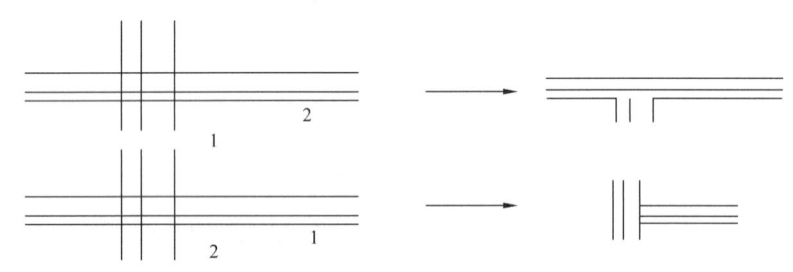

图2-37 "T"形修改

注:①"T"形合并时,应首先选择"T"形的竖边,如图2-38所示。

图2-38 "T"形合并时,多线的选择顺序

②多线编辑命令不能满足编辑要求时,可用"分解"命令先分解多线,然后用一般编辑命令进行编辑。

(3)操作步骤如下:

①启动"多线编辑工具"后,Ⓐ轴和Ⓒ轴交点处选用"角点结合　"进行编辑。

②②轴与Ⓒ轴交点、②轴与Ⓐ轴交点、③轴与Ⓑ轴交点、①轴与Ⓑ轴交点处选用"T形闭合　"进行编辑。

③②轴与Ⓑ轴交点处选用"十字闭合　"进行编辑。

编辑后的图形如图2-25所示。

2.7 实例7 "多段线"绘图命令

【例2-7】 应用"多段线"绘图命令绘制如图2-39所示钢筋弯钩图(水平段长度自定尺寸,d为钢筋直径值)。

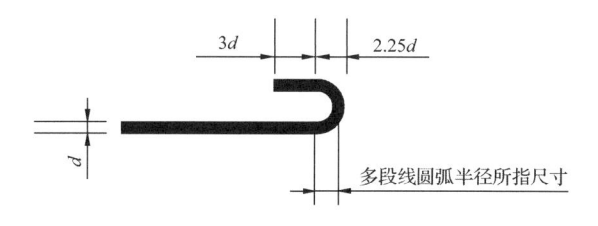

图 2-39　180°弯钩钢筋

"多段线"绘图命令是指绘制由若干直线和圆弧连接而成的不同宽度的曲线或折线,且是一个实体。建筑工程制图中常用于绘制钢筋、箭头、指北针等。

(1)常用绘制"多段线"绘图命令启动方式如下:

①命令行:"PLINE"或"PL"✓。

②下拉菜单:"绘图"→"⌒多段线"。

③功能区:"默认"选项卡→"绘图"面板→"⌒多段线"。

(2)选项说明

①圆弧(A):绘图方式转换为圆弧。

a. 角度(A):指定要绘制圆弧所对应的圆心角。

b. 圆心(CE):指定要绘制圆弧的圆心位置。

c. 方向(D):指定圆弧起点的切线方向。

d. 直线(L):绘图方式转换为直线。

e. 半径(R):指定要绘制圆弧的半径。

f. 第二个点(S):应用3点方式绘制圆弧段,确定圆弧上除起点和端点以外的点。

g. 放弃(U):取消最后一次绘制的圆弧段。

h. 半宽(H)/宽度(W):设置圆弧起点和端点的宽度值。

②闭合(C):闭合多段线并结束绘制多段线命令。

③半宽(H)/宽度(W):设置多段线直线段起点和端点宽度的一半值和宽度值。

④长度(L):确定多段线直线段的长度值。

⑤放弃(U):取消最后一次绘制出来的直线段。

注:①当多段线的宽度>0时,若想绘制闭合的多段线,一定要选择"闭合"选项,才能使其完全封闭,否则即使起点和终点重合,也会出现缺口。

②多段线填充模式控制方法:

a. "FILL"—"ON[OFF]"

b. "工具"—"选项"—"显示"—"显示性能"—"应用实体填充"

c. "FILLMODE"—"1[0]"

除二维多段线外,受填充模式的影响的对象还有:二维填充对象、多线、图案填充、圆环。

图形对象中的填充模式全是打开或是全关闭的,即使暂时显示不同的填充模式,重生成后就全部显示为新设置的填充模式。

③捕捉具有一定宽度的多段线上的特殊点(中点、端点)时,只能捕捉到多段线中心线上的点。多段线如果是未填充模式,即表现为两条相互平行的直线或同心圆弧,也只能捕捉到两条线之间的中轴线上的点。

(3)操作步骤如下：
命令：PLINE↙
指定起点：   //在绘图区域单击确定起点
指定下一个点或［圆弧(A)/半宽(H)/长度(L)/放弃(U)/宽度(W)］：W↙
指定起点宽度＜2191.7624＞：10↙   //钢筋取 ϕ10
指定端点宽度＜10.0000＞：10↙
指定下一个点或［圆弧(A)/半宽(H)/长度(L)/放弃(U)/宽度(W)］：
                                              //在绘图区单击确定第二点
指定下一点或［圆弧(A)/闭合(C)/半宽(H)/长度(L)/放弃(U)/宽度(W)］：A↙
指定圆弧的端点(按住 Ctrl 键以切换方向)或
［角度(A)/圆心(CE)/闭合(CL)/方向(D)/半宽(H)/直线(L)/半径(R)/第二个点(S)/放弃(U)/宽度(W)］：A↙
指定夹角：180↙
指定圆弧的端点(按住 Ctrl 键以切换方向)或［圆心(CE)/半径(R)］：R↙
指定圆弧的半径：17.25↙   //此处半径为 22.5－5＝17.5
指定圆弧的弦方向(按住 Ctrl 键以切换方向)＜0＞：90↙
指定圆弧的端点(按住 Ctrl 键以切换方向)或
［角度(A)/圆心(CE)/闭合(CL)/方向(D)/半宽(H)/直线(L)/半径(R)/第二个点(S)/放弃(U)/宽度(W)］：L↙
指定下一点或［圆弧(A)/闭合(C)/半宽(H)/长度(L)/放弃(U)/宽度(W)］：30↙
指定下一点或［圆弧(A)/闭合(C)/半宽(H)/长度(L)/放弃(U)/宽度(W)］：＊取消＊
                                              //按"Esc"键退出命令

注：具有线宽的多段线在绘制圆弧段时，半径值指的是圆心到多段线中心线的长度，但钢筋弯钩设置时，2.25d 指的是圆心到钢筋外皮的距离。

补充知识：
编辑多段线
(1)常用编辑"多段线"命令启动方式如下：
①命令行："PEDIT"或"PE"↙。
②下拉菜单："修改"→"对象"→" 多段线"。
③功能区："默认"选项卡→"修改"面板→" 编辑多段线"。
④双击需要编辑的多段线。
(2)选项说明
①多条(M)：选择对象时可以同时选择多个多段线。
②闭合(C)：封闭所编辑的多段线。
③合并(J)：把直线段、圆弧、多段线连接到指定的非闭合多段线上。
④宽度(W)：指定所有线段的新宽度。
⑤编辑顶点(E)：编辑多段线的顶点，只对单个多段线进行操作。
  a.下一个(N)：使位置标记×逐一向前移动。

b.上一个(P):使位置标记×逐一向后退。

c.打断(B):多段线断开为两条新的多段线。

d.插入(I):为多段线添加新的顶点。

e.移动(M):移动带标记的顶点。

f.重生成(R):重新生成多段线。

g.拉直(S):拉直多段线中位于两个指定顶点间的线段。

h.切向(T):将切线方向附着到编辑顶点以方便用于以后的曲线拟合。

i.宽度(W):修改当前编辑顶点之后线段的起点宽度和端点宽度,如果编辑后不显示线宽,重生成后即可显示。

⑥拟合(F):创建一条平滑曲线,它由连接各对顶点的弧线段组成,且曲线通过多段线的所有顶点并使用指定的切线方向,如图 2-40 所示。

(a)原多段线　　　　　　　(b)拟合后

图 2-40　多段线拟合

⑦样条曲线(S):用样条曲线拟合多段线,并且拟合时以多段线的各顶点为样条曲线的控制点,如图 2-41 所示。

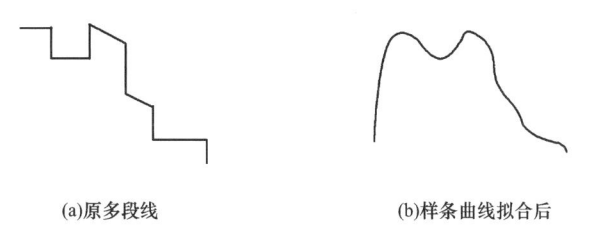

(a)原多段线　　　　　　　(b)样条曲线拟合后

图 2-41　用样条曲线拟合多段线

⑧非曲线化(D):将用"拟合"或"样条曲线"编辑的多段线恢复到原来的状态。

⑨线型生成(L):规定非连续型多段线在各顶点处的绘线方式。执行该选项,AutoCAD 2015 提示:

输入多段线线型生成选项[开(ON)/关(OFF)]:

当选择"开(ON)"时,多段线在各顶点处自动按折线处理,即不考虑非连续线在转折处是否有断点;当选择"关(OFF)"时,多段线在各顶点处的绘线方式由原型线控制,即 AutoCAD 2015 在每一段多段线的两个顶点之间按起点、终点的关系绘出多段线。具体效果如图 2-42 所示(注意两条曲线在转折处的区别)。

⑩反转(R):用于改变多段线上的顶点顺序,当编辑多段线顶点时会看到此顺序。

(a)线型生成(L)=OFF   (b)线型生成(L)=ON

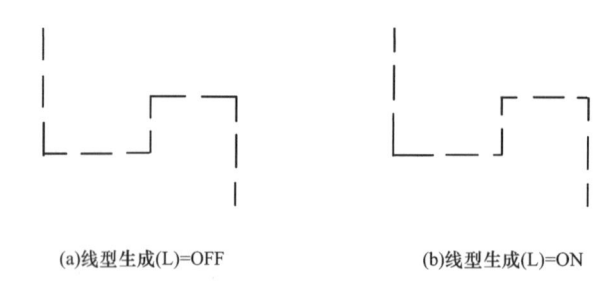

图 2-42 "线型生成(L)"选项的控制效果

2.8 实例8 "圆弧"绘图命令

【例 2-8】 应用"圆弧"绘图命令绘制如图 2-43 所示的 90°方向开启的门,门的宽度为 900 mm,厚度为 50 mm。

绘图步骤分解:

第一步 用"直线"绘图命令绘制门(图 2-44)。

操作步骤如下:

命令:LINE↙

指定第一个点:＜正交 开＞　　　　//打开"正交"模式,在绘图区域单击确定第一点

指定下一点或 [放弃(U)]:900↙　　　//光标移至第一点上方

指定下一点或 [放弃(U)]:50↙　　　　//光标移至第二点右方

指定下一点或 [闭合(C)/放弃(U)]:900↙ //光标移至第三点下方

指定下一点或 [闭合(C)/放弃(U)]:　　　//按"Esc"键退出命令

图 2-43 90°方向开启的门　　　　图 2-44 用"直线"绘图命令绘制门

第二步 用"圆弧"绘图命令绘制门的开启方向。

在 AutoCAD 2015 中,圆弧的绘制方法有 11 种。在建筑工程制图中常用于绘制门、圆弧形的建筑物等。

(1)常用"圆弧"绘图命令启动方式如下:

①命令行:"ARC"或"A"↙。

②下拉菜单:"绘图"→"圆弧"。

微课18

圆弧绘图命令

③功能区:"默认"选项卡→"绘图"面板→" 圆弧"。
(2)绘制"圆弧"的方法
①三点方式画弧

要求输入圆弧的起点、第二点、终点。弧的方向由起点、终点的方向确定,顺时针或逆时针均可。

②起点、圆心、端点

注:a.从起点按照逆时针方向画弧。

b.指定的端点可以不是弧的终点(由于弧已由起点和圆心确定出半径,所以指定端点的作用在于根据它与圆心的连线确定弧的终止点)。

③起点、圆心、角度

输入角度为正值,按逆时针方向画弧;否则反之。若用指定两点的方法确定弧的角度,只能按逆时针方向画弧。

④起点、圆心、长度

长度指的是弧起点到端点的弦长输入弦长为正值时画小弧段;否则反之,如图2-45所示。

⑤起点、端点、方向

输入起点的切线方向时,可直接输入起点切线方向的角度值,若用两点指定起始方向,则会从起点拉出一条橡皮线,表示起始的方向。

⑥起点、端点、半径

由起点沿逆时针方向画弧,当半径为正值时画小弧段;否则反之,如图2-46所示。

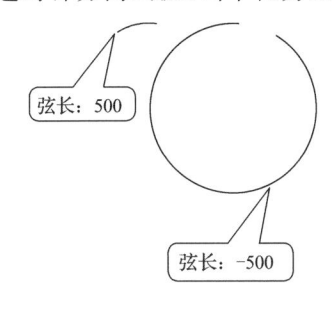

图2-45 "长度"正负值不同时的圆弧 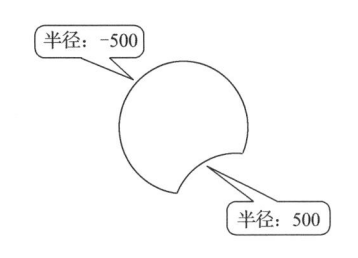   图2-46 半径正负值不同时的圆弧

⑦继续

延续使用前一种方式画弧,此时新画弧段的起点方向为前一段弧段的终点的切点方向。

其他四种绘制圆弧的方式与前面讲到的操作方式相似,在此不再详细介绍。

(3)操作步骤如下:

应用圆弧命令中的"起点、圆心、角度"的方式绘制表示门开启方向的圆弧。

命令:ARC↙

指定圆弧的起点或[圆心(C)]:   //捕捉图2-47中的1点

指定圆弧的第二个点或[圆心(C)/端点(E)]:C↙

指定圆弧的圆心: //捕捉图2-47中的2点

指定圆弧的端点(按住Ctrl键以切换方向)或[角度(A)/弦长(L)]:A↙

指定夹角(按住 Ctrl 键以切换方向):90↙

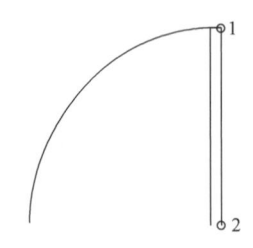

图 2-47 用"圆弧"绘图命令绘制门的开启方向

2.9 实例 9 "多边形"绘图命令

【例 2-9】 应用"多边形"绘图命令绘制:
①边长为 10 mm 的正六边形。
②内切圆半径为 10 mm 的正六边形。
③外接圆半径为 10 mm 的正六边形。

微课19

多边形绘图命令

"多边形"绘图命令可以绘制边数为 3~1 024 的正多边形。
(1)常用"多边形"绘图命令启动方式如下:
①命令行:"POLYGON"或"POL"↙。
②下拉菜单:"绘图"→"⬠ 多边形"。
③功能区:"默认"选项卡→"绘图"面板→"矩形"后面"▼"→"⬠ 多边形"。
(2)选项说明
①边(E):通过指定多边形的边长绘制多边形。
②内接于圆(I):指多边形内接于圆中,通过指定多边形外接圆的半径绘制多边形。
③外切于圆(C):指多边形外切于圆,通过指定多边形内切圆的半径绘制多边形。
(3)操作步骤如下:
①边长为 10 mm 的正六边形
命令:POLYGON 输入侧面数 <4>:6↙
指定正多边形的中心点或[边(E)]:E↙
指定边的第一个端点:指定边的第二个端点: <正交 开> 10↙
如图 2-48(a)所示。
②正六边形的内切圆半径为 10 mm 的正六边形
命令:POLYGON"输入侧面数 <6>:6↙
指定正多边形的中心点或[边(E)]: //在绘图区单击任意点
输入选项[内接于圆(I)/外切于圆(C)] <I>:C↙
指定圆的半径:10↙
如图 2-48(b)所示。

③正六边形的外接圆半径为 10 mm 的正六边形

命令：POLYGON 输入侧面数 <6>：6↵

指定正多边形的中心点或 [边(E)]：　　　　　　　//在绘图区单击任意点

输入选项 [内接于圆(I)/外切于圆(C)] <C>：I↵

指定圆的半径：10↵

如图 2-48(c)所示。

图 2-48(b)、图 2-48(c)中的圆在绘制完多边形后并不在图中显示，它们是为了区分不同参数设置的绘图效果，作者加绘上去的，并给绘制完成的多边形加注了尺寸。

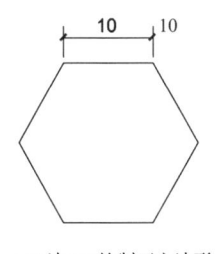

(a) "边(E)"绘制正六边形　　(b) "外切于圆(C)"绘制正六边形　　(c) "内接于圆(I)"绘制正六边形

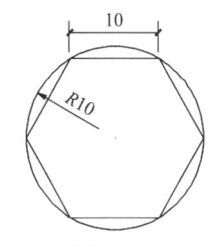

图 2-48　不同参数设置绘制的正多边形

2.10　实例 10　"椭圆"绘图命令

【例 2-10】　应用"椭圆"绘图命令的两种方法绘制如图 2-49 所示长轴长为 150 mm，短轴长为 100 mm 的椭圆。

(1)常用"椭圆"绘图命令启动方式如下：

①命令行："ELLIPSE"或"EL"↵。

②下拉菜单："绘图"→"椭圆"。

③功能区："默认"选项卡→"绘图"面板→"⌾椭圆"。

(2)绘制图 2-49 椭圆的操作步骤如下：

①通过确定一条轴长和一条半轴长绘制椭圆，如图 2-50 所示。

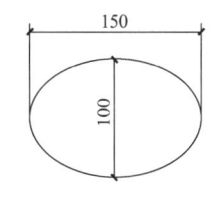

图 2-49　椭圆

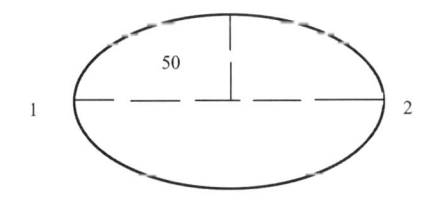

图 2-50　通过确定一条轴长和一条半轴长绘制椭圆

操作步骤如下：

命令：ELLIPSE↵

指定椭圆的轴端点或 [圆弧(A)/中心点(C)]：　　　//在绘图区单击任意点，确定 1 点

指定轴的另一个端点：　<正交 开>150↵　　　　//光标移至 1 点右侧，确定 2 点

指定另一条半轴长度或［旋转(R)］：50↙
②通过椭圆的中心、一条轴线端点、另一轴线的半轴长度绘制椭圆,如图 2-51 所示。

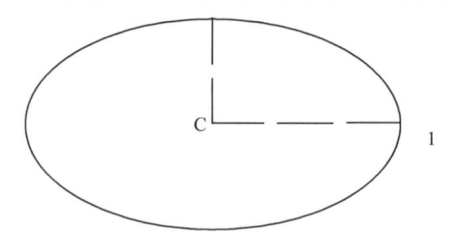

图 2-51 通过确定中心点、一条轴线端点和一条半轴长绘制椭圆

操作步骤如下:
命令:ELLIPSE↙
指定椭圆的轴端点或［圆弧(A)/中心点(C)］:C
指定椭圆的中心点:　　　　　　　　//单击确定中心点 C
指定轴的端点:＜正交 开＞75↙　　　//光标移至 C 点右侧,确定 1 点
指定另一条半轴长度或［旋转(R)］：50↙
补充知识:
圆旋转后的投影生成椭圆,如图 2-52 所示。

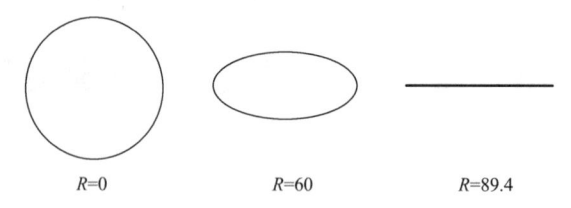

图 2-52 圆旋转后的投影生成椭圆

操作步骤:(1)用以上两种方法生成椭圆一条轴线。
(2)输入参数 R,即以此轴作为长轴并绕其旋转指定角度。

2.11　实例 11　"椭圆弧"绘图命令

【例 2-11】　应用"椭圆弧"绘图命令绘制如图 2-53 所示的椭圆弧,虚线所示椭圆尺寸、方向自行确定。
(1)常用"椭圆弧"绘图命令启动方式如下:
①命令行:"ELLIPSE"或"EL"↙。
②下拉菜单:"绘图"→"椭圆"→" 圆弧"。
③功能区:"默认"选项卡→"绘图"面板→" 椭圆"→" 椭圆弧"。

图 2-53　椭圆弧

注:椭圆弧前半段与椭圆绘制完全相同;绘制出完整的椭圆后,还需要继续确定椭圆弧的起始与终止位置。全椭圆中心点与长轴第一点的连线方向为 0°起始方向,逆时针方向为正;如果先定义短轴,0°起始方向为短轴的第一端点按逆时针方向旋转 90°后的方向。

(2)操作步骤如下：
命令：EL↙
指定椭圆的轴端点或[圆弧(A)/中心点(C)]：A↙
指定椭圆弧的轴端点或[中心点(C)]：   //单击确定椭圆弧长轴端点1
指定轴的另一个端点：   //单击确定椭圆弧长轴另一端点2
指定另一条半轴长度或[旋转(R)]：   //单击确定椭圆弧短轴端点3
指定起点角度或[参数(P)]：30↙   //输入确定椭圆弧的起始位置
指定端点角度或[参数(P)/夹角(I)]：I↙
指定圆弧的夹角<180>：150   //输入确定椭圆弧的夹角
如图2-54所示。

"椭圆""椭圆弧""圆环"绘图命令   图2-54 绘制完成椭圆弧

2.12 实例12 "圆环"绘图命令

【例2-12】 应用"圆环"绘图命令绘制如图2-55所示圆环。

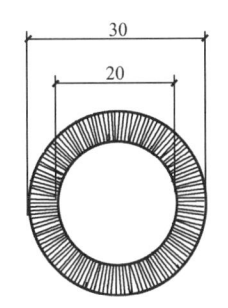

(a)填充模式   (b)不填充模式

图2-55 圆环

(1)常用"圆环"绘图命令启动方式如下：
①命令行："DONUT"或"DO"↙。
②下拉菜单："绘图"→"◎ 圆环"。
③功能区："默认"选项卡→"绘图"面板→"◎ 圆环"。
(2)操作步骤如下：
命令：DO↙。
指定圆环的内径<0.5000>：20↙。
指定圆环的外径<1.0000>：30↙。

指定圆环的中心点或＜退出＞：

指定圆环的中心点或＜退出＞：*取消*

2.13　实例13　"偏移"编辑命令

【例2-13】　应用"直线"绘图命令和"偏移"编辑命令绘制如图2-56所示的平开窗平面图。

绘图步骤分解：

第一步　用"直线"绘图命令绘制窗外围。

操作步骤如下：

命令：LINE↙

图2-56　平开窗平面图

指定第一个点：　　　　　　　　　　　//在绘图区域确定点1

指定下一点或［放弃(U)］：＜正交 开＞370↙　//打开"正交"模式，确定点2

指定下一点或［放弃(U)］：3600↙　　　//确定点3

指定下一点或［闭合(C)/放弃(U)］：370↙　//确定点4

指定下一点或［闭合(C)/放弃(U)］：C↙

绘制结果如图2-57所示。

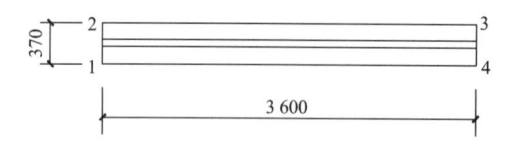

图2-57　平开窗外围图

第二步　用"偏移"编辑命令完成平开窗平面图。

"偏移"编辑命令与构造线"XL"的参数"O"相似，开放型图形（例如直线）产生平行线；封闭型图形则是源对象的放大或缩小（例如圆偏移后将生成同心圆）。建筑工程制图中常用于绘制轴网、墙体、窗、台阶、道路等。

(1)常用"偏移"编辑命令启动方式如下：

①命令行："OFFSET"或"O"↙。

②下拉菜单："修改"→"偏移"。

③功能区："默认"选项卡→"修改"面板→"偏移"。

(2)选项说明

各个选项意义同"XL"命令中的"偏移(O)"。

"偏移"编辑命令

(3)操作步骤如下：

命令：O↙

当前设置：删除源＝否　图层＝源　OFFSETGAPTYPE＝0

指定偏移距离或［通过(T)/删除(E)/图层(L)］＜通过＞：150↙

选择要偏移的对象,或［退出(E)/放弃(U)］＜退出＞：　　//选择23直线
指定要偏移的那一侧上的点,或［退出(E)/多个(M)/放弃(U)］＜退出＞：
　　　　　　　　　　　　　　　　　　　　　　　　　//单击23直线下方位置任意点
选择要偏移的对象,或［退出(E)/放弃(U)］＜退出＞：　　//选择14直线
指定要偏移的那一侧上的点,或［退出(E)/多个(M)/放弃(U)］＜退出＞：
　　　　　　　　　　　　　　　　　　　　　　　　　//单击14直线上方位置任意点
选择要偏移的对象,或［退出(E)/放弃(U)］＜退出＞：＊取消＊
绘制结果如图2-57所示。

2.14 实例14 "移动""镜像"编辑命令

【例2-14】 应用"移动"和"镜像"编辑命令绘制完成如图2-58所示的窗。

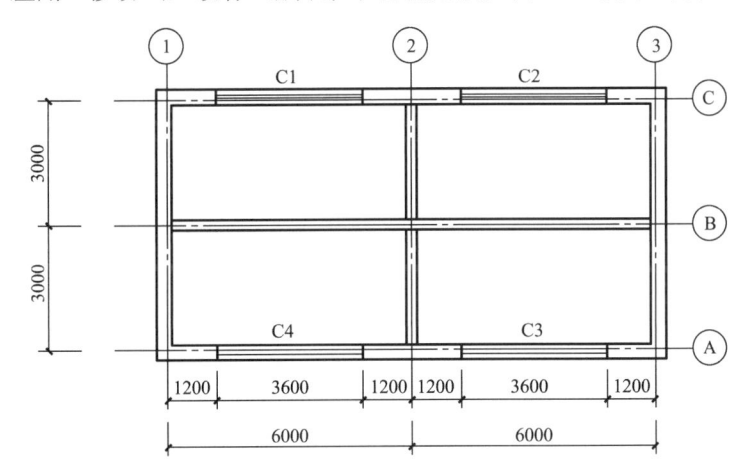

图2-58 完成窗绘制平面图

绘图步骤分解：

第一步　应用"偏移"编辑命令绘制辅助线,确定窗位置。

操作步骤如下：

命令：O↙
当前设置：删除源＝否　图层＝源　(OFFSETGAPTYPE＝0
指定偏移距离或［通过(T)/删除(E)/图层(L)］＜通过＞：1 200↙
选择要偏移的对象,或［退出(E)/放弃(U)］＜退出＞：　　//选择①轴
指定要偏移的那一侧上的点,或［退出(E)/多个(M)/放弃(U)］＜退出＞：
　　　　　　　　　　　　　　　　　　　　　　　　　//单击①轴右方
选择要偏移的对象,或［退出(E)/放弃(U)］＜退出＞：　　//选择②轴
指定要偏移的那一侧上的点,或［退出(E)/多个(M)/放弃(U)］＜退出＞：
　　　　　　　　　　　　　　　　　　　　　　　　　//单击②轴左方
选择要偏移的对象,或［退出(E)/放弃(U)］＜退出＞：　　//按"Esc"键退出命令

结果如图2-59所示。

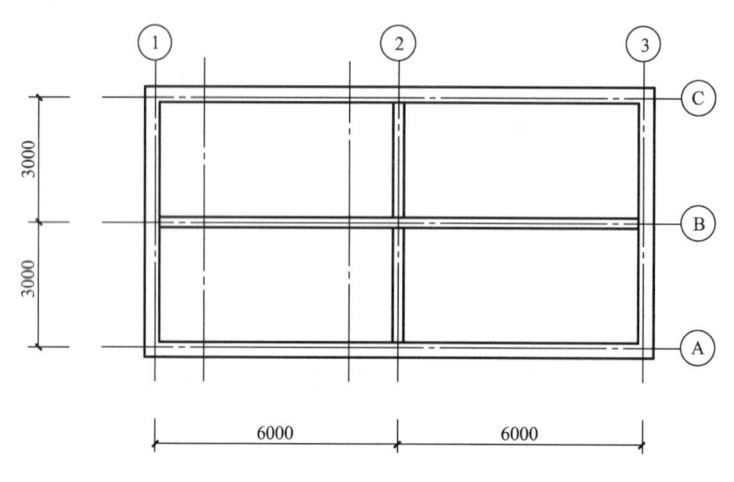

图2-59 确定窗位置

第二步 应用"移动"编辑命令把图2-56所示的平开窗平面图移动到图2-59中,完成图2-58中C1窗的绘制。

"移动"编辑命令是指将对象移动到新的位置。

(1)常用"移动"编辑命令启动方式如下:

①命令行:"MOVE"或"M"↙

②下拉菜单:"修改"→"✥ 移动"

③功能区:"默认"选项卡→"修改"面板→"✥ 移动"

微课22

"移动"和"镜像"编辑命令

执行命令后,提示选择"将要移动的对象",指定移动的基点或输入移动的距离,即可将对象移动到新的指定位置。

注:"✥ 移动"命令将在指定方向上按指定距离移动对象,图形对象的坐标值发生变化;而"平移"命令只是视窗的整体移动,图形对象的坐标值不发生变化。

(2)操作步骤如下:

命令:M↙

选择对象:指定对角点:找到6个　　　//选择图2-56所示的窗平面图

选择对象:↙

指定基点或[位移(D)]<位移>:　　　//单击图2-56所示的窗平面图左下角点1

指定第二个点或<使用第一个点作为位移>:　//单击图2-60中的交点A,插入"C1"

结果如图2-60所示。

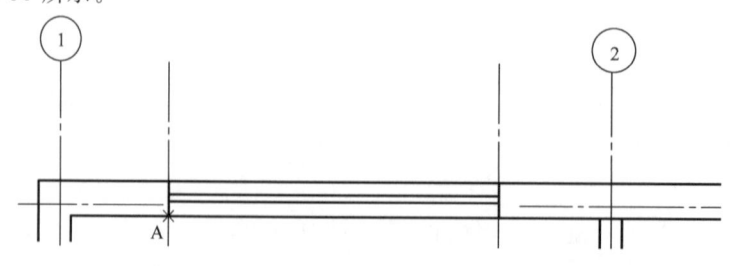

图2-60 插入"C1"

注：如果图 2-56 与图 2-58 在同一绘图区，直接应用"移动"编辑命令即可完成"C1"绘制；如果不在同一绘图区，可应用"编辑"下拉菜单的"复制"和"粘贴"命令先将图 2-56 和图 2-59 放置在同一绘图区，再应用"移动"编辑命令把"C1"插入图 2-59。

第三步 应用"镜像"编辑命令完成其他窗的绘制。

"镜像"编辑命令用于复制具有对称性或部分具有对称性的图样，将指定的对象按给定的镜像线镜像处理（镜像线可以是任意角度的直线）。建筑工程制图中常用于绘制双开门、对称的建筑平面图等。

(1)常用"镜像"编辑命令启动方式如下：

①命令行："MIRROR"或"MI"↵。

②下拉菜单："修改"→"△ 镜像"。

③功能区："默认"选项卡→"修改"面板→"△ 镜像"。

注：①对称的镜像线只是一条辅助线，实质并不存在，"MI"命令执行完毕后将看不到此线。

②对称线可以是任意角度的直线。

③MI 除了镜像图形外，还可以镜像文本。镜像文本通过系统变量"MIRRTEXT"设置。当"MIRRTEXT=1"时，文本全部镜像，即文本的位置及顺序同时镜像；当"MIRRTEXT=0"时，文本只是位置发生镜像，顺序并未发生镜像，如图 2-61 所示。

| M-1   M-1 | M-1   1-M |
| (a)MIRRTEXT=0 | (b)MIRRTEXT=1 |

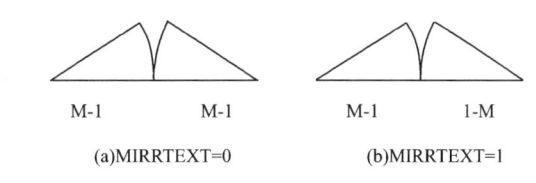

图 2-61 文本的镜像

(2)操作步骤如下：

①绘制 C2

命令：MI↵

选择对象：找到 6 个   //选择窗"C1"

选择对象：↵

指定镜像线的第一点：指定镜像线的第二点：

                              //分别单击②、©轴的交点和②、Ⓐ轴的
                                交点

要删除源对象吗？[是(Y)/否(N)]<N>:N↵//绘制完成窗"C2"

②绘制 C3、C4

命令：MI↵

选择对象：找到 12 个   //选择窗"C1""C2"

选择对象：↵

指定镜像线的第一点：指定镜像线的第二点： //分别单击Ⓑ、①轴的交点和Ⓑ、③轴的
                                          交点

要删除源对象吗？[是(Y)/否(N)]<N>:N↵   //绘制完成窗"C3""C4"

2.15 实例 15 "图案填充"绘图命令

【例 2-15】 应用"图案填充"绘图命令绘制完成图 2-62 所示的地面装饰图。

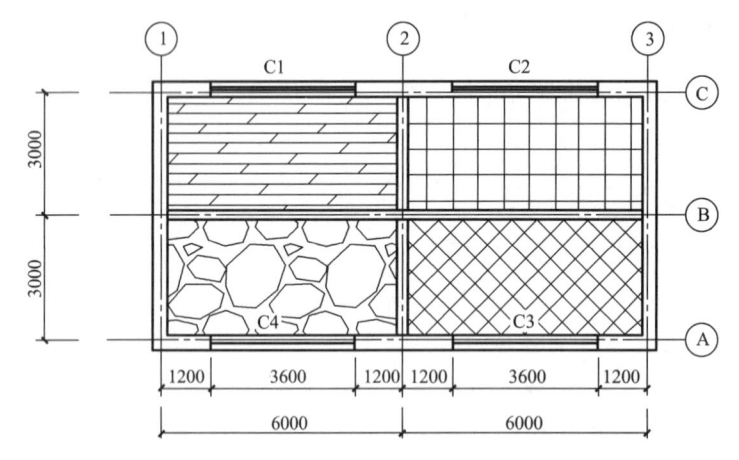

图 2-62 地面装饰图

"图案填充"绘图命令在建筑工程制图中常用于填充剖面图、被剖切的面和装饰装修效果图等。

(1)常用"图案填充"绘图命令启动方式如下：
①命令行："HATCH"或"BH"或"H" ↙。
②下拉菜单："绘图"→" 图案填充"。
③功能区："默认"选项卡→"绘图"面板→" 图案填充"。
启动命令后将打开如图 2-63 所示"图案填充创建"选项卡。

微课 23

"图案填充"绘图命令

图 2-63 "图案填充创建"选项卡

(2)选项说明
①"边界"面板。
a.拾取点：以拾取点的形式来指定填充区域的边界，可在需要填充的区域内任意指定一点，系统会自动计算出包围该点的封闭填充边界。如果在拾取点后系统不能形成封闭的填充边界，则会显示错误提示信息。
b.选择：通过选择对象的方式来定义填充区域的边界。
c.删除：单击该按钮可以取消系统自动计算或用户指定的边界。
d.重新创建：重新创建图案填充边界。

e.设置(T):输入"T",按"Enter"键弹出如图 2-64 所示的"图案填充和渐变色"对话框。

图 2-64 "图案填充和渐变色"对话框

②"图案"面板

显示当前选中的图案样例,单击选择需要填充的图案。

③"特性"面板

a.图案:选择需要填充的图案类型。

b.图案填充颜色:设置填充图案的颜色。

c.背景色:设置填充图案的背景色。

d.图案填充透明度:按住鼠标左键往右拖动可以增加图案填充的透明度。

e.角度:设置填充图案的旋转角度。

f.填充图案比例:设置图案填充时的比例值。每种图案在定义时的初始比例为1,可以根据需要放大或缩小。

④"原点"面板

可以通过指定点作为图案填充原点。可以以填充边界的左下角、右下角、右上角、左上角或中心作为图案填充原点。

⑤"选项"面板

a.关联:用于修改其边界时,随之更新已填充的图案。

b.注释性:指定图案填充为注释性。此特性会自动完成缩放注释过程,从而使注释能够以正确的大小在图纸上打印或显示。

c.特性匹配:使用选定的已经绘制图案填充对象的特性设置将要填充的图案特性。

d.创建独立的图案填充:用于创建独立的图案填充,编辑同时填充的多个图案填充时,各自独立,不相互干扰。

e. 外部孤岛检测：在进行图案填充时，通常将位于一个已定义好的填充区域内的封闭区域称为孤岛。

普通孤岛检测：填充从最外面边界开始，奇数区域被填充，偶数区域不被填充，如图 2-65 所示。

外部孤岛检测：仅仅填充最外边的区域。

忽略孤岛检测：将忽略所有的内部对象，对最外面的边界所围成的区域全部进行图案填充。

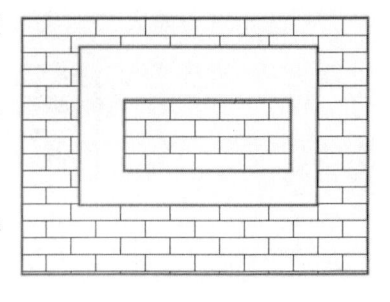

f. 置于边界之后：用于指定图案填充的绘图顺序，图案填充可以放在图案填充边界及所有其他对象之后或之前。

图 2-65 "普通孤岛检测"填充效果

注：单击"选项"后的斜向箭头" "也可打开"图案填充和渐变色"对话框。

⑥"图案填充和渐变色"对话框中"图案填充"选项卡选项说明

a."双向"复选框：当在"图案填充"选项卡中的"类型"下拉列表框中选择"用户定义"选项时，选中该复选框，可以使用相互垂直的两组平行线填充图形；否则为一组平行线。

b."相对图纸空间"复选框：设置比例因子是否为相对于图纸空间的比例。

c."间距"文本框：设置填充平行线之间的距离，当在"类型"下拉列表框中选择"用户自定义"时，该选项才可用。

d."ISO 笔宽"下拉列表框：设置笔的宽度，当填充图案采用 ISO 图案时，该选项才可用。

e."查看选择集"按钮：查看已定义的填充边界。单击该按钮，切换到绘图窗口，已定义的填充边界将亮显。

⑦"图案填充和渐变色"对话框中"渐变色"选项卡选项说明

a."单色"按钮：使用由一种颜色产生的渐变色来填充图形。

b."双色"按钮：使用两种颜色产生的渐变色填充图形。

c."渐变图案"预览窗口：显示当前设置的渐变色效果。

d."居中"复选框：所创建的渐变色为均匀渐变。

e."角度"下拉列表框：设置渐变色的角度。"渐变色"选项卡如图 2-66 所示。

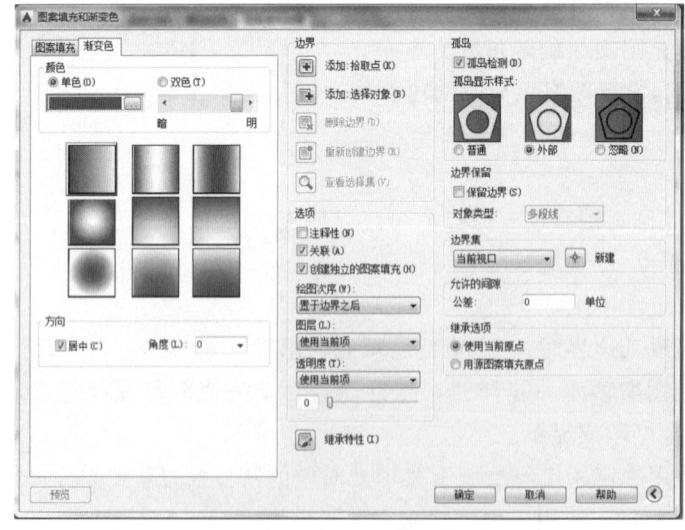

图 2-66 "渐变色"选项卡

(3)操作步骤如下：

①左上角房间地面图案填充

a.参数设置如图2-67所示。

图2-67　左上角房间地面图案填充参数设置

b.操作步骤如下：

命令:H↙

拾取内部点或［选择对象(S)/放弃(U)/设置(T)］：　　//单击房间内的任意一点

拾取内部点或［选择对象(S)/放弃(U)/设置(T)］：*取消*

填充效果如图2-68所示。

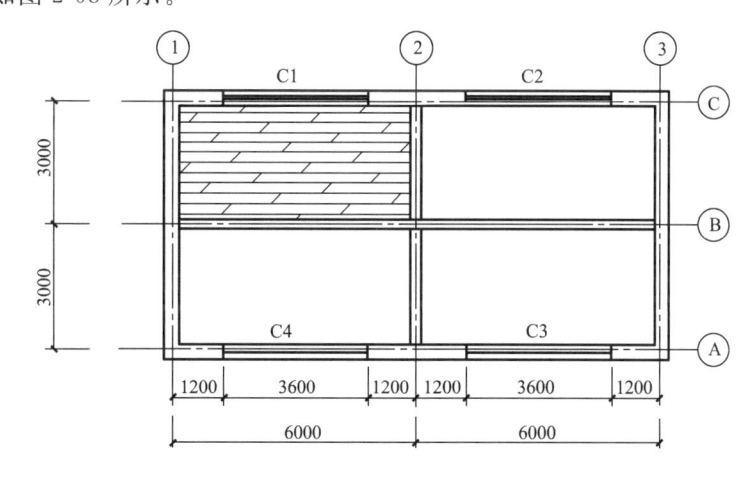

图2-68　左上角房间地面图案填充效果

②其他房间地面图案填充

步骤同①，首先选择需要填充的图案样式，设置填充图案比例等参数，然后单击房间内部点进行图案填充。如图2-62所示。

注：如果"图案填充"完成后，由于参数设置不合适导致图案填充没有达到预想的效果，可以通过"编辑图案填充"命令修改已完成的填充图案。

常用"编辑图案填充"命令启动方式如下：

①下拉菜单："修改"→"对象"→"　图案填充"。

②功能区："常用"标签→"修改"面板→"　编辑图案填充"。

③鼠标左键单击已经填充的将要编辑的图案。

通过①、②方式启动命令后，将打开"图案填充编辑"对话框，如图2-69所示。"图案填充编辑"对话框与"图案填充和渐变色"对话框的内容完全相同，只是部分按钮不可用。

图 2-69 "图案填充编辑"对话框

通过③方式启动命令后,将打开"图案填充创建"选项卡,可以通过修改参数设置编辑已经填充的图案。

2.16 实例 16 "旋转"编辑命令

【例 2-16】 应用"旋转"编辑命令使图 2-70 中所示矩形的 12 边与直线重合。

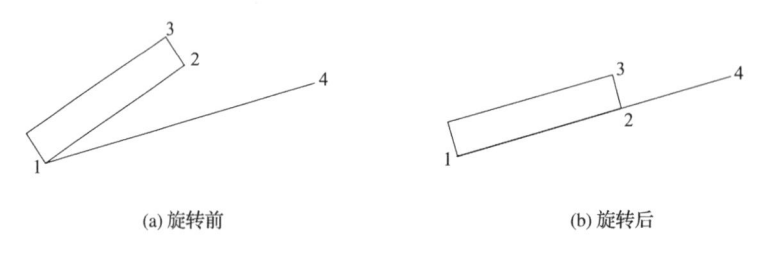

(a) 旋转前　　　　　　　　　　(b) 旋转后

图 2-70 矩形旋转

绘图步骤分解:

第一步　应用"矩形""直线"绘图命令绘制旋转前图形。

①绘制矩形操作步骤如下:

命令:REC✓

指定第一个角点或 [倒角(C)/标高(E)/圆角(F)/厚度(T)/宽度(W)]:
　　　　　　　　　　　　　　　　　　　//绘图区域单击确定 1 点

指定另一个角点或 [面积(A)/尺寸(D)/旋转(R)]:R✓

指定旋转角度或 [拾取点(P)] <0>:　　//绘图区域单击确定 2 点,1、2 点连线与 X 轴有一定夹角

指定另一个角点或［面积(A)/尺寸(D)/旋转(R)］： //绘图区域单击确定3点
②绘制1～4直线详细操作步骤简单，不在此详述。

第二步 应用"旋转"编辑命令旋转图形。

(1)常用"旋转"编辑命令启动方式如下：

①命令行："ROTATE"或"RO"↙。

②下拉菜单："修改"→" ↻ 旋转"。

③功能区："默认"选项卡→"修改"面板→" ↻ 旋转"。

微课24

"旋转"编辑命令

(2)选项说明

①指定旋转角度：按照指定的角度旋转图形对象，如图2-71所示。输入正角度时，将沿逆时针旋转对象；反之沿顺时针方向旋转。

②复制(C)：按照指定旋转角度旋转图形对象后，源对象仍然保留。

③参照(R)：要求确定相对于某个方向的参考角度和新角度，AutoCAD 2015根据这两角度之差确定实体目标实际应旋转的角度。

a.指定参照角 <0>：确定相对于参考方向的参考角度，可以直接输入具体的角度值，也可以确定两个点并通过这两点的连线确定一个角度。通常是通过特殊点来定义参考角度。

b.指定新角度或［点(P)］：确定相对于参考方向的新角度。可以直接输入一个角度，也可以确定一个点，通过该点和定义的旋转基点来确定新角度。

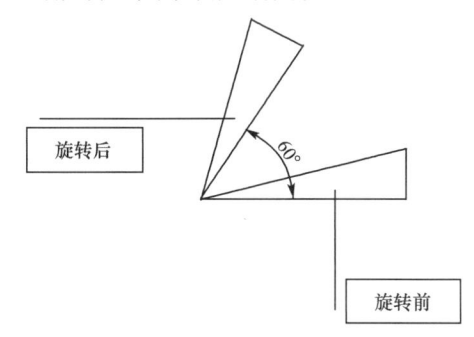

图2-71 指定旋转角度为60°

(3)操作步骤如下：

命令：RO↙

选择对象：找到1个 //选择矩形

选择对象：↙

指定基点： //单击矩形角点1

指定旋转角度，或「复制(C)/参照(R)］<0>： R↙

指定参照角 <0>： //单击矩形角点1

指定第二点： //单击矩形角点2

指定新角度或［点(P)］<0>： //单击直线端点4

旋转后的图形如图2-70(b)所示。

2.17 实例 17 "分解""打断"编辑命令

【例 2-17】 应用"分解""打断""旋转""移动"和"镜像"编辑命令绘制完成图 2-72 所示的门。

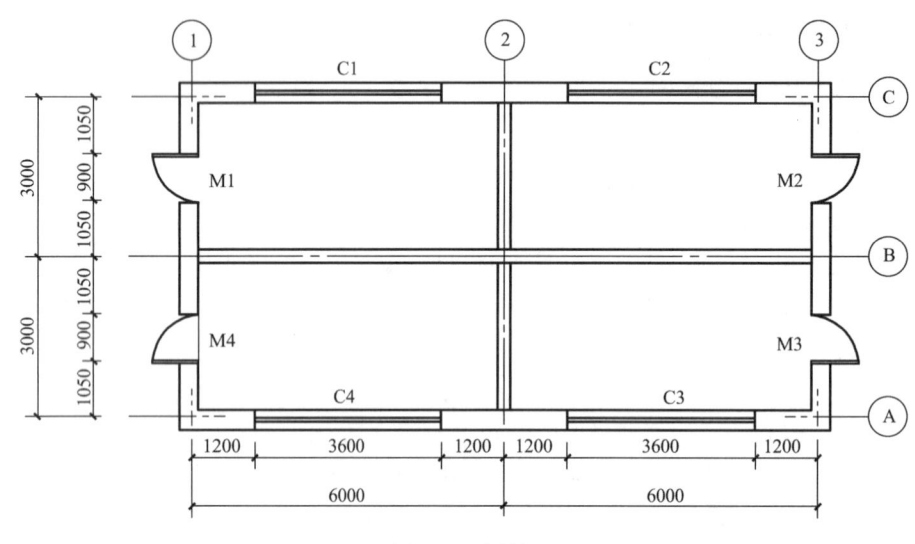

图 2-72 绘制门

绘图步骤分解：

第一步 门的绘制见 2.8。

第二步 应用"旋转"编辑命令将 2.8 绘制的门旋转为图 2-72 中"M1"所示的方向。

操作步骤如下：

命令：RO↙

选择对象： //选择门

指定基点： //单击 2 点

指定旋转角度,或［复制(C)/参照(R)］＜0＞：90↙

如图 2-73 所示。

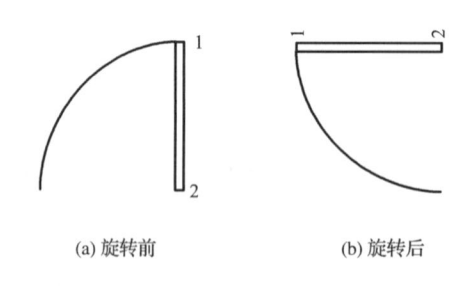

(a) 旋转前　　　　(b) 旋转后

图 2-73 旋转门

第三步 应用"偏移"编辑命令确定"M1"位置。

操作步骤同 2.14 中窗位置的确定,偏移距离为 1 050 mm,选择需要偏移的轴线为 B、C 轴线。如图2-74所示。

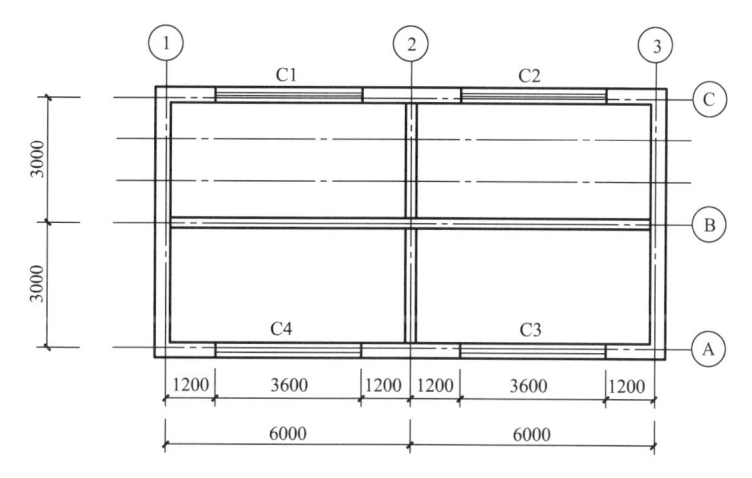

图2-74 确定M1位置

第四步 应用"分解"编辑命令分解多线绘制的墙体。

"分解"编辑命令是指分解整体图形对象(例如矩形、多线、多段线等)。

(1)常用"分解"编辑命令启动方式如下：

①命令行："EXPLODE"或"X"✓。

②下拉菜单："修改"→"🔲分解"。

③功能区："默认"选项卡→"修改"面板→"🔲分解"。

注：①具有一定宽度的多段线分解之后，其宽度为0。

②带有属性的图块分解后，其属性值将被还原为属性定义标签。

③由于多线绘制的墙体是一个完整的图像对象，如果未分解为直线，将无法应用"打断"命令预留门洞口。

(2)操作步骤如下：

命令：X✓。

选择对象：找到1个。　　　　　　　　　　　　　　//选择外墙

选择对象：✓。

第五步 应用"打断"编辑命令分解多线绘制的墙体。

"打断"编辑命令是指将被选实体从某一点处断开或删除对象某一部分，但不能打断任何组合型体(例如图块等)。

(1)常用"打断"编辑命令启动方式如下：

①命令行："BREAK"或"BR"✓。

②下拉菜单："修改"→"🔲打断"。

③功能区："默认"选项卡→"修改"面板→"🔲打断"或"🔲打断于点"。

(2)操作说明

"BR"命令可以用两个打断点或一个打断点打断图形对象。当用两个打断点时，两个打断点

微课25

"分解""打断"编辑命令

之间的部分将被删除,如图 2-75 所示;如果用一个打断点打断时,图形对象将在打断点处被一分为二,但两者之间没有间隔。命令行提示"指定第二个打断点"时输入"@",则表示两个打断点的位置相同。

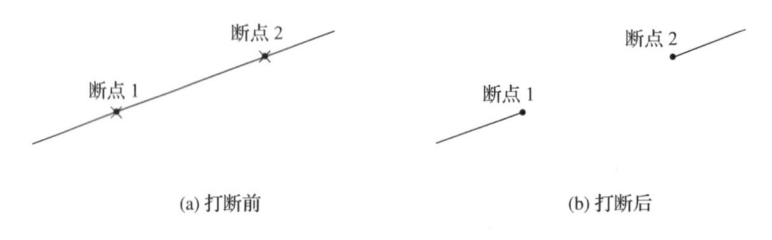

(a)打断前　　　　　　　　　　　　(b)打断后

图 2-75　打断图形对象

(3)操作步骤如下:
命令:BR↙
选择对象:　　　　　　　　　　　　//选择需要打断的外墙线
指定第二个打断点 或 [第一点(F)]:F↙　//如果不输入参数"F",选择对象时的单击点则被确定为第一个打断点,此次单击的是第二个打断点
指定第一个打断点:　　　　　　　　//选择外墙线与辅助线的交点
指定第二个打断点:　　　　　　　　//选择外墙线与辅助线的另一交点
重复以上操作一次,则可以打断外墙线,如图 2-76 所示。

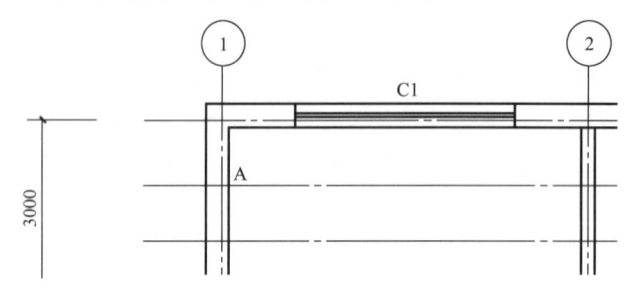

图 2-76　打断外墙线

注:也可应用"修剪"编辑命令预留门洞口,修剪边界为图 2-74 中的两条辅助线。而且应用"修剪"编辑命令预留门洞口时可以不分解多线绘制的墙体。

用同样的操作方法预留其他门洞口。

第六步　应用"移动"编辑命令把图 2-73 中(b)所示的门移动到图 2-76 中,完成"M1"的绘制。

操作步骤如下:
命令:M↙
选择对象:　　　　　　　　　　　　//选择图 2-73 中(b)所示的门
选择对象:↙
指定基点或 [位移(D)] <位移>:　　　//单击图 2-73 中(b)所示门 2 点
指定第二个点或 <使用第一个点作为位移>:　//单击图 2-76 外墙线与辅助线交点 A
删除辅助线,如图 2-77 所示。

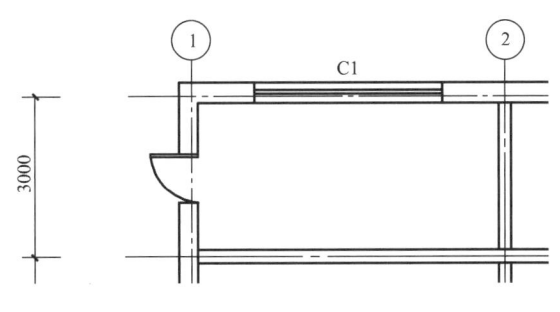

图 2-77 绘制 M1

第七步 应用"镜像"编辑命令完成其他门的绘制。

"镜像"编辑命令绘制其他门的操作步骤见 2.14 窗的镜像,此处不再详述。

2.18 实例 18 "阵列"编辑命令

【例 2-18】 应用"阵列"编辑命令绘制图 2-78 所示的构造柱网图。

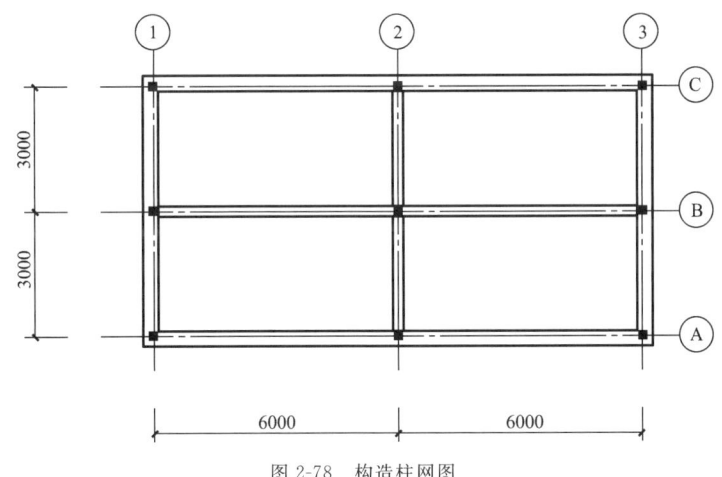

图 2-78 构造柱网图

绘图步骤分解:

第一步 应用"矩形"绘图命令绘制构造柱。

操作步骤如下:

命令:REC✓

指定第一个角点或 [倒角(C)/标高(E)/圆角(F)/厚度(T)/宽度(W)]: //单击 1 轴线和 A 轴线墙体内边线交点

指定另一个角点或 [面积(A)/尺寸(D)/旋转(R)]:@-240,-240✓

第二步 应用"填充"绘图命令填充构造柱。

操作步骤如下:

命令:H✓

拾取内部点或 [选择对象(S)/放弃(U)/设置(T)]:S✓

选择对象或 [拾取内部点(K)/放弃(U)/设置(T)]:找到 1 个 //单击已绘制的矩形构造柱

选择对象或 [拾取内部点(K)/放弃(U)/设置(T)]:*取消*

"阵列"编辑命令

如图 2-79 所示。

第三步 应用"阵列"编辑命令填充绘制构造柱网图。

"阵列"编辑命令是指按矩形、环形或路径方式多重复制指定的对象。建筑工程制图中常用于绘制柱网、剧场内弧形排列的座位、沿道路布置的树木等。

(1)常用"阵列"编辑命令启动方式如下：

①命令行："ARRAY"或"AR"↙。

②下拉菜单："修改"→"阵列"。

③功能区："默认"选项卡→"修改"面板→"阵列"。

图 2-79 构造柱

(2)选项说明

①矩形阵列：将选定的对象进行多重复制后沿 X 轴和 Y 轴方向进行排列，即沿行和列进行排列的阵列方式，创建的对象将按照用户定义的行数和列数进行排列。启动"矩形"阵列后，将打开如图 2-80 所示"阵列创建"选项卡。在此选项卡中可以设置阵列参数。"矩形阵列"示例如图 2-81 所示。

图 2-80 矩形"阵列创建"选项卡

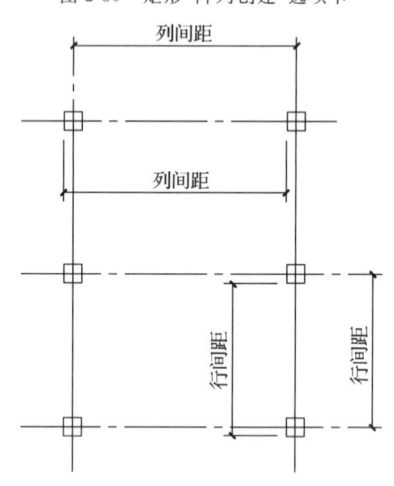

图 2-81 "矩形阵列"示例

②环形阵列(极轴阵列 PO)：围绕给定的圆心或者一个基点来复制选定的对象，并在其周围呈圆周排列或一定角度的扇形排列。启动"环形"阵列后，将打开如图 2-82 所示"阵列创建"选项卡。

图 2-82 环形"阵列创建"选项卡

卡。"环形阵列"示例如图 2-83 所示。

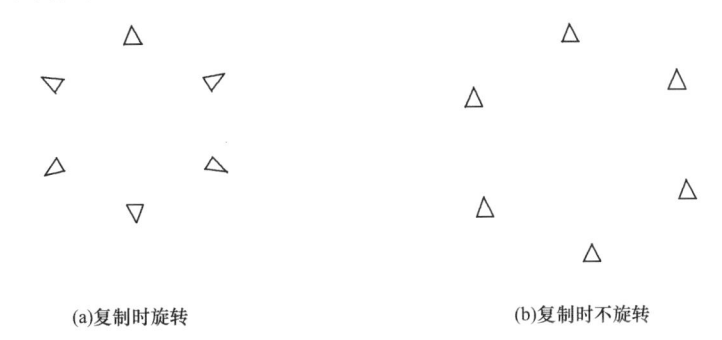

(a)复制时旋转　　　　　　　　　　(b)复制时不旋转

图 2-83　"环形阵列"示例

a. 项目数：对象的数目，包括源对象。
b. 填充(填充角度)：进行环形阵列的图形所占圆周的对应的圆心角，默认值为整个圆周(360°)。
c. 介于(项目间角度)：两个对象之间的夹角。
③路径阵列：沿路径或部分路径均匀分布对象，其路径可以是直线、多段线、圆弧、圆或椭圆等。路径"阵列创建"选项卡如图 2-84 所示。

图 2-84　路径"阵列创建"选项卡

a. 关联：控制是否创建关联阵列对象。如果选择"是"，则创建单个阵列对象中的阵列项目，类似于块，使用关联阵列，可以通过编辑特性和源对象在整个阵列中快速传递更改；如果选择"否"，则创建阵列项目作为独立对象，更改一个项目不影响其他项目。
b. 方法：控制按"定距等分"或"定数等分"的方式沿路径分布项目。
c. 基点：定义阵列的基点。指定相对于路径曲线起点的阵列的第一个项目的基点。其中"关键点"指在源对象上指定有效的约束点(或关键点)以与路径对齐。阵列的基点保持与源对象的关键点重合。
d. 切向：控制阵列中的项目如何相对于路径的起始方向对齐。其中"两点"是指定两个点来定义与路径的起始方向一致的方向，如图 2-85 所示；"法线"是使阵列图形法线方向与路径对齐，如图 2-86 所示。

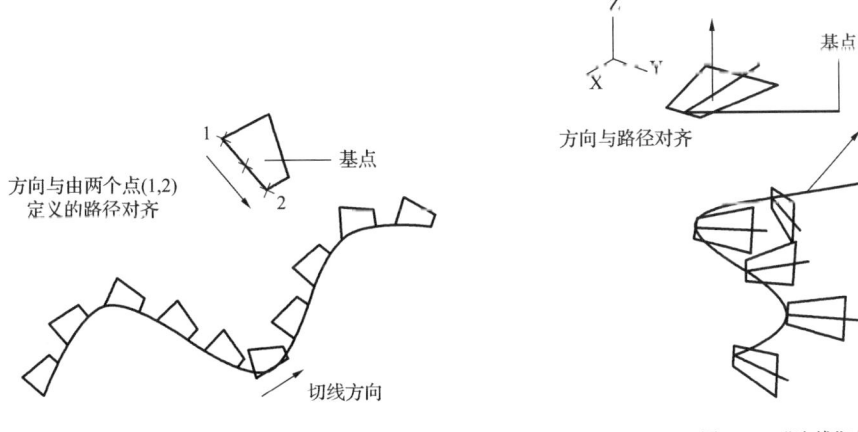

图 2-85　"两点"对齐　　　　　　　　　　图 2-86　"法线"对齐

e.项目:根据"方法"设置,指定项目数或项目之间的距离。当"方法"为"定数等分"时,输入数值或表达式指定阵列中的项目数;当"方法"为"定距等分"时,输入数值或表达式指定阵列中项目的距离。默认情况下,使用最大项目数填充阵列。

f.行:指定阵列中的行数、行间距以及行之间的增量标高。其中"全部"是指从开始行到结束行之间的总距离;"标高增量"是指设置每个后续行的增大或减小的标高;"表达式"是基于数学公式或方程式导出值。

g.层:指定三维阵列的层数和层间距。

h.对齐项目:控制是否对齐每个项目与路径的方向相切。如图2-87所示。

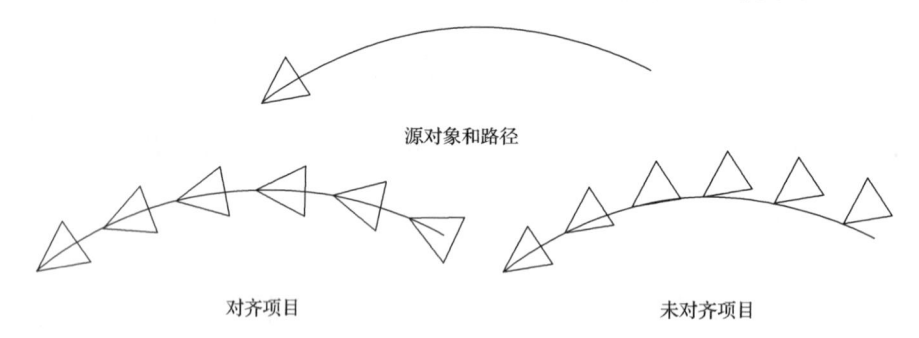

图2-87 对齐项目

i.方向:控制选定对象是否将相对于路径起始方向重定向(旋转),然后移动到路径的起点。

(3)操作步骤如下:

命令:ARRYRECT↙

选择对象:指定对角点:找到2个   //单击已绘制的矩形构造柱

选择对象:↙

类型 = 矩形 关联 = 是

选择夹点以编辑阵列或［关联(AS)/基点(B)/计数(COU)/间距(S)/列数(COL)/行数(R)/层数(L)/退出(X)］<退出>:COL↙

输入列数数或［表达式(E)］<4>:3↙

指定 列数 之间的距离或［总计(T)/表达式(E)］<360.0000>:6000↙

选择夹点以编辑阵列或［关联(AS)/基点(B)/计数(COU)/间距(S)/列数(COL)/行数(R)/层数(L)/退出(X)］<退出>:R↙

输入行数数或［表达式(E)］<3>:3↙

指定 行数 之间的距离或［总计(T)/表达式(E)］<360.0000>:3000↙

指定 行数 之间的标高增量或［表达式(E)］<0.0000>:*取消*

选择夹点以编辑阵列或［关联(AS)/基点(B)/计数(COU)/间距(S)/列数(COL)/行数(R)/层数(L)/退出(X)］<退出>:*取消*

如图2-78所示。

第四步 应用"编辑关联陈列。

(1)常用"编辑关联阵列"命令启动方式如下:

①命令行:"ARRAYEDIT"。

②下拉菜单:"修改"→"对象"→"▦阵列"。

③单击已绘制的阵列。
(2)操作说明

①单击选择已绘制完成的阵列后,阵列对象上将显示三角形和方形的蓝色夹点,拖动中间的三角形夹点,可以调整阵列项目之间的间距,拖动一端的三角形夹点,可以调整阵列的数目。

②按住"Ctrl"键并单击阵列中的对象,可以单独删除、移动、旋转或缩放选定的对象,不会影响其余阵列。

③单击"阵列"选项卡(图2-88)的"替换项目"按钮,可以使用其他图形对象替换选定的阵列对象,其他阵列对象将保持不变。

图2-88 "阵列"选项卡

④单击"阵列"选项卡的"编辑来源"按钮,可进入阵列项目源对象编辑状态,保存更改后,所有的更改将立即应用于参考相同源对象的所有项目。

2.19 实例19 "缩放"编辑命令

【例2-19】 应用"缩放"编辑命令将图2-89(a)的矩形放大两倍成如图2-89(b)所示矩形,并保留原图形。

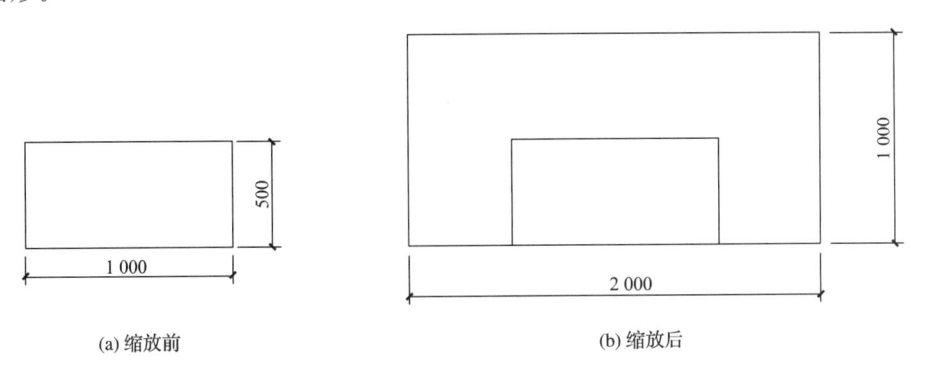

(a)缩放前　　(b)缩放后

图2-89 缩放矩形

"缩放"编辑命令是指将对象按指定的比例因子相对于指定的基点放大或缩小。
(1)常用"缩放"编辑命令启动方式如下:
①命令行:"SCALE"或"SC"↙。
②下拉菜单:"修改"→"缩放"。
③功能区:"默认"选项卡→"修改"面板→"缩放"。

"缩放"和"拉伸"编辑命令

(2)选项说明

①指定比例因子:按照指定的比例因子缩放图形对象,当比例因子大于1时,放大对象;当比例因子大于0而小于1时,缩小对象。

②复制(C):按照指定比例因子缩放图形对象后,源对象仍然保留。
③参照(R):对象将按参照的方式进行缩放。一般用对象缩放前的尺寸作为参照长度。
注:①比例因子＝新长度值/参照长度值。
②"缩放 🔍"命令将按照指定的比例因子缩放对象,图形尺寸发生变化;而"视图的缩放 🔍"命令只是视觉效果的缩放,图形对象的尺寸不发生变化。

(3)操作步骤如下:
①方法一:应用参数"参照(R)"进行缩放
命令:SC↙
选择对象:找到1个　　　　　　　　　　　//单击原矩形
选择对象:↙
指定基点:　　　　　　　　　　　　　　　//单击下边线的中点
指定比例因子或[复制(C)/参照(R)]:C↙
指定比例因子或[复制(C)/参照(R)]:R↙
指定参照长度<1.0000>:500↙　　　　　//矩形长边的一半长度,也可单击矩形下边线中点和矩形右下角点的连线
指定新的长度或[点(P)]<1.0000>:1000↙ //基点到放大后的矩形右下角点的长度
②方法二:应用参数"指定比例因子"进行缩放
命令:SC↙
选择对象:找到1个
选择对象:↙
指定基点:　　　　　　　　　　　　　　　//单击下边线的中点
指定比例因子或[复制(C)/参照(R)]:C↙
指定比例因子或[复制(C)/参照(R)]:2↙
缩放后的矩形如图2-85(b)所示。

2.20 实例20 "拉伸"编辑命令

【例2-20】 应用"拉伸"编辑命令将2.13中图2-56的窗宽度尺寸调整为3 300 mm。
"拉伸"编辑命令是指将图形对象按规定的方向和角度拉长或缩短,并且可以使对象的形状发生改变。

(1)常用"拉伸"编辑命令启动方式如下:
①命令行:"STRETCH"或"S"↙。
②下拉菜单:"修改"→"🖳 拉伸"。
③功能区:"默认"选项卡→"修改"面板→"🖳 拉伸"。
注:①执行命令时,提示"选择对象"时,必须用"交叉窗口"或"交叉多边形"选择对象,如果用其他选择对象的方法选择对象,则图形对象仅仅发生移动,而不会被拉伸。

② 在使用"拉伸"编辑命令时,图像选择窗口外的部分不会发生任何变化;图像选择窗口内的部分会随图像选择窗口的移动而移动,但形状和尺寸都不会发生变化,只有与图像选择窗口相交的部分会被拉伸。如图 2-90 所示。

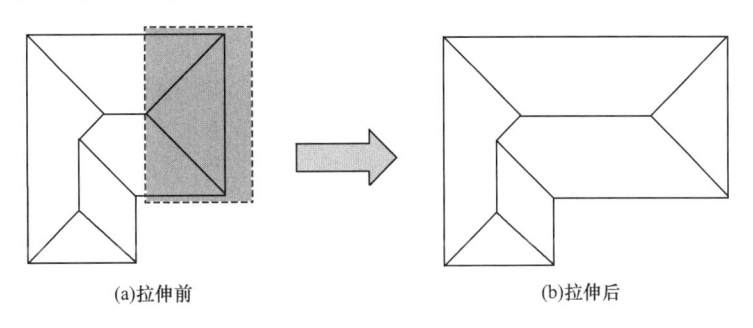

(a)拉伸前　　　　　　　　　　　　(b)拉伸后

图 2-90　拉伸图形

(2)操作步骤如下:

命令:S↙

以交叉窗口或交叉多边形选择要拉伸的对象...

选择对象:指定对角点:找到 5 个　　　　　　　　//选择对象方法如图 2-91 所示

选择对象:↙

指定基点或 [位移(D)] <位移>:　　　　　　　　//单击窗右下角点

指定第二个点或 <使用第一个点作为位移>: <正交 开> 300↙

如图 2-92 所示,打开"正交模式",移动光标到基点左方;如果要拉长对象,光标则移动到基点右方,3 600－3 300＝300 mm

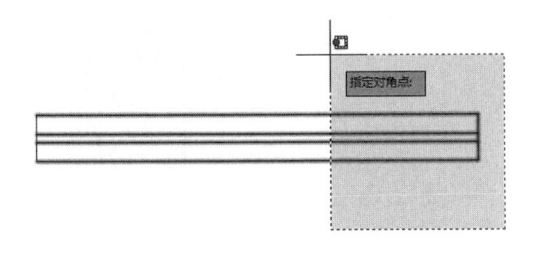

图 2-91　"交叉窗口"选择拉伸对象　　　　　　图 2-92　指定第二点

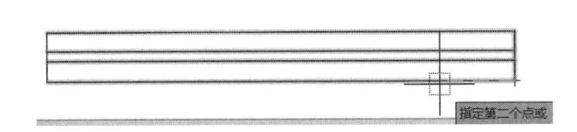

拉伸完成 3 300 mm 窗,如图 2-93 所示。

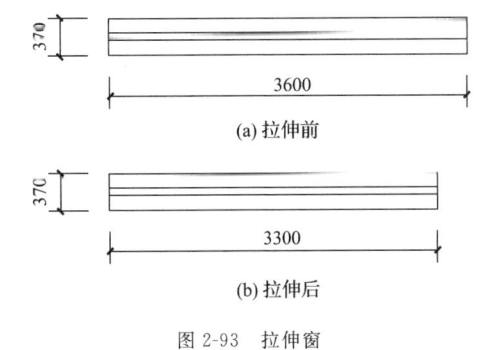

(a)拉伸前

(b)拉伸后

图 2-93　拉伸窗

2.21 实例21 "延伸"编辑命令

【例2-21】 应用"延伸"编辑命令给图2-54的椭圆弧加上长轴方向的轴线,如图2-94所示。

绘图步骤分解:

第一步 应用"直线"绘图命令绘制半轴线。

操作步骤如下:

命令:LINE↙

指定第一个点: //打开"对象捕捉",捕捉椭圆弧端点1

指定下一点或[放弃(U)]: //捕捉椭圆弧的中心点c

指定下一点或[放弃(U)]:*取消*

图2-94 椭圆弧轴线

如图2-95所示。

第二步 应用"延伸"编辑命令绘制完成轴线。

(1)常用"延伸"编辑命令启动方式如下:

①命令行:"EXTEND"或"EX"↙。

②下拉菜单:"修改"→"---／ 延伸"。

③功能区:"默认"选项卡→"修改"面板→"---／ 延伸"。

图2-95 椭圆弧半轴

(2)选项说明

选项意义同"修剪"命令选项类似。

(3)操作步骤如下:

命令:EX↙

当前设置:投影=UCS,边=无

选择边界的边…

选择对象或＜全部选择＞:找到1个 //选择椭圆弧

选择对象:↙

选择要延伸的对象,或按住Shift键选择要修剪的对象,或

[栏选(F)/窗交(C)/投影(P)/边(E)/放弃(U)]:E↙

输入隐含边延伸模式[延伸(E)/不延伸(N)]＜不延伸＞:E↙

选择要延伸的对象,或按住Shift键选择要修剪的对象,或

[栏选(F)/窗交(C)/投影(P)/边(E)/放弃(U)]: //选择已绘制的半轴

选择要延伸的对象,或按住Shift键选择要修剪的对象,或

[栏选(F)/窗交(C)/投影(P)/边(E)/放弃(U)]:*取消*

轴线线型改为点划线后,如图2-94所示。

微课28 "延伸""拉长"和"合并"编辑命令

2.22 实例 22 "拉长"编辑命令

【例 2-22】 应用"拉长"编辑命令将图 2-94 的椭圆弧拉长为半个椭圆的长度,如图 2-96 所示。

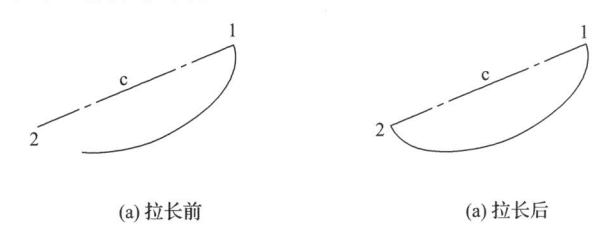

(a)拉长前　　　　　　　　　　(a)拉长后

图 2-96 拉长椭圆

"拉长"编辑命令是指改变直线、多段线、圆弧、椭圆弧和非封闭曲线的长度。
(1)常用"拉长"编辑命令启动方式如下:
①命令行:"LENGTHEN"或"LEN"↙。
②下拉菜单:"修改"→" 拉长"。
③功能区:"默认"选项卡→"修改"面板→" 拉长"。
(2)选项说明
①增量(DE):按照指定长度增量或角度增量(圆弧)拉长或缩短图形对象。当输入增量为正值时,图形对象被拉长;当输入增量为负值时,图形对象被缩短。
②百分数(P):按照指定的百分数拉长或缩短图形对象。当输入的值大于 100 时,对象被拉长;当输入值小于 100 时,图形对象被缩短。
③总计(T):使图形对象拉长或缩短至指定的长度。此选项适用于统一对象的长度。
④动态(DY):通过拖动光标动态地改变对象的长度。
(3)操作步骤如下:
命令:LEN↙
选择要测量的对象或 [增量(DE)/百分比(P)/总计(T)/动态(DY)]<动态(DY)>:DY↙
选择要修改的对象或 [放弃(U)]:　　　　　//选择椭圆弧
指定新端点:　　　　　　　　　　　　　　//单击轴线端点 2 点
选择要修改的对象或 [放弃(U)]:　　　　　//按"Esc"键退出命令

2.23 实例 23 "合并"编辑命令

【例 2-23】 应用"合并"编辑命令将图 2-97(a)通过"合并"方式完成图 2-97(b)所示圆。

"合并"编辑命令是指将相似的图形对象合并为一个对象,可以合并的对象包括圆弧、椭圆弧、直线、多段线和样条曲线。
(1)常用"合并"编辑命令启动方式如下:
①命令行:"JOIN"或"J"↙。

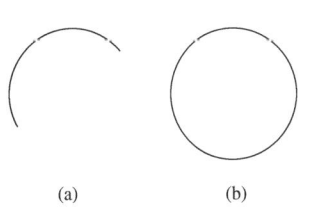

(a)　　　(b)

图 2-97 合并圆弧

②下拉菜单:"修改"→"⊣⊢ 合并"。

③功能区:"默认"选项卡→"修改"面板→"⊣⊢ 合并"。

注:合并的对象必须相似,例如直线与圆弧是不能合并的,并且要合并的对象必须位于相同的平面上。如果是两条直线合并,则其中一条直线必须在另外一条直线的延长线上,否则无法合并。

(2)操作步骤如下:

命令:J↙

选择源对象或要一次合并的多个对象:找到 1 个　　　　//选择图 2-97(a)所示圆弧

选择要合并的对象:↙

选择圆弧,以合并到源或进行[闭合(L)]:L↙

已将圆弧转换为圆。如图 2-97(b)所示。

2.24　实例 24　"倒角""圆角"编辑命令

【例 2-24】　分别应用"倒角""圆角"编辑命令将图 2-98 的图形进行倒角和圆角。

绘图步骤分解:

第一步　应用"倒角"编辑命令进行倒角。

"倒角"编辑命令是指用一条斜线连接两个非平行的对象。

(1)常用"倒角"编辑命令启动方式如下:

①命令行:"CHAMFER"或"CHA"↙。

②下拉菜单:"修改"→"◿ 倒角"。

③功能区:"默认"选项卡→"修改"面板→"◿ 倒角"。

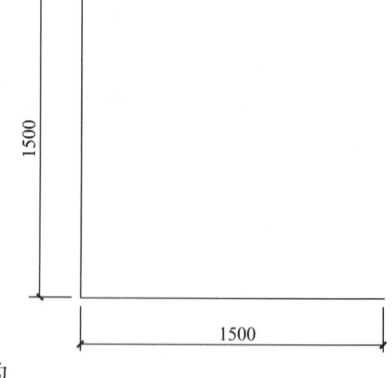

(2)选项说明

①距离(D):用来确定两个倒角端点距两个倒角边交点的距离,如图 2-99 所示。

图 2-98　正交直线

注:先单击的对象指定的距离为"第一个倒角距离";如果设置倒角距离大于直线长度,则无法对直线对象进行倒角操作。

②角度(A):指定第一个对象的剪切长度及第一个对象与倒角线的夹角,如图 2-100 所示。

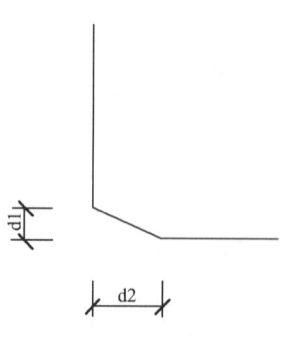

图 2-99　通过指定距离设置倒角 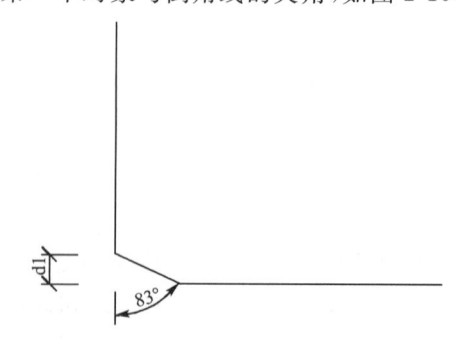　　　　图 2-100　通过指定距离和角度设置倒角

③修剪(T)：表示在倒角时对对象进行剪切，如图2-101所示。

④多段线(P)：对多段线进行倒角，选择这一选项时，将使多段线上所有相交直线一次完成倒角，如图2-102所示。

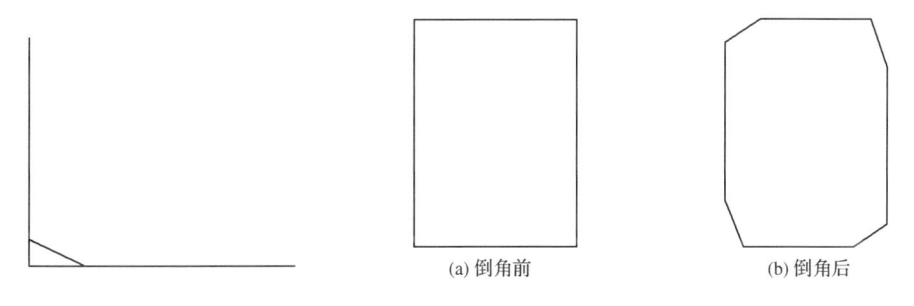

(a) 倒角前　　　　(b) 倒角后

图2-101　"不修剪(N)"模式　　　图2-102　对多段线进行倒角

⑤方式(E)：设置是以"距离(D)"还是以"角度(A)"的方式进行倒角。

⑥多个(M)：同时对多个对象进行倒角，直至退出倒角命令。

(3)操作步骤如下：

命令：CHAMFER✓

("修剪"模式)当前倒角距离 1＝0.0000，距离 2＝0.0000

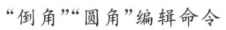

选择第一条直线或［放弃(U)/多段线(P)/距离(D)/角度(A)/修剪(T)/方式(E)/多个(M)］：D✓

指定 第一个 倒角距离 ＜0.0000＞：100✓

指定 第二个 倒角距离 ＜100.0000＞：200✓

"倒角"设置如图2-103所示。

第二步　应用"圆角"编辑命令进行圆角。

"圆角"编辑命令是指用一段指定半径的圆弧光滑地连接两个对象。

(1)常用"圆角"编辑命令启动方式如下：

①命令行："FILLET"或"F"✓。

②下拉菜单："修改"→"⌐ 圆角"。

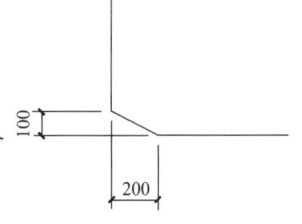

图2-103　设置倒角

③功能区："默认"选项卡→"修改"面板→"⌐ 圆角"。

"圆角"的方法与"倒角"的方法相似，在命令行提示中，选择"半径(R)"选项，即可设置圆角的半径大小。

注：①如果设置圆角半径为R＝0，将延伸或剪切两个所选的对象，使之形成一个直角；如果圆角半径设置过大，使两对象之间容纳不下这么大的圆弧，则无法对两个对象进行圆角操作。

②两平行线可以进行圆角设置，此时无论新设置的圆角半径多大，AutoCAD 2015将自动在其端点画一半圆且半圆的直径为两平行线间距离。

(2)操作步骤如下：

命令：FILLET✓

当前设置：模式 ＝ 修剪，半径 ＝ 0.0000

选择第一个对象或[放弃(U)/多段线(P)/半径(R)/修剪(T)/多个(M)]：R↙
指定圆角半径<0.0000>：300↙
圆角设置如图 2-104 所示。

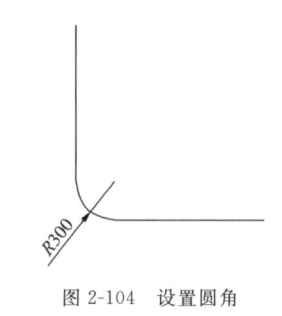

图 2-104　设置圆角

2.25　实例 25　"夹点"编辑命令

【例 2-25】　应用"夹点"编辑命令将图 2-105(a)所示的图形拉伸至 1 500 mm。

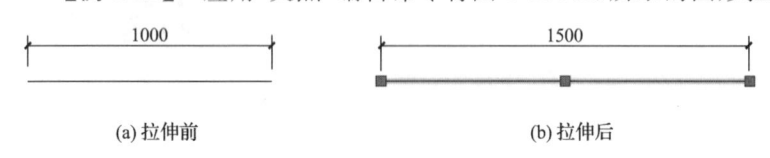

(a)拉伸前　　　(b)拉伸后

图 2-105　夹点拉伸直线

"夹点"编辑命令

绘图步骤分解：

第一步　"夹点"编辑命令。

在未执行任何命令的情况下，选择要编辑的实体目标，则被选的图形实体将出现若干个带颜色的小方框，这些小方框是图形实体的特征点，称为夹点。利用夹点可以快速地选择要编辑的实体。

夹点有两种状态：热态和冷态。热态是指被执行的夹点，冷态是指未被执行的夹点。默认情况下，热态的夹点为红色，冷态的夹点为蓝色。

(1)使用夹点拉伸对象

在不执行任何命令的情况下选择对象，显示其夹点，然后单击其中一个夹点作为拉伸的基点，命令行将显示如下提示信息：

＊＊拉伸＊＊

指定拉伸点或[基点(B)/复制(C)/放弃(U)/退出(X)]：

默认情况下，指定拉伸点(可以通过输入点的坐标或者直接用鼠标指针拾取点)后，AutoCAD 2015将把对象拉伸或移动到新的位置。因为对于某些夹点，移动时只能移动对象而不能拉伸对象，如文字、块、直线中点、圆心、椭圆中心和点对象上的夹点。

(2)使用夹点移动对象

在夹点编辑模式下确定基点后，在命令行提示下输入"MO"进入移动模式，命令行将显示如下提示信息：

＊＊MOVE＊＊

指定移动点或[基点(B)/复制(C)/放弃(U)/退出(X)]：

通过输入点的坐标或拾取点的方式来确定平移对象的目的点后,即可以基点为平移的起点,以目的点为终点将所选对象平移到新位置。

(3)使用夹点缩放对象

在夹点编辑模式下确定基点后,在命令行提示下输入"SC"进入缩放模式,命令行将显示如下提示信息:

＊＊比例缩放＊＊

指定比例因子或[基点(B)/复制(C)/放弃(U)/参照(R)/退出(X)]:

默认情况下,当确定了缩放的比例因子后,AutoCAD 2015 将相对于基点进行缩放对象操作。当比例因子大于 1 时放大对象;当比例因子大于 0 而小于 1 时缩小对象。

(4)使用夹点镜像对象

与"镜像"命令的功能类似,镜像操作后将删除原对象。在夹点编辑模式下确定基点后,在命令行提示下输入 MI 进入镜像模式,命令行将显示如下提示信息:

＊＊镜像＊＊

指定第二点或[基点(B)/复制(C)/放弃(U)/退出(X)]:

AutoCAD 2015 将以基点作为镜像线上的第 1 点,新指定的点为镜像线上的第 2 个点,将对象进行镜像操作并删除原对象。

第二步 操作步骤如下:

(1)单击直线,"夹点"显示如图 2-106 所示。
(2)单击直线右端夹点,右端夹点成红色"热态"。
(3)指定拉伸点或[基点(B)/复制(C)/放弃(U)/退出(X)]:500↙

结果如图 2-107 所示。

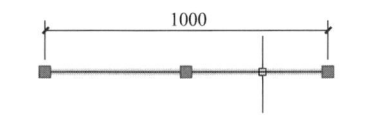

图 2-106 "夹点"显示

图 2-107 指定拉伸点

(4)"夹点"拉伸完的直线如图 2-105 所示。

2.26 实例 26 "特性"编辑命令

【例 2.26】 应用"特性"编辑命令将图 2-108 的圆改为半径为 1 000 mm 的圆。

在前面各节中介绍的各种编辑和修改命令一般只涉及对象的一种或几种特性。如果用户想访问特定对象的完整特性,则可通过"PROPERTIES(特性)"窗口来实现,该窗口是用以查询、修改对象特性的主要手段。在 AutoCAD 2015 中,对象特性(PROPERTIES)是一个比较广泛的概念,既包括颜色、图层、线型等通用特性,也包括各种几何信息,还包括与具体对象相关的附加信息,如文字的内容、样式等。

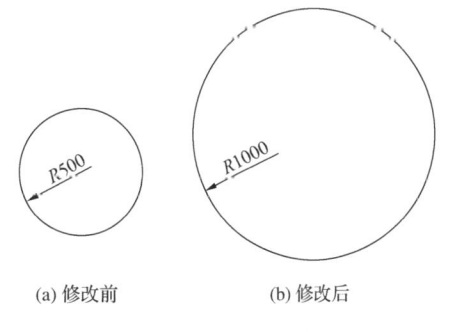

(a) 修改前　　　　(b) 修改后

图 2-108 应用"特性"编辑圆

(1)常用"特性"编辑命令启动方式如下：

①命令行："PROPERTIES"或"CH"或"MO"或"PROPS"或"DDCHPROP"↙。

②下拉菜单："工具"→"选项板"→"▣ 特性"。

③下拉菜单："修改"→"▣ 特性"。

④功能区："默认"选项卡→"特性"面板→" "。

⑤快捷菜单：选择要查看或修改其特性的对象，在绘图区域单击鼠标右键，然后单击"▣ 特性"。

通过"特性"选项板，可以浏览、修改对象的特性，也可以浏览、修改满足应用程序接口标准的第三方应用程序对象。如图 2-109 所示。

微课 31 "特性"和"特性匹配"编辑命令

(2)操作步骤如下：

①选择圆。

②在"特性"选项板修改圆的半径为 1000，如图 2-110 所示。

图 2-109　"特性"选项板

图 2-110　在"特性"选项板修改圆半径

2.27　实例 27　"特性匹配"编辑命令

【例 2-27】　应用"特性匹配"编辑命令将如图 2-111 所示的大矩形线型改为点划线。

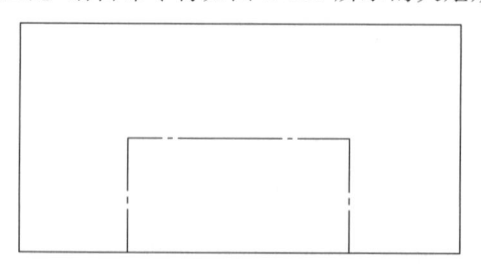

图 2-111　特性匹配修改线型

(1)常用"特性匹配"编辑命令启动方式如下：
①命令行："MATCHPROP"↙。
②下拉菜单："修改"→"特性匹配"。
③功能区："默认"选项卡→"特性"面板→"特性匹配"。
(2)操作步骤如下：
命令：MATCHPROP↙
选择源对象：   //选择小矩形
选择目标对象或［设置(S)］：   //选择大矩形
选择目标对象或［设置(S)］：＊取消＊
如图2-112所示。

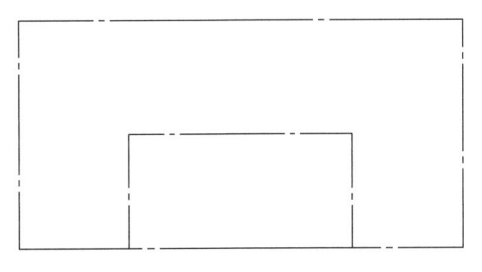

图2-112 特性匹配修改完成线型

习　题

一、单项选择题

1. 在AutoCAD 2015中,系统提供了(　　)条命令用来绘制圆弧。
   A. 9　　　　　　B. 11　　　　　　C. 6　　　　　　D. 8
2. 按比例改变图形实际大小的命令是(　　)。
   A. OFFSET　　　B. ZOOM　　　　C. SCALE　　　　D. STRETCH
3. (　　)不可以使用PLINE命令来绘制。
   A. 直线　　　　B. 圆弧　　　　C. 具有宽度的直线　　D. 椭圆弧
4. 可以使用下面(　　)两个命令来设置多线样式和编辑多线。
   A. MLSTYLE,MLINE　　　　　　B. MLSTYLE,MLEDIT
   C. MLEDIT,MLSTYLE　　　　　　D. MLEDIT,MLINE
5. 使用下面(　　)命令可以绘制出所选对象的对称图形。
   A. COPY　　　　B. LENGTHEN　　C. STRETCH　　　D. MIRROR
6. 关于图案填充操作,下面说法正确的是(　　)。
   A. 图案填充可以和原来轮廓线关联或者不关联
   B. 图案填充只能一次生成,不可以编辑修改
   C. 只能单击填充区域中任意一点来确定填充区域
   D. 所有的填充样式都可以调整比例和角度
7. (　　)对象执行"倒角"命令无效。
   A. 多段线　　　B. 直线　　　　C. 构造线　　　　D. 弧

8.（　　）是 AutoCAD 2015 中另一种辅助绘图命令，它是一条没有端点而无限延伸的线，它经常用于建筑设计的绘图辅助工作中。

　　A. 直线　　　　　　B. 多段线　　　　　C. 多线　　　　　　D. 构造线

9. 命令用于绘制多条相互平行的线，每一条的颜色和线型可以相同，也可以不同，此命令常用来绘制建筑工程上的（　　）。

　　A. 直线　　　　　　B. 多段线　　　　　C. 多线　　　　　　D. 构造线

10. 选中的夹点默认颜色是（　　）。

　　A. 红色　　　　　　B. 黄色　　　　　　C. 蓝色　　　　　　D. 绿色

11. 一组同心圆可由一个已画好的圆用（　　）命令来实现。

　　A. STRETCH　　　　B. OFFSET　　　　　C. EXTEND　　　　　D. MOVE

12. 在绘制多段线时，当在命令行提示输入"A"时，表示切换到（　　）绘制方式。

　　A. 角度　　　　　　B. 圆弧　　　　　　C. 直径　　　　　　D. 直线

13. 设置文字在镜像时是否反转的命令是（　　）。

　　A. MTEXT　　　　　B. TEXTM　　　　　C. MIRRTEXT　　　　D. TEXTMIRR

14. 在使用"拉伸"命令编辑图形时，需要使用（　　）方式选择对象。

　　A. 窗口选择　　　　B. 窗交选择　　　　C. 单击　　　　　　D. 栏选

15. 使用"内接于圆"方式画正多边形时，所输入的半径是（　　）。

　　A. 外切圆半径　　　B. 内切圆半径　　　C. 外接圆半径　　　D. 内接圆半径

二、多项选择题

1. 阵列命令有下面几种复制形式？（　　）

　　A. 矩形阵列　　　　B. 环形阵列　　　　C. 三角阵列　　　　D. 路径阵列

2. 图案填充有下面几种图案的类型供用户选择？（　　）

　　A. 预定义　　　　　B. 用户定义　　　　C. 自定义　　　　　D. 历史记录

3. 夹点编辑模式可分为（　　）。

　　A. 拉伸模式　　　　B. 移动模式　　　　C. 缩放模式　　　　D. 镜像模式

4. 图形的复制命令主要包括（　　）。

　　A. 直接复制　　　　B. 镜像复制　　　　C. 阵列复制　　　　D. 偏移复制

5. 如果给定圆心和起点，那么只需再指定（　　），就可以精确画弧。

　　A. 端点　　　　　　B. 角度　　　　　　C. 长度　　　　　　D. 方向

三、操作题

1. 绘制如图 2-113 所示的指北针。

提示：应用"圆"及"多段线"命令完成指北针的绘制。

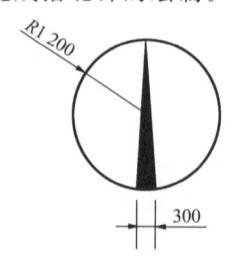

图 2-113　指北针

2. 绘制如图 2-114 所示的 A3 图纸图框。

提示：应用"矩形"及"构造线"命令完成图框的绘制，其中"构造线"为辅助线。

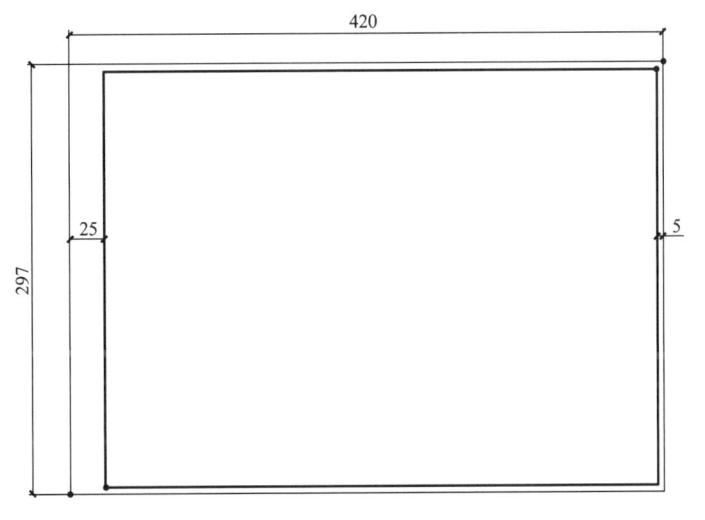

图 2-114　A3 图纸图框

3. 绘制如图 2-115 所示洗碗池。

提示：应用"矩形圆角"及"构造线偏移"完成洗碗池的绘制，其中"构造线"作为辅助线。

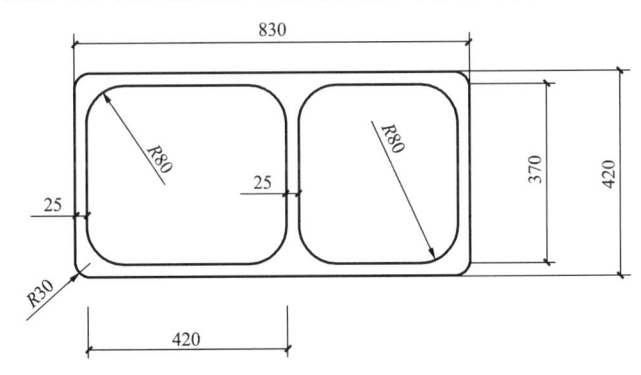

图 2-115　洗碗池

4. 绘制如图 2-116 所示洁具图。

提示：应用"矩形""椭圆弧""构造线"命令完成洁具的绘制，其中"构造线"为辅助线。

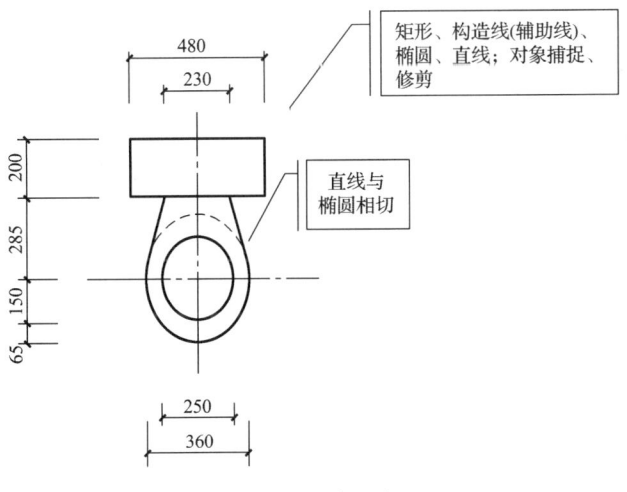

矩形、构造线(辅助线)、椭圆、直线；对象捕捉、修剪

直线与椭圆相切

图 2-116　洁具图

第 2 章　基本绘图和编辑命令

97

5.完成第 1 章习题图 1-60 基础剖面图的图案填充。

提示:"H"→选择所要填充的图案类型→单击"拾取点"按钮→单击基础轮廓线内任一点→↙→单击"确定"按钮。

6.完成如图 2-117 所示楼梯图。

提示:(1)梯段部分的绘制应用"直线""阵列""镜像""修剪"命令完成。

(2)表示楼梯上、下方向的箭线应用"多段线"和"对象追踪"命令完成。

(3)扶手和梯井的绘制应用"矩形"和"偏移"命令完成。

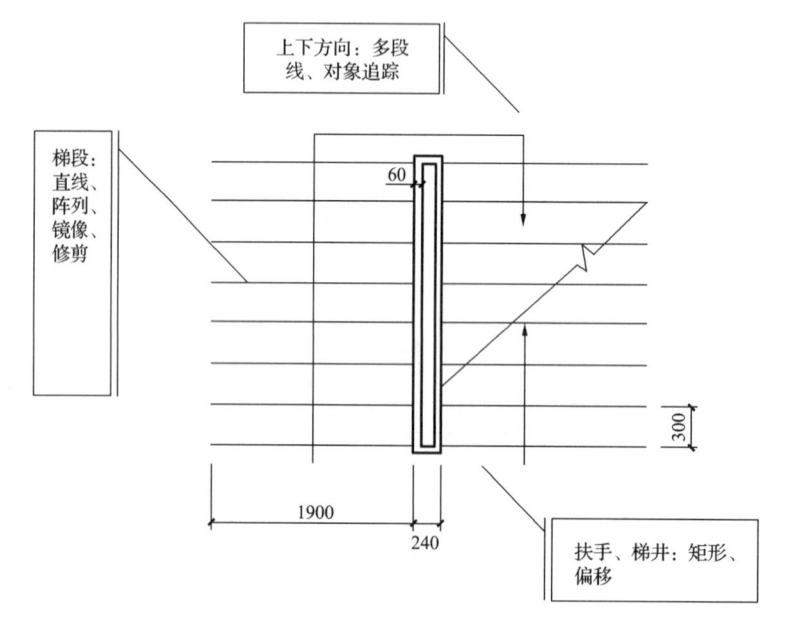

图 2-117 楼梯图

7.完成如图 2-118 所示台阶。

提示:(1)墙体的绘制采用"多段线"命令或"多线"命令完成。

(2)双开门的绘制采用"直线""圆弧""镜像"命令完成。

(3)台阶的绘制采用"多段线"和"偏移"命令完成。

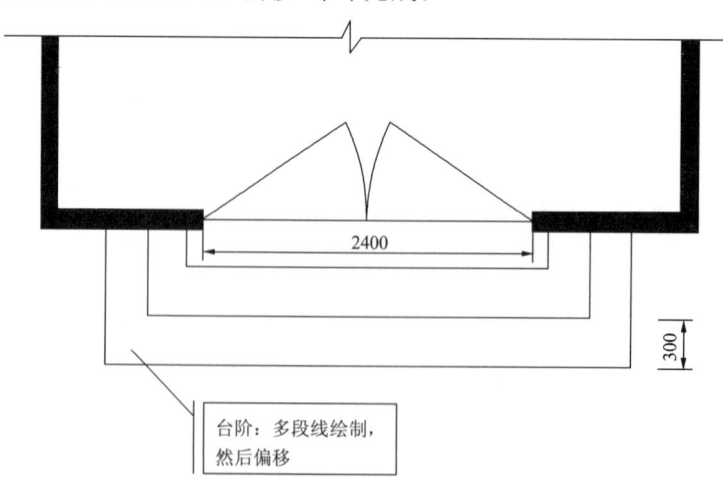

图 2-118 台阶

8. 将如图 2-119 所示的 1 800 mm 的双开门用"SC"命令修改为尺寸为 2 400 mm 的双开门。
提示:应用选项"参照(R)"进行操作。

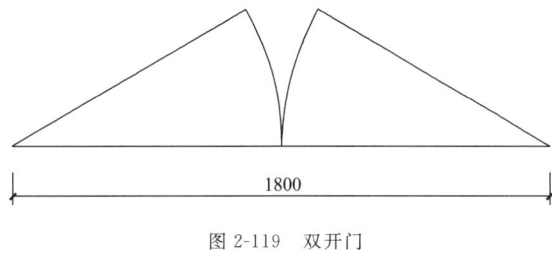

图 2-119 双开门

第 3 章 文字与表格

教学内容

　　文字的注释和编辑功能

　　表格样式及表格创建

教学重点与难点

　　文字样式的创建

　　单行文字和多行文字的创建

　　编辑文字

　　表格的创建

3.1 实例1 文 字

【例 3-1】 绘制如图 3-1 所示的标题栏。

(图纸名称)		图号	
		比例	
制图		日期		审定		日期	
校核		日期		(设计单位名称)	
审核		日期		

图 3-1 标题栏

绘图步骤分解：

第一步 绘制标题栏图框。

使用"矩形"命令、"直线"命令、"偏移"命令、"修剪"命令，按图 3-2 中标注尺寸绘制标题栏图框。

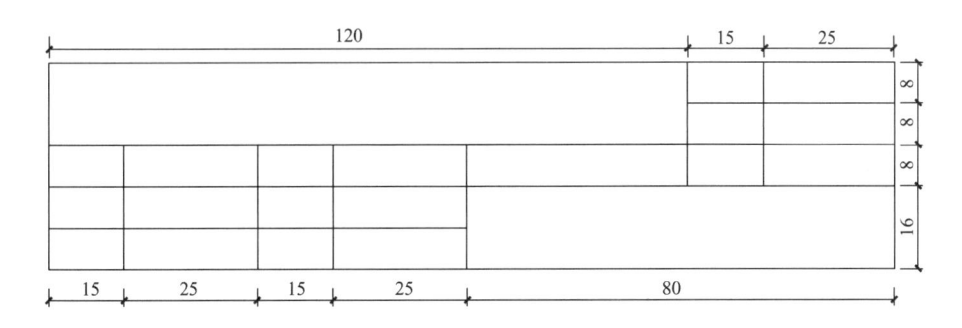

图 3-2 标题栏图框

第二步 设置文字样式。

在工程图样中输入文字，必须符合国家标准规定的文字样式：汉字为长仿宋体，字体宽度约等于字体高度的 2/3，字体高度有 20 mm、14 mm、10 mm、7 mm、5 mm、3.5 mm、2.5 mm、1.8 mm 八种，汉字高度不小于 3.5 mm。字母和数字可写为直体或斜体，若文字采用斜体，须向右倾斜，与水平基线约成 75°。

(1)常用创建"文字样式"命令启动方式如下：

①命令行："STYLE"或"ST"✓。

②下拉菜单："格式"→" 文字样式"。

③功能区："注释"选项卡→"文字"面板→" "。

④功能区："默认"选项卡→"注释"面板→" 文字样式"。

微课 32

文字的输入

执行命令后,将打开"文字样式"对话框,如图3-3所示。

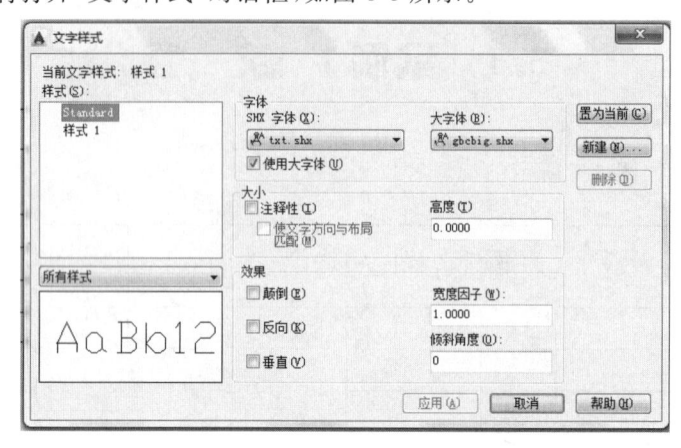

图3-3 "文字样式"对话框

(2)选项说明

"文字样式"对话框由"样式"列表、"字体"选项组、"大小"选项组、"效果"选项组及"预览"区域五部分组成。

①"样式"列表

"样式"列表列出当前图形文件中已定义的字体样式。单击"新建"按钮,系统将弹出如图3-4所示的"新建文字样式"对话框,在该对话框中可以新建的文字样式命名,单击"确定"按钮就创建了一种新的文字样式,样式名也将显示在"样式"列表中。

图3-4 "新建文字样式"对话框

要为已创建的文字样式重命名,可在"样式"列表中选择该文字样式,然后单击鼠标右键,在弹出的快捷菜单中选择"重命名"就可以使样式名处于可编辑状态,重新输入样式名即可。

注:"standard"样式不可以重命名;在图形中已使用的文字样式和"standard"样式不可以删除。

②"字体"选项组

用于设置字体文件。字体文件分为两种:一种是普通字体文件,即 Windows 系列应用软件所提供的字体文件,另一种是AutoCAD 2015 特有的字体文件,称为大字体文件。用户可以根据需要选择合适的字体。

注:字体名中带有"@"字符的字体是专为竖向书写文字提供的。在旋转角度为0时,字头朝左显示。

③"大小"选项组

用于设置文字的大小。

a."注释性"复选框:用于设置文字是否是注释性的。

b."高度"文本框:用于设置文字的高度。

如果输入0.0,则每次使用该样式输入文字时,系统将提示输入文字高度。当输入大于0.0的高度值,则表示为该样式的文字设置了固定的文字高度。

④"效果"选项组

用于设置字体的具体特征。

a."颠倒"复选框:确定是否将文字旋转180°,字头朝下显示。只对单行文本有效果。
b."反向"复选框:确定是否将文字以镜像方式显示,如图3-5所示。只对单行文本有效果。
c."垂直"复选框:确定文字是水平显示还是垂直显示。对单行文字和多行文字均有效果。
d."宽度因子"文本框:用来设定文字的宽高比。只对多行文字有效果。
e."倾斜角度"文本框:用来确定文字的倾斜角度。只对多行文字有效果,如图3-6所示。

图3-5 "反向"显示文字　　　　　图3-6 "倾斜角度"为30°

注:①用户可以定义多个"文字样式",不同的文字样式用于输入不同的字体。要修改文本格式时,不需逐个文本修改,而只要对该文本的样式进行修改,就可以改变使用该样式书写的所有文本的格式。

②创建文本前应先创建"文字样式",并在字体名下拉列表中选择一种有中文字库的字体,如:宋体、楷体式 Bigfront 字体的 Hztxt.shx 等字体,否则会出现乱码或问号。

(3)操作步骤如下:

①启动文字样式命令,打开"文字样式"对话框,单击"新建"按钮,打开"新建文字样式"对话框,如图3-7所示。采用默认的"样式1"文字样式名,单击"确定"按钮退出。

图3-7 "新建文字样式"对话框

②返回"文字样式"对话框,在"字体名"下拉列表框中选择"仿宋"选项;在"宽度因子"文本框中将宽度比例设置为0.7;文字高度默认为0,以便输入文字时可以根据需要输入不同的字高,如图3-8所示。单击"应用"按钮,再单击"关闭"按钮。

图3-8 设置完成"文字样式"

第三步 输入文字。

(1)输入单行文字

"单行文字"是指创建的每一行文字都是一个独立的文本对象,可以独立地进行编辑。

①常用输入"单行文字"命令启动方式如下:

a.命令行:"TEXT"或"DTEXT"或"DT"✓。

b. 下拉菜单:"绘图"→"文字"→" 单行文字"。

c. 功能区:"注释"选项卡→"文字"面板→" 单行文字"。

d. 功能区:"默认"选项卡→"注释"面板→" 单行文字"。

②选项说明

a. "指定文字的起点":指定单行文字行基线的起点。

b. "对正(J)":AutoCAD 2015 为文字行定义了 4 条定位线:顶线、中线、基线、底线,文字的"对正"就是参照这些定位线来确定的,常用的文字对正方式如图 3-9 所示。单行文字默认的对正方式是左对齐。

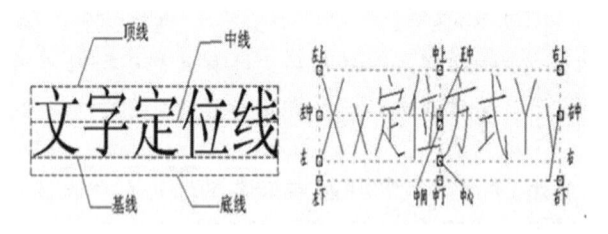

图 3-9 单行文字的对正方式

对齐(A):指定文本长度,使输入的文本均匀分布,并根据文字样式设置的宽度比例来调整文字高度和宽度。

布满(F):指定文本的长度和高度,根据输入字符的数量来调整文字的宽度。文字宽度随输入字符数量的增多而减小。

c. "样式(S)":输入 S,可以设置当前使用的文字样式。选择该选项时,可以直接输入文字样式的名称,也可输入"?",在"AutoCAD 2015 文本窗口"中显示当前图形已有的文字样式。

d. "指定高度":如果当前文字样式的高度设置为 0,系统将显示"指定高度:"提示信息,要求指定文字高度,否则不显示该提示信息,而使用"文字样式"对话框中设置的文字高度。

e. "指定文字的旋转角度<0>":指定文字的旋转角度。文字旋转角度是指文字行排列方向与水平线的夹角,默认角度为 0°。如图 3-10 所示,文字的旋转角度为 30°(注意区分图 3-6 与图 3-10)。

在绘图区域出现单行文字的动态文本框,此时用户可输入文字,输入完成后,按两次"Enter"键即可。在单行文字输入时对于一些特殊符号,可通过特殊的代码进行输入,见表 3-1。

图 3-10 文字的旋转角度为 30°

表 3-1　　　　　　　　　AutoCAD 2015 常用符号的输入代码

输入代码	字符	说明
%%p	±	正负公差符号
%%c	φ	直径符号
%%%	%	百分号符号
%%d	°	度
%%o	—	上划线
%%u	—	下划线

(2)输入多行文字

"多行文字"又称为段落文字,是指由两行以上的文字组成,而且所有文字都作为一个整体处理的文本对象。

①常用输入"多行文字"命令启动方式如下:

a.命令行:"MTEXT"或"MT"或"T"↙。

b.下拉菜单:"绘图"→"文字"→"A 多行文字"。

c.功能区:"注释"选项卡→"文字"面板→"多行文字"。

d.功能区:"默认"选项卡→"注释"面板→"多行文字"。

执行命令后,系统提示:"指定第一角点:",此时用户可在命令行输入坐标值或在绘图区域用鼠标单击选取一点,完成后系统继续提示"指定对角点或[高度(H)/对正(J)/…]",当指定了对角点之后,系统将弹出"多行文字"输入框和"文字编辑器"选项卡,如图 3-11、图 3-12 所示。此时,用户可在编辑框中输入文字,并可以在"文字编辑器"选项卡中进行文字的参数设置。

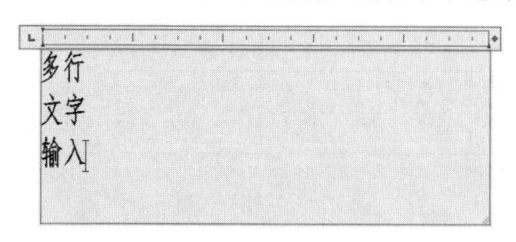

图 3-11 "多行文字"输入框

图 3-12 "文字编辑器"选项卡

②选项说明

a."高度(H)":指定文字高度。

b."对正(J)":见单行文字选项说明。

c."行距(L)":多行文字的行间距。

d."旋转(R)":见单行文字选项说明。

e."样式(S)":见单行文字选项说明。

f."宽度(W)":指定"多行文字"输入框的宽度。

g.动态栏(D):指定栏宽、栏间距宽度和栏高,栏数由文字确定。

i.静态栏(S):指定总栏宽、栏数、栏间距和栏高,栏数固定,所有栏具有相同的高度,且两端对齐。

(3)操作步骤如下:

①输入文字"制图"。

命令:DT↙

指定文字的起点 或 [对正(J)/样式(S)]:　　//在绘图区域内任意单击一点

指定高度<2.5000>:5↙

指定文字的旋转角度<0>:↙

然后输入文字"制图"。

应用"移动"编辑命令,将文字"制图"移动到如图3-13所示的位置。

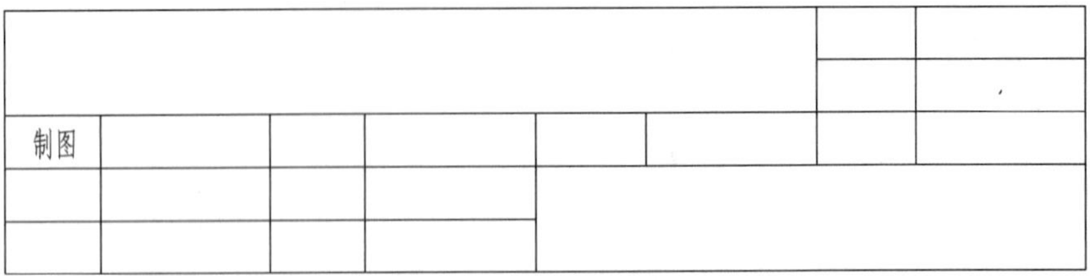

图3-13 标注文字"制图"

②应用"复制"编辑命令,在标题栏中输入文字,如图3-14所示。

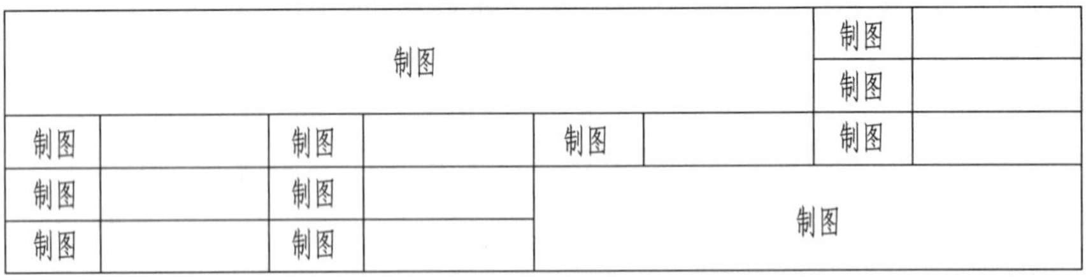

图3-14 复制文字"制图"

第四步 编辑文字。

(1)利用"DDEDIT"命令编辑文字

常用"编辑文字"命令启动方式如下:

①命令行:"DDEDIT"或"TEXTEDIT"或"ED"✓。

②下拉菜单:"修改"→"对象"→"文字"→"编辑"或"比例"或"对正"。

a."编辑"命令(DDEDIT):选择该命令,然后在绘图窗口中单击需要编辑的单行文字,进入文字编辑状态,可以重新输入文本内容。

b."比例"命令(SCALETEXT):选择该命令,然后在绘图窗口中单击需要编辑的单行文字,此时需要输入缩放的基点以及指定新高度、匹配对象(M)或缩放比例(S)。

c."对正"命令(JUSTIFYTEXT):选择该命令,然后在绘图窗口中单击需要编辑的单行文字,此时可以重新设置文字的对正方式。

③双击需要编辑的文字

执行命令后,若选择单行文字,用户可以对文字内容进行编辑;若选择多行文本,则AutoCAD 2015将打开"文字编辑器"选项卡,从中既可以修改文字的内容,也可以修改文字的参数。

(2)利用"特性"选项板编辑文字

在"特性"对选项板中,用户不仅可以修改文字的内容,而且可以重新选择文字的样式、设定新的对正方式、定义新的文字高度、旋转角度、宽度因子等文本的特性。

(3)操作步骤如下:

命令:ED✓

选择注释对象: //单击图3-14中"(图纸名称)"所在位置的文字"制图",并重新输入文字"(图纸名称)"

用同样的方法修改其他文字的相应内容,并用"特性"选项板修改"图纸名称""设计单位名称"的字高为 7 mm。如图 3-1 所示。

3.2 实例 2 表 格

【例 3-2】 绘制如图 3-15 所示的"门窗表",其中"门窗表"标题字高为 700,居中,表头文字字高为 500,居中,单元格内容文字字高为 350,所有文字采用仿宋_GB2312,宽度因子为 0.7。

门窗表					
类别	序号	名称	尺寸(mm)	数量(个)
门	1	M1 800	1 800x2 400	1
门	2	M900	900x2 400	4
窗	3	C1 800	1 800x1 500	2
窗	4	C1 500	1 500x1 500	4
窗	5	C1 200	1 200x600	1

图 3-15 门窗表

在建筑制图中,通常需要绘制门窗表、图纸目录表、材料做法表等各种各样的表格,AutoCAD在 2004 以后的版本中提供了专门用于绘制与编辑表格的功能。表格使用行和列以一种简洁清晰的形式提供信息,表格样式控制一个表格的外观,用于保证标准的字体、颜色、文本、高度和行距。用户可以使用默认的表格样式,也可以根据需要自定义表格样式。

绘图步骤分解:

第一步 创建表格样式。

(1)常用创建"表格样式"命令启动方式如下:

①命令行:"TABLESTYLE"或"TS"✓。

②下拉菜单:"格式"→"🔲 表格样式"。

③功能区:"注释"选项卡→"表格"面板→" ↘ "。

④功能区:"默认"选项卡→"注释"面板→" 🔲 表格样式"。

执行命令后,打开"表格样式"对话框,如图 3-16 所示。单击"新建"按钮,可以使用打开的"创建新的表格样式"对话框创建新表格样式,如图 3-17 所示。

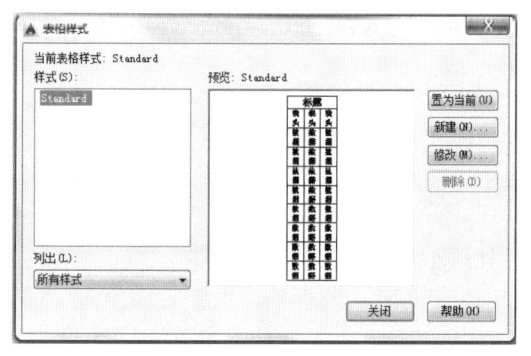

图 3-16 "表格样式"对话框　　　　图 3-17 "创建新的表格样式"对话框

在"新样式名"文本框中输入新的表格样式名,在"基础样式"下拉列表中选择默认的表格样式、标准的或者任何已经创建的样式,新样式将在该样式的基础上进行修改。然后单击"继续"按钮,将打开"新建表格样式"对话框,如图3-18所示。从中可以定义新的表格样式。

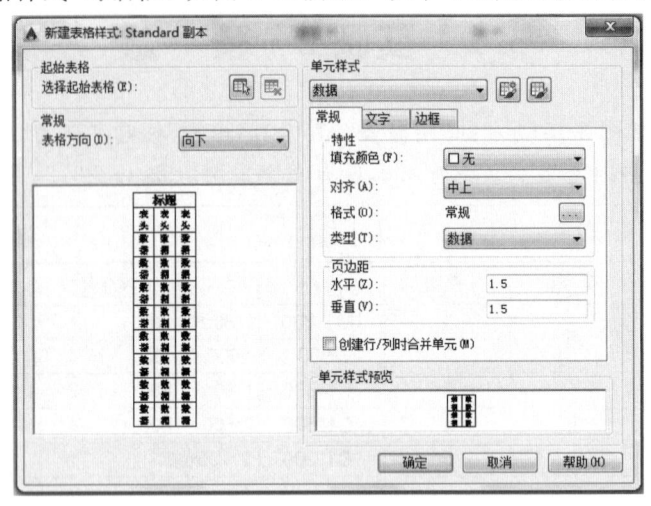

图3-18 "新建表格样式"对话框

(2)选项说明

① "起始表格"选项组

该选项组可以在图形中指定一个表格用作样例来设置此表格样式。单击"选择起始表格"按钮,回到绘图区选择表格后,可以指定要从该表格复制到表格样式的结构和内容。

② "常规"选项组

该选项组用于更改表格方向,系统提供了"向下"和"向上"两个选项。选择"向下"选项,是指创建由上而下读取的表格,标题行和列标题都在表格顶部;选择"向上"选项,是指创建由下而上读取的表格,标题行和列标题都在表格底部。

③ "单元样式"选项组

该选项组用于创建新的单元样式,并对单元样式的参数进行设置,系统默认有标题、表头、数据三种单元样式,在"单元样式"下拉列表中选择一种单元样式作为当前单元样式,即可在下方的"常规""文字""边框"选项卡中对参数进行设置。

用户要创建新的单元样式,可以单击"创建新单元样式"按钮 和"管理单元样式"按钮 进行相应的操作。

(3)操作步骤如下:

① 启动"表格样式"命令,弹出"表格样式"对话框。

② 在"表格样式"对话框中单击"新建"按钮,弹出"创建新的表格样式"对话框,在"新样式名"文本框中输入"门窗表",如图3-19所示。

③ 单击"继续"按钮,弹出"新建表格样式"对话框,如图3-20所示。设置表格样式,在"单元样式"下拉列表中选

图3-19 设置"创建新的表格样式"对话框

择"标题",在"常规"选项卡中设置对齐方式为"正中","文字"选项卡中设置文字高度为700;在"单元样式"下拉列表中选择"表头",在"常规"选项卡中设置对齐方式为"正中","文字"选项卡中

设置文字高度为 500；在"单元样式"下拉列表中选择"数据"，在"常规"选项卡中设置对齐方式为"左下"，"文字"选项卡中设置文字高度为 350，其他表格样式设置不作改变。

图 3-20 设置"新建表格样式"对话框

④ 单击"确定"按钮，完成表格样式设置，回到"新建表格样式"对话框。"样式"列表中出现"门窗表"样式，单击"关闭"按钮完成创建。

第二步 插入表格。

(1)常用"插入表格"命令启动方式如下：

① 命令行："TABLE"或"TB"✓。

② 下拉菜单："绘图"→"▦ 表格"。

③ 功能区："默认"选项卡→"注释"面板→"▦ 表格"。

执行命令后，将弹出"插入表格"对话框。如图 3-21 所示。

图 3-21 "插入表格"对话框

(2)选项说明

①"表格样式"选项组

可以从"表格样式"下拉列表框中选择表格样式，或单击其后的按钮，打开"表格样式"对话框,创建新的表格样式。

②"插入选项"选项组

"从空表格开始"单选按钮:创建可以手动填充数据的表格。

"自数据链接"单选按钮:通过启动数据链接管理器连接电子表格中的数据来创建表格。

"自图形中的对象数据(数据提取)"单选按钮:启动"数据提取"向导来创建表格。

③"插入方式"选项组

选择"指定插入点"单选按钮,可以在绘图窗口中的某点插入固定大小的表格;选择"指定窗口"单选按钮,可以在绘图窗口中通过拖动表格边框来创建任意大小的表格。

④"列和行设置"选项组

可以通过改变"列数""列宽""数据行数"和"行高"文本框中的数值来调整表格的外观大小。

⑤"设置单元样式"选项组

指定第一行、第二行和所有其他行单元样式分别为标题、表头或者数据样式。

在"插入表格"对话框中进行相应设置后,单击"确定"按钮,系统在指定的插入点或窗口自动插入一个空表格,创建表格后,会亮显第一个单元,如图 3-22 所示,并弹出"文字编辑器"选项卡,如图 3-23 所示。这时就可以输入文字,单元的行高会加大以适应输入文字的高度,要移到下一个单元,按"Tab"键或使用箭头键向左、向右、向上、向下移动。

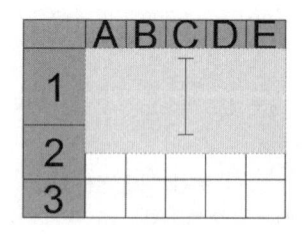

图 3-22　插入表格

图 3-23　"文字编辑器"选项卡

(3)操作步骤如下:

①启动"表格"命令,弹出"插入表格"对话框,选择表格样式"门窗表",选中"从空表格开始"单选按钮,列数和数据行数均设置成 5,如图 3-24 所示。

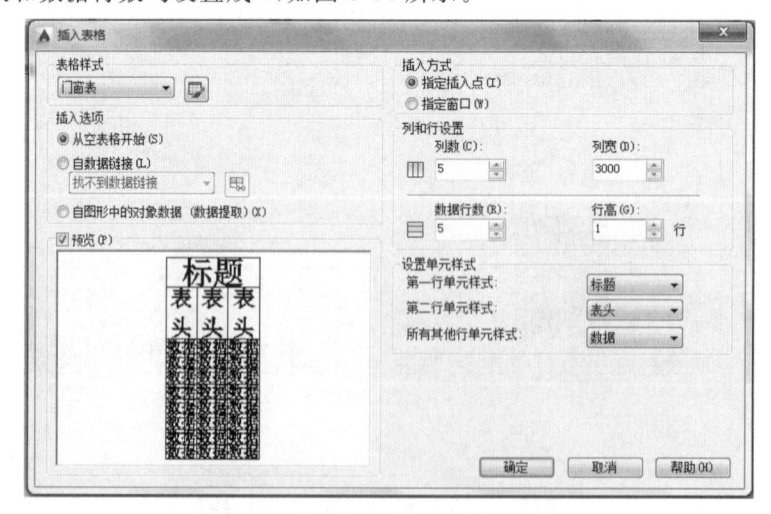

图 3-24　设置"插入表格式"参数对话框

②单击“确定”按钮，在绘图区拾取一点作为表格插入点，在第一行输入表格标题“门窗表”，在第二行输入表头文字，如图 3-25 所示。

门窗表				
类别	序号	名称	尺寸(mm)	数量(个)

图 3-25　输入表格标题及表头内容

第三步 编辑表格文字和表格单元。

(1)常用“编辑表格文字”命令启动方式如下：

①命令行：“TABLEDIT”↙。

②屏幕快捷菜单：选定表格中一个或多个单元→单击鼠标右键→“编辑文字”。

③鼠标在单元内双击打开“文字编辑器”选项卡。

(2)常用“编辑表格单元”命令启动方式如下：

①使用表格单元快捷菜单。选定表格中一个或多个单元后，单击鼠标右键，然后选择菜单中的相应编辑命令。

②当选中表格后，在表格的四周、标题行上将显示许多夹点，也可以通过拖动这些夹点来编辑表格。

③使用单元格的“特性”选项板对单元格进行编辑。单击一个或多个单元格后，打开“特性”选项板，可以对单元格进行一系列编辑。

(3)操作步骤如下：

①选择需要合并的单元格，如图 3-26 所示，使用“表格单元”选项卡，如图 3-27 所示中的“合并单元”按钮合并单元格，如图 3-28 所示。

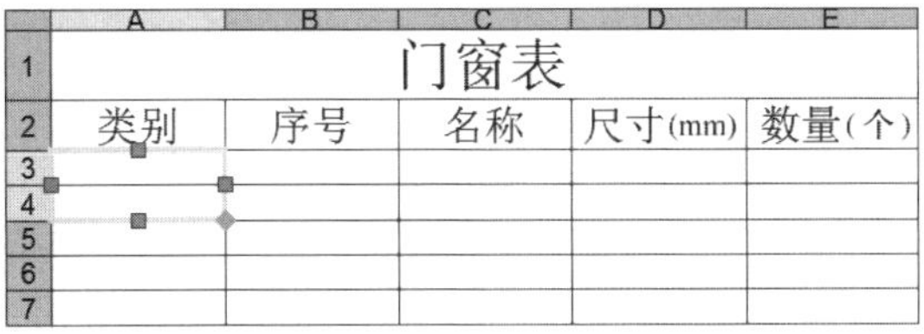

图 3-26　选择需要合并的单元格

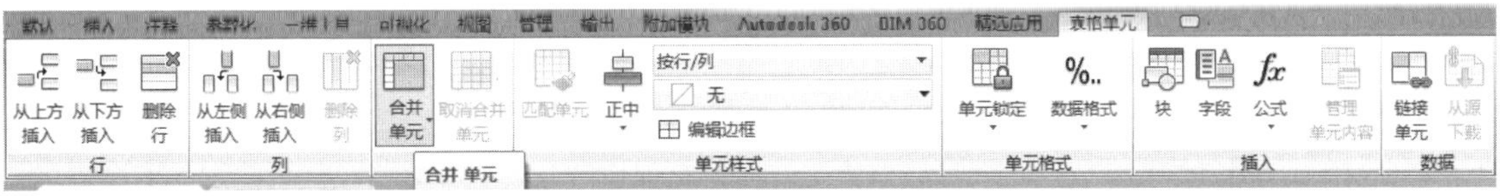

图 3-27　“表格单元”选项卡

门窗表				
类别	序号	名称	尺寸(mm)	数量(个)

图 3-28　合并单元格

②双击表格,进入"文字编辑器"选项卡,输入单元格文字,如图 3-29 所示。

门窗表				
类别	序号	名称	尺寸(mm)	数量(个)
门	1	M1800	1800×2400	1
	2	M900	900×2400	4
窗	3	C1800	1800×1500	2
	4	C1500	1500×1500	4
	5	C1200	1200×600	1

图 3-29　输入单元格文字

③选择 1 单元格,使用"特性"选项板对单元格的高度进行调整,高度为"1500";选择 2 单元格,设置单元格高度为"1000",其他单元格高度为"800",对齐方式为正中;选择 A－E 列单元格,设置单元格宽度为"3000",如图 3-30 所示。

门窗表				
类别	序号	名称	尺寸(mm)	数量(个)
门	1	M1800	1800×2400	1
	2	M900	900×2400	4
窗	3	C1800	1800×1500	2
	4	C1500	1500×1500	4
	5	C1200	1200×600	1

图 3-30　调整单元格尺寸及对齐方式后的效果

④选中门窗表,使用"分解"命令将表格分解,删除标题部分的直线,最终效果如图 3-15 所示。

习　题

1.创建效果如图 3-31 所示的设计总说明,其中标题采用 G700 文字样式,字体采用"仿宋_GB2312",字高为 700,宽度因子为 0.67;说明内容采用 G500 文字样式,字体采用"仿宋_GB2312",字高为 500,宽度因子为 0.67。

设计总说明
1.本工程建筑面积 1 500 平方米,室内地坪标高±0.000,室内外高差－0.450。
2.图示尺寸,标高以米为单位,其他以毫米为单位。
3.平面图中墙厚度未注明均为 240。
4.窗均采用白色塑钢窗,选型详见门窗表。
5.丹本工程说明及图纸未详尽处,均按国家有关现行规范、规程、规定执行。

图 3-31　设计说明

提示:(1)执行"文字样式"命令(Style),在弹出的"文字样式"对话框中设置文字样式名为"G700",字高 700,宽度因子 0.67,选择"仿宋_GB2312"字体。

(2)再次执行"文字样式"命令(Style),设置文字样式名为"G500",字高 500,宽度因子 0.67,选择"仿宋_GB2312"字体。

(3)执行"单行文字"(Text)或"多行文字"(Mtext)命令,选择相应文字样式,输入文字。

2. 绘制如图 3-32 所示的"门窗数量表"(步骤可参见例 3-2)。

<table>
<tr><th colspan="8">门窗数量表</th></tr>
<tr><th rowspan="2">门窗型号</th><th rowspan="2">宽×高
(mm)</th><th colspan="5">数量(个)</th><th rowspan="2">备注</th></tr>
<tr><th>地下一层</th><th>一层</th><th>二层</th><th>三层</th><th>总数</th></tr>
<tr><td>C1212</td><td>1 200×1 200</td><td>0</td><td>2</td><td>0</td><td>0</td><td>2</td><td>铝合金窗</td></tr>
<tr><td>C2112</td><td>2 100×1 200</td><td>0</td><td>2</td><td>0</td><td>0</td><td>2</td><td>铝合金窗</td></tr>
<tr><td>C1516</td><td>1 500×1 600</td><td>0</td><td>0</td><td>1</td><td>1</td><td>2</td><td>铝合金窗</td></tr>
<tr><td>C1816</td><td>800×1 600</td><td>0</td><td>0</td><td>1</td><td>1</td><td>2</td><td>铝合金窗</td></tr>
<tr><td>C2119</td><td>2 100×1 900</td><td>8</td><td>6</td><td>0</td><td>0</td><td>14</td><td>铝合金窗</td></tr>
<tr><td>C2116</td><td>2 100×1 600</td><td>0</td><td>0</td><td>11</td><td>22</td><td>22</td><td>铝合金窗</td></tr>
</table>

图 3-32 门窗数量表

第 4 章

图块与外部参照

教学内容

　　内部图块和外部图块的创建及插入方法

　　属性图块的创建

教学重点与难点

　　创建与插入图块

　　属性图块的定义及编辑

4.1　图块的创建

块是 AutoCAD 2015 提供的功能强大的绘图工具。在绘制图形时,如果图形中有大量相同或相似的内容,或者所绘制的图形与已有的图形文件相同,则可以把要重复绘制的图形创建成图块,指定块的名称、用途及设计者等信息,在需要时直接插入它们,以达到提高绘图效率的目的。

1. 块的定义

要使用块,首先要创建块。AutoCAD 2015 提供了两种创建块的方法:一种是使用"block"命令通过"块定义"对话框创建内部块;另一种是使用"wblock"命令通过"写块"对话框创建外部块。前者是将块储存在当前图形文件中,只能供本图形文件调用或与使用设计中心共享。后者是将块写入磁盘保存为一个图形文件,可以供所有的 AutoCAD 2015 图形文件调用。

(1)内部块的定义

【例 4-1】 将如图 4-1 所示的窗定义为内部图块。

绘图步骤分解：

第一步 绘制窗。

使用"矩形"命令、"分解"命令及"偏移"命令,如图 4-1 所示的窗 C—X 的尺寸绘制如图 4-2 所示的窗。

图 4-1　窗图块

第二步 定义内部图块。

(1)常用"内部图块"命令启动方式如下：

①命令行："BLOCK"或"B"↙。

②下拉菜单:绘图→块→ 创建。

图 4-2　窗

③功能区："默认"选项卡→"块"面板→ 创建。

④功能区："插入"选项卡→"块定义"面板→ 创建。

执行块命令后将弹出"块定义"对话框,如图 4-3 所示。

图 4-3　"块定义"对话框

（2）主要选项说明

①名称：用于输入或选择当前要创建块的名称。

②基点：指定块的插入基点，默认值是（0，0，0）。用户可以分别在 X、Y、Z 文本框中输入坐标值确定基点，也可以单击"拾取点"前的按钮 ，暂时关闭对话框在当前图形中拾取插入基点。

③对象：指定新块中要包含的对象，以及创建块之后如何处理这些对象，是保留还是删除选定对象或是将它们转换成块实例。

在屏幕上指定：关闭对话框时，系统将在命令行提示用户选择对象。

选择对象：单击"选择对象"前的按钮 ，暂时关闭"块定义"对话框，允许用户在绘图区域选择块对象，完成对象选择后，按"Enter"键返回"块定义"对话框。

通过在该对话框对块进行块名、一个或多个对象的选择、用于插入块的基点坐标值和所有相关的属性数据的设置，就可以成功的定义一个内部块。

（3）操作步骤如下

执行块命令后，打开块定义对话框，在"名称"选项栏中输入"C－X"；单击"拾取点"前的按钮 ，拾取窗的右下角点作为基点；再单击"选择对象"前的按钮 ，选择绘制好的窗作为对象，设置结果如图 4-4 所示。最后单击"确定"按钮即可。

图 4-4 "块定义"对话框设置

2. 外部块的创建

外部块命令用来创建外部图块，相当于建立了一个单独的图形文件，保存在磁盘中，任何 AutoCAD 2015 图形文件都可以调用，这对于协同工作的设计成员来说特别有用。

【例 4-2】 将如图 4-5 所示的门定义为外部图块。

绘图步骤分解：

第一步 绘制门。

使用"矩形"命令、"圆弧"命令，并借助对象捕捉功能，按如图 4-5 所示的尺寸要求绘制如图 4-6 所示的门。

图 4-5 门图块

第二步 定义外部图块。

(1)常用"外部图块"命令启动方式如下：

命令行："WBLOCK"或"W"✓

执行写块命令后将弹出"写块"对话框，如图4-7所示。

图4-6 门

图块的创建

(2)操作选项说明

①"源"选项组

a.块：可将已创建的内部图块定义为外部图块。

b.整个图形：可将当前文件中所有图形创建为外部块。

c.对象：含义同内部图块。

②文件名和路径：可为外部图块命名，另外，通过单击按钮 […]，可以为块指定保存路径，通过保存路径的选择就可以将定义好的块保存到磁盘上了。

(3)操作步骤如下

启动"写块"命令(wblock)，打开"写块"对话框，单击"拾取点"前的按钮，拾取圆弧的端点作为基点，单击"选择对象"前的按钮，选择绘制好的门作为对象，在"文件名和路径"文本框中输入图块名称为"M－X"，并单击按钮 […] 选择保存路径，设置结果如图4-8所示。最后点"确定"按钮保存。

图4-7 "写块"对话框

图4-8 "写块"对话框设置

4.1.2 块的插入

【例4-3】 将例4-1所定义的内部图块"C－X"，例4-2所定义的外部图块"M－X"插入到图4-9所示的办公室平面图中。

(1)常用"插入块"命令的启动方式如下：

①命令行："INSERT"或"I"✓。

②下拉菜单："插入"→"块"。

③功能区:"默认"选项卡→"块"面板→" 插入"。

④功能区:"插入"选项卡→"块"面板→" 插入"。

执行插入块命令后将弹出"插入"对话框,如图 4-10 所示。

图块的插入

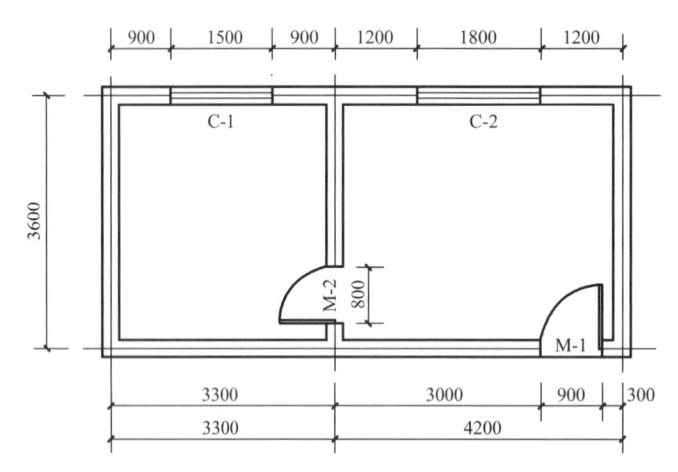

图 4-9 办公室平面图

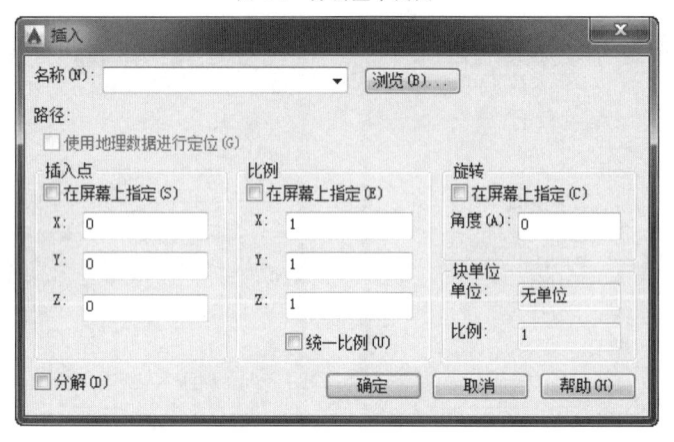

图 4-10 "插入"对话框

(2)操作选项说明

①名称:用户可以在下拉列表中选择一个已定义的内部图块或通过"浏览"按钮在磁盘上选择一个已定义的外部图块作为当前文件的插入对象。

②插入点:可选择"在屏幕上指定"复选框或直接输入 X、Y、Z 值作为块的插入点。

③比例:可选择"在屏幕上指定"复选框或直接输入 X、Y、Z 值作为缩放比例的大小,也可以使用"统一比例"来统一图块的缩放比例。

④旋转:可选择"在屏幕上指定"复选框或直接输入旋转角度来旋转图块。

⑤分解:选中该复选框后,插入的块将分解为独立对象,而不是一个整体对象。

注：

①用户也可以将保存在磁盘中的图形文件作为块来插入，在图 4-10 所示的"插入"对话框中单击"浏览"按钮，打开"选择文件"对话框，选择一个图形文件，就可以按照图块插入的方法插入图形。

②负比例因子：在插入图块时可以指定 X 和 Y 的比例因子为负值，让图块在插入时作镜像或旋转变换。

③图块的分解：不论图块多么复杂，它都会被系统视为单独对象，想要对图块进行修改，可以用"分解"命令把图块分解，也可以在"插入"对话框中选择"分解"复选框。

(3) 操作步骤如下

①插入窗"C－1"。启动"插入块"命令(Insert)，打开"插入"对话框，单击名称后按钮 ▼，选择已定义的"C－X"图块；插入点选项中，勾选"在屏幕上指定"；比例选项中，设置 X 的比例为 1.5，Y,Z 比例分别为 1；旋转选项设置角度为 0，设置如图 4-11。然后单击"确定"按钮，对话框隐藏，在办公室平面图上捕捉"C－1"窗洞右下角点，插入"C－1"。

图 4-11　插入窗"C－1"设置对话框

②插入窗"C－2"。启动"插入块"命令(Insert)，打开"插入"对话框，单击名称后按钮 ▼，选择已定义的"C－X"图块；插入点选项中，勾选"在屏幕上指定"；比例选项中，设置 X 的比例为 1.8，Y,Z 比例分别为 1；旋转选项设置角度为 0，设置如图 4-12。然后单击"确定"按钮，对话框隐藏，在办公室平面图上捕捉"C－2"窗洞右下角点，插入"C－2"。

图 4-12　插入窗"C－2"设置对话框

③插入"M－1"。启动"插入块"命令（Insert），打开"插入"对话框，单击名称后浏览按钮 浏览(B)... ，在弹出的"选择图形文件"对话框中选择已定义的"M－X"图块，再单击"打开"按钮，如图4-13所示。此时"选择图形文件"对话框隐藏。继续在"插入"对话框中设置，插入点选项中，勾选"在屏幕上指定"；比例选项中，设置X的比例为－0.9，Y的比例为0.9，Z比例为1；旋转选项设置角度为0，设置如图4-14。然后单击"确定"按钮，对话框隐藏，在办公室平面图上捕捉"M－1"门洞左上角点，插入"M－1"。

图4-13 "选择图形文件"对话框

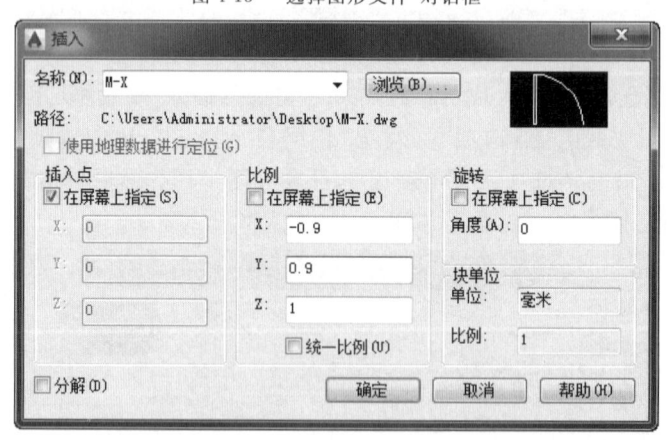

图4-14 插入"M－1"设置对话框

④插入"M－2"。启动"插入块"命令（Insert），打开"插入"对话框，单击名称后的浏览按钮 浏览(B)... ，在弹出的"选择图形文件"对话框中选择已定义的"M－X"图块，再单击"打开"按钮，设置如图4-13所示。此时"选择图形文件"对话框隐藏。继续在"插入"对话框中设置，插入点选项中，勾选"在屏幕上指定"；比例选项中，设置X的比例为0.8，Y的比例为0.8，Z比例为1；旋

转选项设置角度为 90,设置如图 4-15。然后单击"确定"按钮,对话框隐藏,在办公室平面图上捕捉"M－2"门洞左上角点,插入"M－2"。

图 4-15　插入"M－2"设置对话框

4.2　属性图块的创建与编辑

图块的属性是附属于图块的特殊文本信息,是块的组成部分,主要作用在于为图块增加必要的文字说明内容。在插入图块的过程中,这些属性值可以改变,因而增强了图块的通用性。对那些经常用到的、带可变文字的图形而言,利用属性尤为重要。

4.2.1　属性图块的创建

【例 4-4】　创建轴线编号属性图块,为如图 4-16 所示的轴网进行横向定位轴线编号。

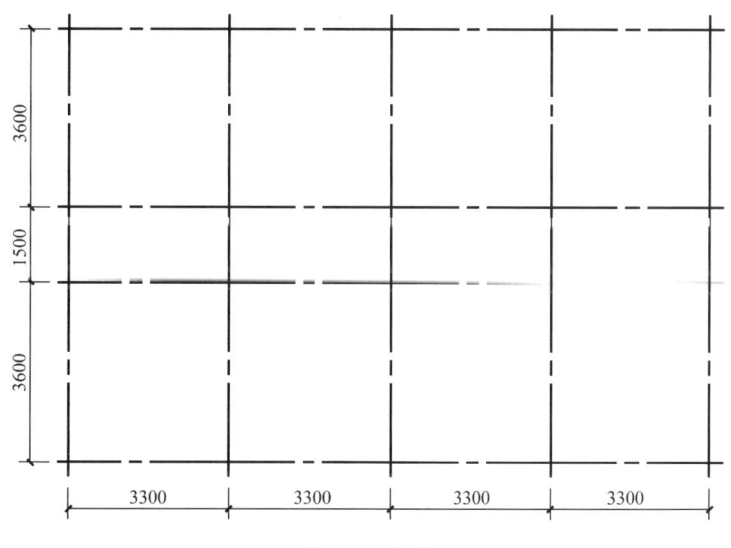

图 4-16　轴网

绘图步骤分解：

第一步 绘制轴网。

使用"直线"命令、"偏移"命令，按照如图 4-16 所示的轴网尺寸绘制如图 4-17 所示的轴网。

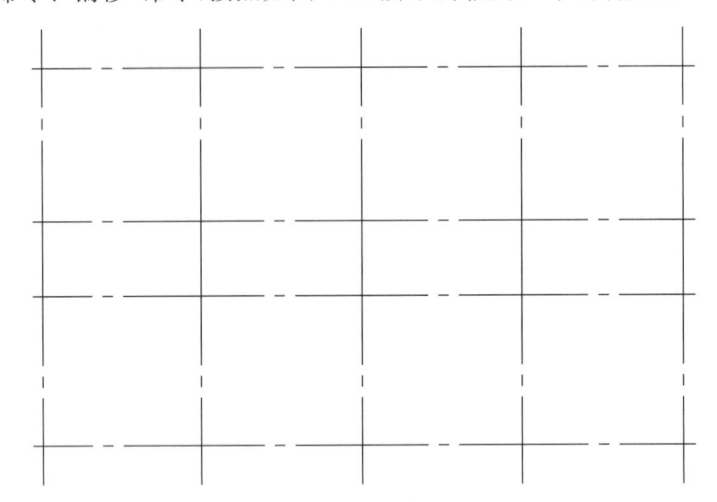

图 4-17 轴网绘制

第二步 绘制圆。

执行"圆"命令，在绘图区任意拾取一点作为圆心，绘制半径为 500 的圆，效果如图 4-18 所示。

第三步 创建文字样式。

执行"文字样式"命令，弹出"文字样式"对话框。单击"新建"按钮，创建 G500 文字样式，设置字体、高度和宽度比例，如图 4-19 所示。

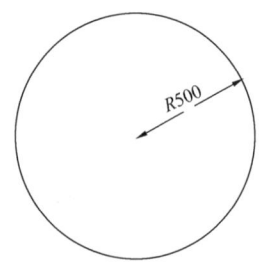

图 4-18 绘制圆

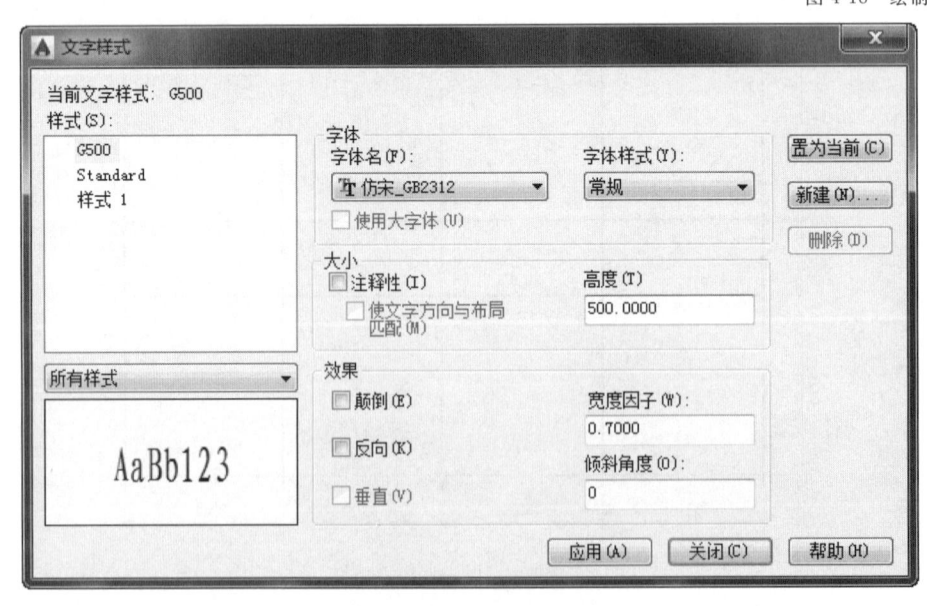

图 4-19 "G500 文字样式"创建对话框

第四步 创建属性图块。

(1)常用属性图块命令的启动方式如下：

①命令行："ATTDEF"或"ATT"✓。

②下拉菜单："绘图"→"块"→"🏷 定义属性"。

③功能区："默认"选项卡→"块"面板→"🏷 定义属性"。

④功能区："插入"选项卡→"块定义"面板→"🏷 定义属性"。

执行命令后弹出"属性定义"对话框，如图 4-20 所示。

图 4-20 "属性定义"对话框

(2)主要操作选项说明：

①"模式"选项组

a. 不可见：指定插入块时不显示或不打印属性值。

b. 固定：插入块时赋予属性固定值。

c. 验证：插入块时提示验证属性值是否正确。

d. 预设：插入包含预置属性值的块时，将属性设置为默认值。

e. 锁定位置：锁定块参照中属性的位置，解锁后，属性可以相对于使用夹点编辑的块的其他部分移动，并且可以调整多行属性的大小。

f. 多行：指定属性值可以包含多行文字，选定此选项后，可以指定属性的边界宽度。

注：通常不勾选这些选项。

②"属性"选项组

a. 标记：用来输入属性标记，可使用任何字符组合（空格及感叹号除外），此项为必填选项。

b. 提示：用来输入属性提示信息，设定该项后，插入图块时命令行将会出现提示用户输入属性值的属性提示信息。

微课 36

属性图块

c. 默认：指定默认的属性值，可以把使用次数较多的属性值作为默认值，此项也可不设置。

③"插入点"选项组

用于指定属性文本的位置，可以直接输入坐标值，也可以在插入属性图块时由用户在图形中确定属性文本的位置。

④"文字设置"选项组

用来设置文本的对齐方式、文本样式、字高和旋转角度。

注：创建属性图块的一般步骤如下：

①绘制要制成图块的图形。

②启动"属性图块定义"（ATTDEF）命令，对所绘制的图形添加属性。

③使用"创建块"（BLOCK）或"写块"（WBLOCK）命令来定义图块。

④使用"插入块"（INSERT）命令来插入图块。

(3) 操作步骤如下：

①执行"块"→"定义属性"命令后，弹出如图4-21所示的"属性定义"对话框，在对话框中设置相关选项。

图4-21 "属性定义"设置对话框

②设置完成后，单击"确定"按钮，命令行提示"指定起点："，拾取步骤2绘制的圆的圆心，完成效果如图4-22所示。

图4-22 设置属性效果

③执行"块定义"命令，弹出"块定义"对话框。命名图块名称为"横向轴线编号"，勾选"在屏幕上指定"复选框，单击"选择对象"按钮，选择如图4-22所示的圆及文字为块对象，然后捕

捉圆的上象限点为基点,设置如图 4-23 所示。单击"确定"按钮,完成横向轴线编号图块的创建,效果如图 4-24 所示。

图 4-23　设置"块定义"对话框　　　　　　　图 4-24　横向轴线编号图块

④执行"插入块"命令,弹出"插入块"对话框。单击"名称"选项组下拉三角按钮▼,选择步骤 1 定义的名称为"横向轴线编号"的属性图块;插入点选项,勾选"在屏幕上指定"复选框,设置如图 4-25 所示。单击"确定"按钮,根据命令行提示"指定插入点",捕捉竖向第一根轴线的下端点为插入点,此时弹出"编辑属性"对话框,在横向轴线编号栏内输入轴线编号"1",如图 4-26 所

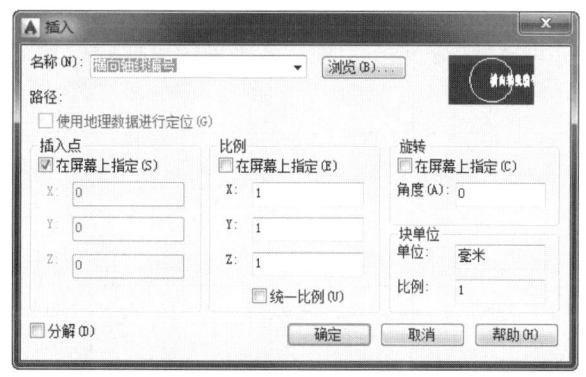

图 4-25　属性图块"插入"设置对话框

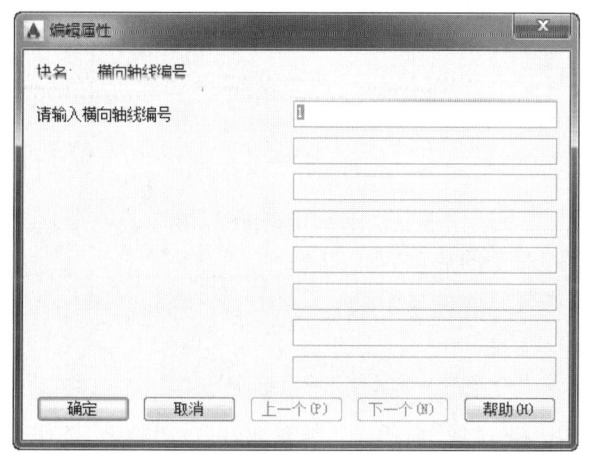

图 4-26　属性图块"插入"编辑属性设置对话框

示,单击"确定"按钮即可。重复启动"插入块"命令,按照同样的设置,并分别在弹出的"编辑属性"对话框中输入轴线编号"2""3""4""5",完成所有横向轴线的编号,效果如图 4-27 所示。

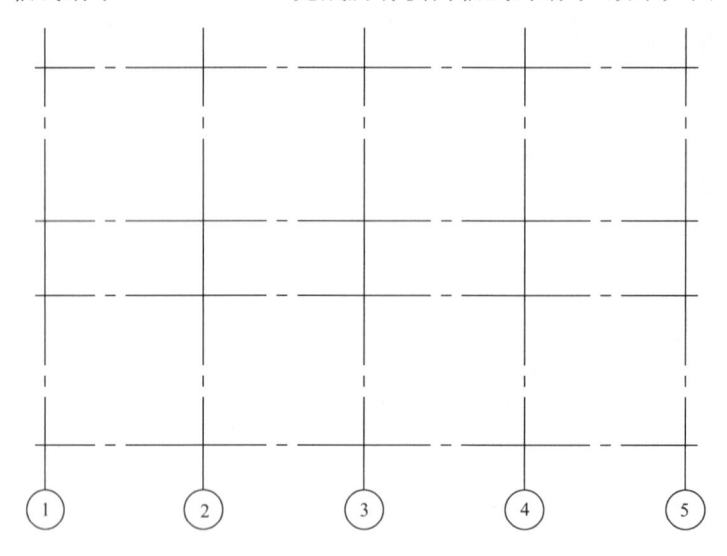

图 4-27 "横向定位轴线"编号完成效果图

4.2.2 属性图块的编辑

【例 4-5】 使用"编辑块属性"命令将图 4-28 的轴网的纵向定位轴线编号改为大写字母。

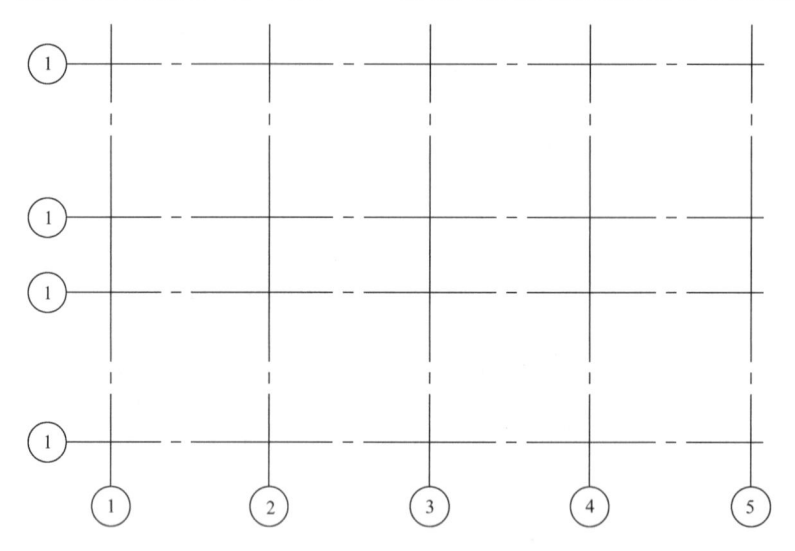

图 4-28 "纵向定位轴线"修改图

(1)常用"编辑块属性"命令的启动方式如下:
①无命令状态下,双击要修改的属性块。
②命令行:"EATTEDIT"✓。
③下拉菜单:"修改"→"对象"→"属性"→"单个"。
④功能区:"默认"选项卡→"块"面板→"编辑属性"→"单个"按钮。

⑤功能区:"插入"选项卡→"块"面板→"编辑属性"→"单个"按钮。

执行命令后弹出"增强属性编辑器"对话框,如图4-29所示。

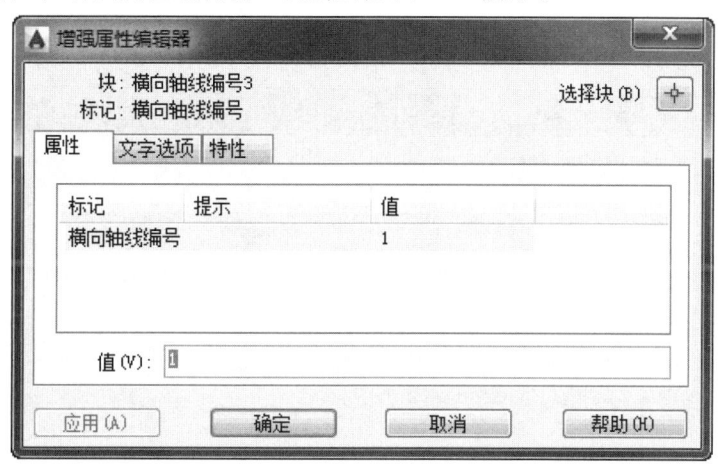

图4-29 "增强属性编辑器"对话框

(2)主要操作选项说明:

"增强属性编辑器"对话框包括"属性""文字选项""特性"3个选项卡。"属性"选项卡可以对块的属性值进行修改;"文字选项"选项卡可以修改文字的样式、对正方式、文字高度、宽度因子等;"特性"选项卡可以修改图层、线型、颜色、线宽等。

(3)操作步骤如下:

执行"编辑块属性"命令后,在如上图4-29所示弹出的"增强属性编辑器"对话框的"属性"选项卡下将属性值"1"改为"A"。再次启动命令依次修改属性值为"B""C""D",效果如图4-30所示。

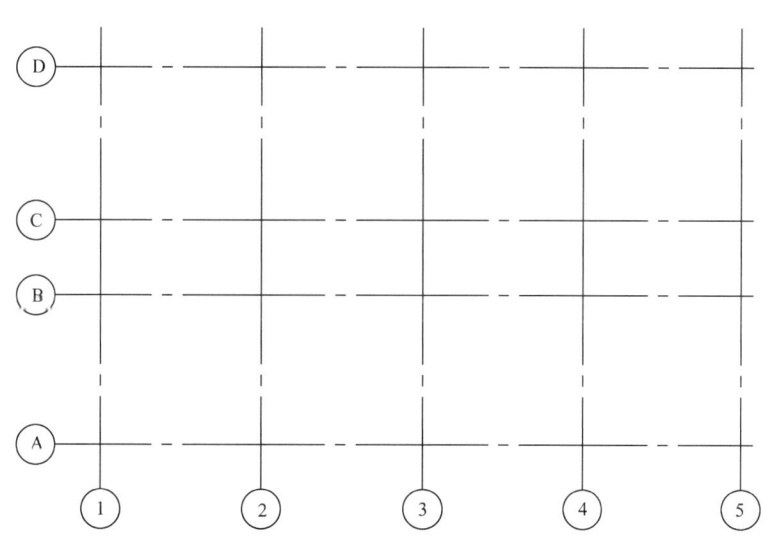

图4-30 "纵向定位轴线"编号修改完成效果图

注：

①对于属性图块的修改，也可以在命令行输入命令"ATTEDIT"，在绘图窗口中选择需要编辑的块对象后，系统将打开"编辑属性"对话框，如图4-31所示。在此对话框中，可以修改图块的属性值。

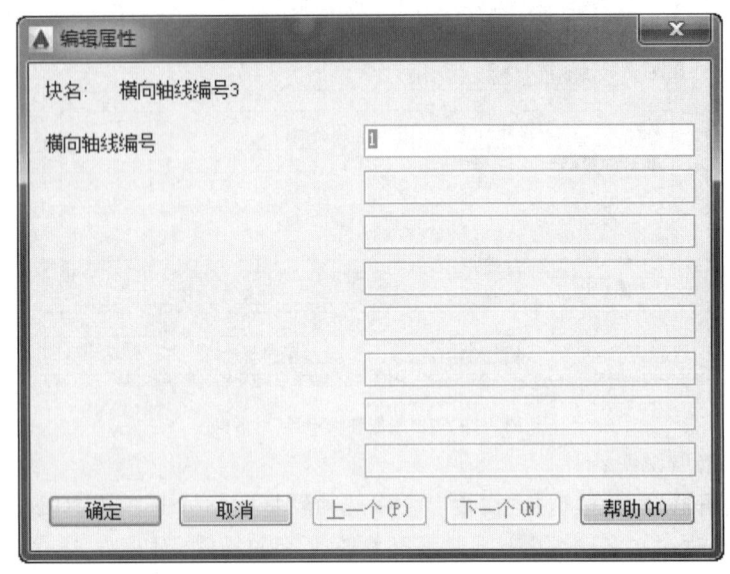

图4-31 "编辑属性"对话框

②块创建前的属性定义修改：通过属性定义为图形对象定义好了属性之后，在定义块之前，可以通过"编辑属性定义"对话框对属性的定义加以修改。

命令的启动方式：

①无命令状态下，双击属性标记。

②命令行："TEXTEDIT"✓。

③下拉菜单："修改"→"对象"→"文字"→"编辑"。

执行命令后命令行提示"选择注释对象或[放弃(U)]"，在此提示下选择要修改的属性定义，AutoCAD 2015将打开"编辑属性定义"对话框，如图4-32所示。使用"标记""提示""默认"文本框可以编辑块中定义的标记、提示及默认值属性。

图4-32 "编辑属性定义"对话框

习 题

操作题

1. 将如图 4-33 所示的指北针定义为外部图块。

提示：

（1）绘制指北针

使用"圆"命令、"多段线"命令，并借助对象捕捉功能，按建筑制图标准中对于指北针的尺寸要求绘制如图 4-33 所示指北针。

（2）定义外部图块

执行写块命令打开"写块"对话框，单击"拾取点"前的按钮，拾取指北针的顶点为基点，单击"选择对象"前的按钮，选择绘制好的指北针作为对象，在"文件名和路径"文本框中输入图块名称为"指北针"，并单击按钮选择保存路径，最后单击"确定"按钮保存即可。

图 4-33 指北针

2. 设置建筑标高图块，效果如图 4-34(a)所示，标高文字高为 350，预先设置字体样式，采用"仿宋_GB2312"字体。要求标高图块可以在插入图块时输入具体标高值，插入后效果如图 4-34(b)所示。

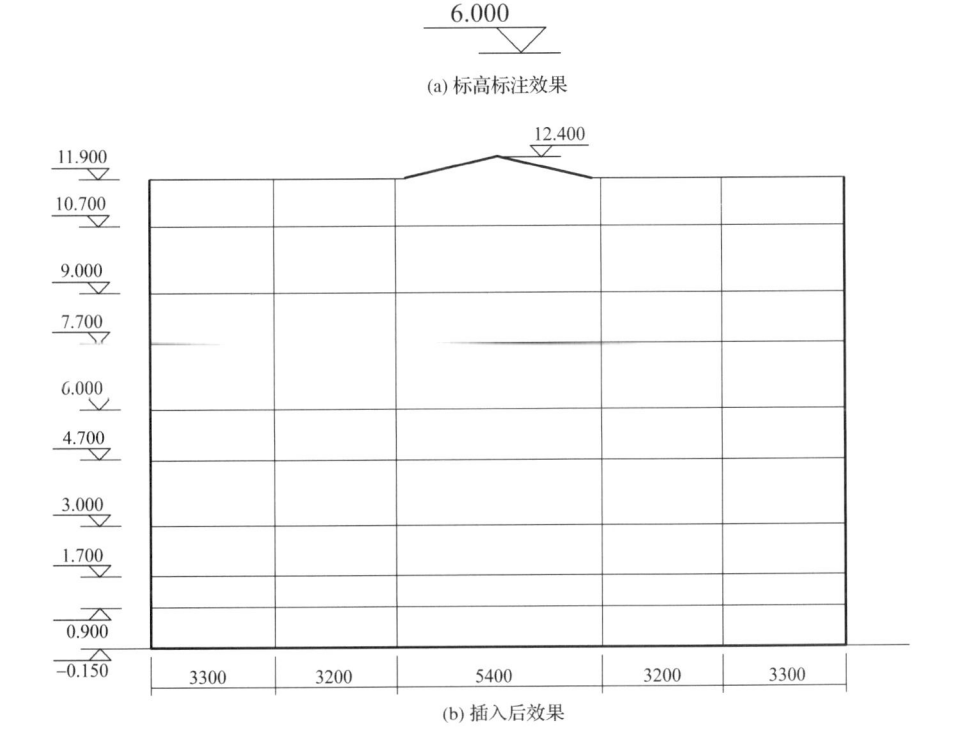

(a) 标高标注效果

(b) 插入后效果

图 4-34 标高的绘制

提示：

(1)应用"文字样式"命令(Style)，创建字高为350，宽度因子为0.67，字体为"仿宋_GB2312"的文字样式"G350"。

(2)应用"直线"命令(line)和偏移命令(offset)绘制房屋立面轮廓图。

(3)应用"直线"命令(line)绘制如图4-33(a)所示的标高符号，标高符号为等腰直角三角形，高度为300。

(4)应用"定义属性"命令(attdef)为标高符号图形添加"BG"属性值。

(5)使用"创建块"(block)或"写块"(wblock)命令将标高符号及其属性值"BG"定义为图块。

(6)使用"插入块"(insert)命令，并借助对象捕捉及对象捕捉追踪功能为房屋立面轮廓图标注标高。

第 5 章

尺寸标注

教学内容

尺寸标注的组成与规则

尺寸标注样式的创建

尺寸标注的编辑

教学重点与难点

尺寸标注的编辑

尺寸标注样式的创建

5.1 创建标注样式

5.1.1 尺寸的组成

一个完整的尺寸标注应由尺寸线、尺寸界线、尺寸起止符号和尺寸数字组成,如图5-1所示。尺寸的各组成部分的具体要求在建筑制图标准中都有严格的规定,须严格执行。

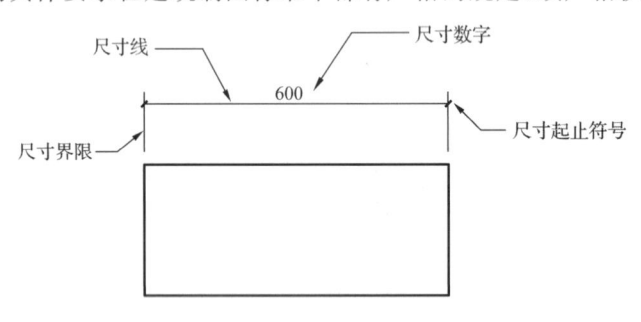

图5-1 尺寸的组成

5.1.2 创建标注样式

在AutoCAD 2015中,使用"标注样式"可以控制标注的格式和外观,建立强制执行的绘图标准,有利于对标注格式及用途进行修改。

【例5-1】 按照建筑制图标准的相关规定,创建名为"建筑"的尺寸标注样式。
(1)常用"标注样式"命令的启动方式如下:
①命令行:"DLMSTYLE"或"D"↙。
②下拉菜单:"格式"→" 标注样式"。
③功能区:"默认"选项卡→"注释"面板→" 标注样式"。
⑤功能区:"注释"选项卡→"标注"面板→" 标注样式"。
执行命令后弹出"标注样式管理器"对话框,如图5-2所示。

图5-2 "标注样式管理器"对话框

利用此对话框可方便直观地设置和浏览尺寸标注样式,包括建立新的标注样式、修改已存在的标注样式、设置当前尺寸标注样式、对样式进行重命名以及删除一个已存在的样式等。

(2)操作步骤如下:

①在"标注样式管理器"对话框中单击"新建"按钮,将弹出"创建新标注样式"对话框,如图5-3所示。在此对话框中的"新样式名"文本框输入"建筑";"基础样式"下拉列表用于选取创建新样式所基于的标注样式,"用于"下拉列表用于指定新尺寸标注样式的应用范围,选择系统默认选项即可。

②在"创建新标注样式"对话框中单击"继续"按钮,将弹出"新建标注样式"对话框,如图5-4所示。

图5-3 "创建新标注样式"对话框

图5-4 "新建标注样式"对话框

"新建标注样式"对话框主要操作选项说明:

a."线"选项卡

"线"选项卡由"尺寸线""尺寸界线"两个选项组组成。

在"尺寸线"选项组中,可以设置尺寸线的颜色、线型、线宽、超出标记以及基线间距等属性。

在"尺寸界线"选项组中,可以设置尺寸界线的颜色、线型、线宽、超出尺寸线的长度、起点偏移量、隐藏控制等属性。

b."符号和箭头"选项卡

"符号和箭头"选项卡可以设置箭头、圆心标记、折断标注、弧长符号、半径折弯标注和线性折弯标注的格式与位置。

"箭头"选项组:

"第一个"下拉列表：设置尺寸线的箭头类型。当改变第一个箭头的类型时，第二个箭头将自动改变以同第一个箭头相匹配。

"第二个"下拉列表：当两端箭头类型不同时，也可设置尺寸线的第二个箭头。

"引线"：设置引线箭头。

"箭头大小"：设置箭头大小。

"圆心标记"选项组：设置"圆心标记的样式"。

"折断标注"选项组：设置使用"标注打断"（Dimbreak）命令时交点处打断的大小。

"弧长符号"选项组：设置弧长符号的形式。

"半径折弯标注"选项组：设置折弯半径标注的折弯角度。

"线性折弯标注"选项组：用于控制线性标注折弯的显示。

c. "文字"选项卡

"文字"选项卡可设置标注文字的外观、位置和对齐方式。

"文字外观"选项组：设置文字的样式、颜色、高度和分数高度比例，以及控制是否绘制文字边框等，部分选项的功能说明如下：

"分数高度比例"文本框：设置标注文字中的分数相对于其他标注文字的比例，AutoCAD 2015 将该比例值与标注文字高度的乘积作为分数的高度。

"绘制文字边框"复选框：设置是否给标注文字加边框。

"文字位置"选项组：设置文字的垂直、水平位置以及从尺寸线偏移的量。

"文字对齐"选项组：设置标注文字是保持水平还是与尺寸线平行。

d. "调整"选项卡

"调整"选项卡可设置标注文字、尺寸线、尺寸箭头、引线的放置。

"调整选项"选项组：用于控制基于尺寸界线之间可用空间的文字和箭头的位置。

"文字位置"选项组：用于设置当文字不在默认位置时，从默认位置移动时标注文字的位置。

"标注特征比例"选项组：设置标注尺寸的特征比例，以便通过设置全局比例来增加或减少各标注的大小。

注："使用全局比例"文本框中的数值作为比例因子会缩放标注的文字和箭头的大小，但不改变标注的尺寸值。

"优化"选项组：对标注文本和尺寸线进行细微调整，该选项组包括以下两个复选框。

"手动放置文字"复选框：选中该复选框，则忽略标注文字的水平设置，在标注时可将标注文字放置在指定的位置。

"在尺寸界线之间绘制尺寸线"复选框：选中该复选框，当尺寸箭头放置在尺寸界线之外时，也可在尺寸界线之内绘制出尺寸线。

e. "主单位"选项卡

在"新建标注样式"对话框中，可以使用"主单位"选项卡设置主单位的格式与精度等属性。

"线性标注"选项组：设置线性标注的单位格式与精度。

"测量单位比例"选项组：使用"比例因子"文本框可以设置测量尺寸的缩放比例，AutoCAD 2015 的实际标注值为测量值与该比例的乘积。选中"仅应用到布局标注"复选框，可以设置该比例关系仅适用于布局。

"消零"选项组：设置是否显示尺寸标注中的"前导"和"后续"零。

"角度标注"选项组:可以使用"单位格式"下拉列表框设置标注角度时的单位,使用"精度"下拉列表框设置标注角度的尺寸精度,使用"消零"选项组设置是否消除角度尺寸的"前导"和"后续"零。

按照建筑制图标准中的相关规定,分别在"线""符号和箭头""文字""调整""主单位"选项卡中对尺寸线、尺寸界线、尺寸起止符号和尺寸数字进行设置。设置结果分别如图 5-5～图 5-9 所示。

图 5-5 "新建标注样式:建筑"线选项卡设置对话框

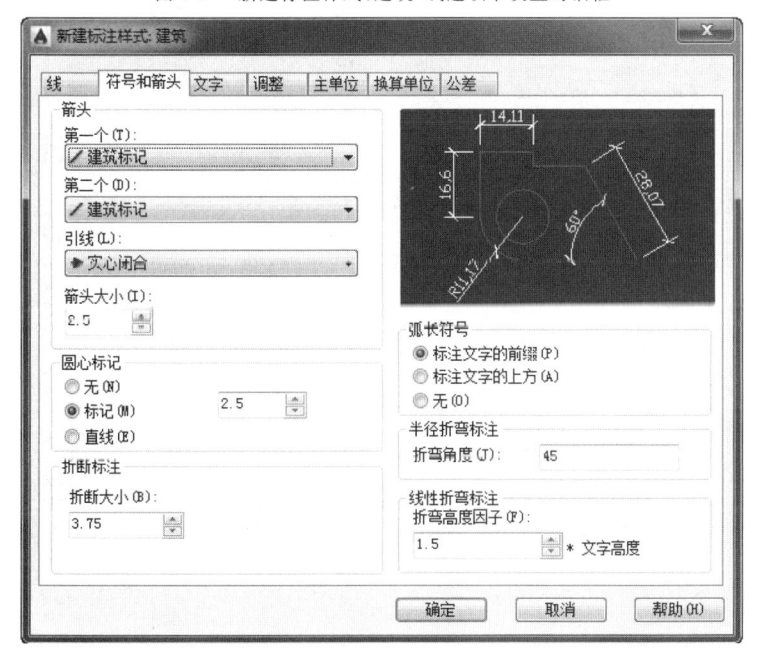

图 5-6 "新建标注样式:建筑"符号和箭头选项卡设置对话框

图 5-7 "新建标注样式:建筑"文字选项卡设置对话框

注:对于文字样式选项,如果用户已经创建过相关样式,直接单击下拉三角选择即可;如果没创建过,可以单击文字样式后的按钮 ,打开"文字样式"对话框创建所需样式。

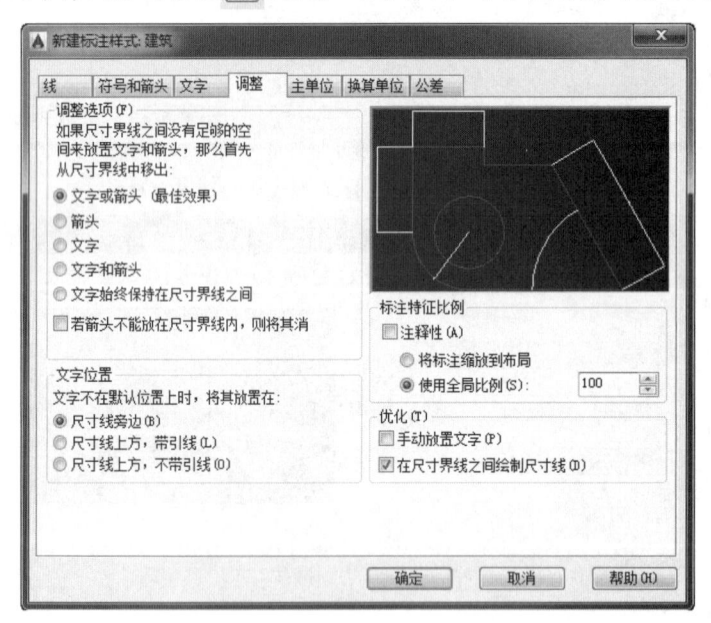

图 5-8 "新建标注样式:建筑"调整选项卡设置对话框

按照上述图 5-5～图 5-9 所示设置完成后,单击"确定"按钮即可完成"建筑"的尺寸标注样式创建,这时在"标注样式管理器"对话框"样式"列表中就有了一个名为"建筑"的标注样式,如图 5-10 所示。

图 5-9 "新建标注样式:建筑"主单位选项卡设置对话框

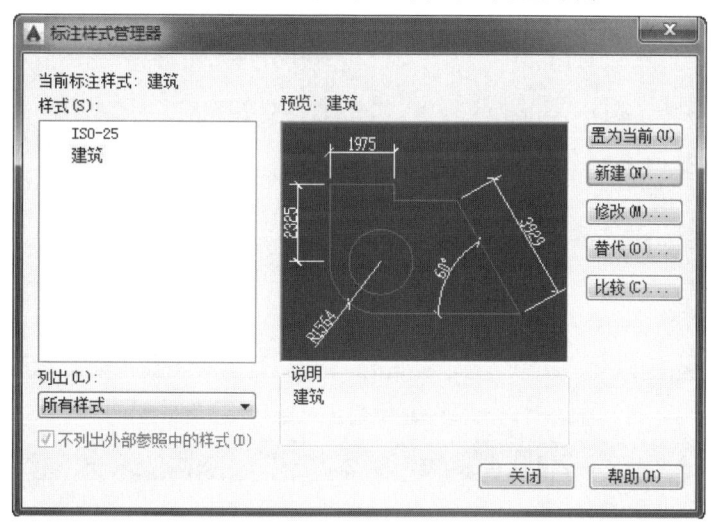

图 5-10 "建筑"标注样式创建结果对话框

5.1.3 创建标注样式的分样式

当将创建的某种"标注样式"设置为当前标注样式时,文件中的图形对象都将以该种样式进行标注,而有些图形中的标注类型可能不仅仅是一类,比如:某图形对象中除线性标注外,还有角度标注或半径标注。而在建筑制图中,角度标注的起止符号规定的是箭头,为了解决这一问题,用户就需建立某一种标注样式的分样式。

【例 5-2】 按照建筑制图标准的相关规定,在"建筑"的尺寸标注样式基础上创建名为"角度"的分样式。

操作步骤如下:

(1)在如图 5-10 所示"建筑标注样式"设置结果对话框选择"建筑"标注样式。

(2)单击"新建"按钮,这时将弹出"创建新标注样式"对话框,在"创建新标注样式"对话框中,在"基础样式"下拉列表中选择"建筑"标注样式,从"用于"下拉列表中选择需创建的分样式"角度标注",如图 5-11 所示。然后单击"继续"按钮,

此时"创建新标注样式"对话框隐藏,在"新建标注样式:建筑:角度"对话框箭头选项卡中选择尺寸起止符号为"实心闭合"的箭头,设置如图 5-12 所示。最后单击"确定"按钮,就完成了"角度标注"分样式的创建,如图 5-13 所示。

图 5-11 "创建新标注样式"对话框

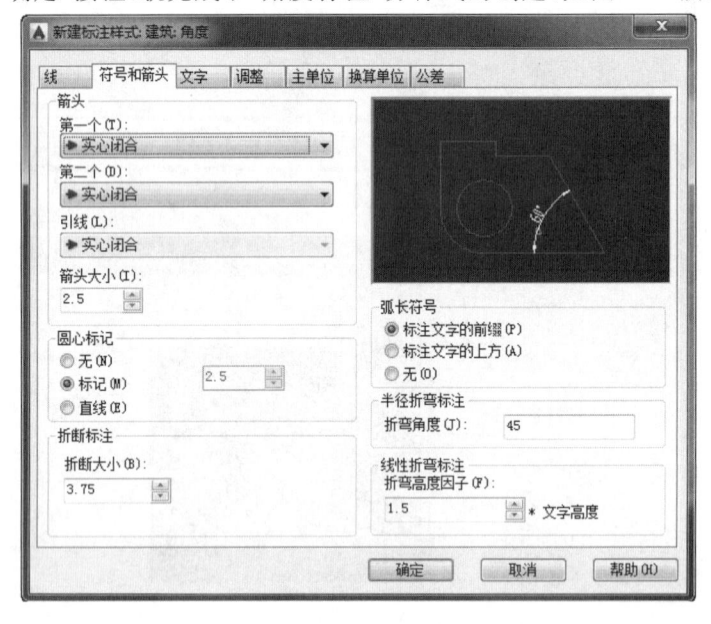

图 5-12 "新建标注样式:建筑:角度"设置对话框

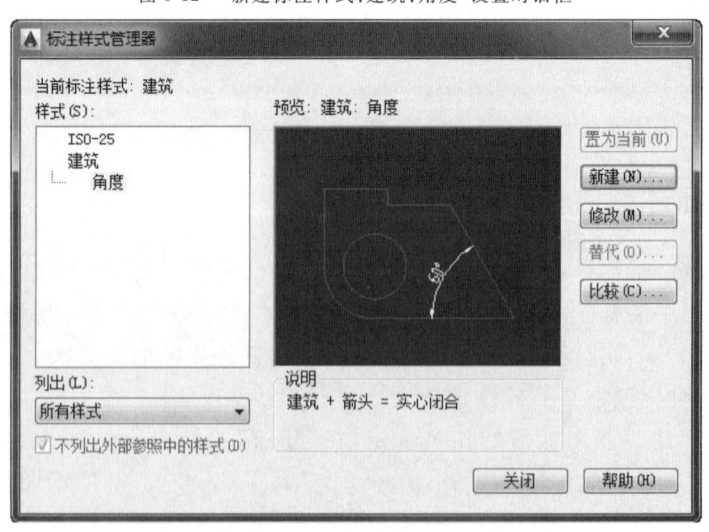

图 5-13 "角度标注"分样式创建结果对话框

5.2 常用的尺寸标注

完成标注样式的设置后,就可以使用各种尺寸标注工具进行尺寸标注了。标注中常用到的形式有:线性尺寸标注、对齐尺寸标注、角度尺寸标注、半径标注、直径标注、弧长标注、折弯标注、坐标标注、圆心标注、多重引线标注、基线标注、连续标注等,下面通过实例具体介绍其用法。

5.2.1 线性尺寸标注

线性尺寸标注是指标注对象在水平或垂直方向的尺寸。

【例5-3】 为如图5-14所示的矩形进行长、宽尺寸标注。

(1)常用线性尺寸标注命令的启动方式如下:

①命令行:"DIMLINEAR"或"DLI"↙。

②下拉菜单:"标注"→"线性"。

③功能区:"默认"选项卡→"注释"面板→"├─┤线性"。

④功能区:"注释"选项卡→"标注"面板→"├─┤线性"。

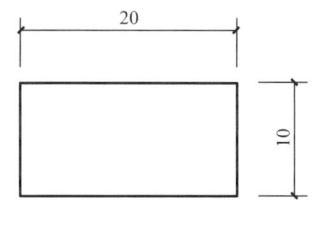

图5-14 线性尺寸标注实例

(2)操作步骤如下:

①在如图5-10所示"建筑标注样式"设置结果对话框中选择"建筑"标注样式,并置为当前标注样式。

②启动线性尺寸标注命令,根据命令行提示:

"捕捉第一个尺寸界线的原点或＜选择对象＞:"借助对象捕捉功能,捕捉矩形长边的一个端点。

再根据命令行提示:

"指定第二条尺寸界线原点",捕捉矩形长边的另一个端点。

此时系统自动测量标注两点之间的水平距离,用户只要在合适的位置单击即可确定尺寸线位置,完成矩形长边尺寸标注。

③再次启动线性尺寸标注命令,借助对象捕捉功能,使用同样的方法分别捕捉矩形宽边的两个端点进行宽边尺寸标注。标注结果如图5-14所示。

5.2.2 对齐尺寸标注

对齐尺寸标注是线性标注尺寸的一种特殊形式,在对直线段进行标注时,如果该直线的倾斜角度未知,那么使用线性标注方法将无法得到准确的测量结果,这时可以使用对齐标注,标注效果如图5-15所示。

【例5-4】 为如图5-15所示的三角形的斜边进行尺寸标注。

(1)常用对齐尺寸标注命令的启动方式如下:

①命令行:DIMALIGNED 或 DAL ↙。

②下拉菜单:"标注"→"对齐"。

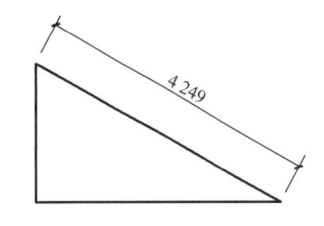

图5-15 对齐尺寸标注实例

③功能区:"默认"选项卡→"注释"面板→"⟵⟶ 对齐"。

④功能区:"注释"选项卡→"标注"面板→"⟵⟶ 对齐"。

(2)操作步骤如下:

①在如图 5-10 所示的"建筑标注样式"设置结果对话框中选择"建筑"标注样式。

②启动对齐尺寸标注命令,根据命令行提示:

"捕捉第一个尺寸界线的原点<选择对象>:"借助对象捕捉功能,捕捉三角形斜边的一个端点。

再根据命令行提示:

"指定第二条尺寸界线原点:",捕捉三角形斜边的另一个端点。

此时只要在合适的位置单击即可确定尺寸线位置,完成三角形的斜边的尺寸标注。

5.2.3 角度标注

角度标注是用来标注角度尺寸的。可以标注圆弧对应的圆心角、两条不平行直线之间的角度(两直线相交或延长线相交均可)。

【例 5-5】 为如图 5-16 所示的角进行角度标注。

(1)常用角度标注命令的启动方式如下:

①命令行:"DIMANGULAR"或"DAN"↙。

②下拉菜单:"标注"→"角度"。

③功能区:"默认"选项卡→"注释"面板→"角度"。

④功能区:"注释"选项卡→"标注"面板→"角度"。

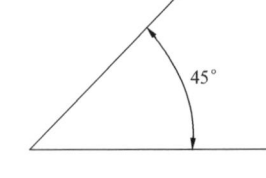

图 5-16 角度标注实例

(2)操作步骤如下:

①按照例 5-2 所述方法建立"建筑-角度"标注分样式,并置为当前标注样式。

②启动角度标注命令,根据命令行提示。

"选择圆弧、圆、直线<指定顶点>:",此时单击选择角的其中一条边。

"选择第二条直线:",此时单击选择角的另外一条边。

选择完成后,命令行继续提示:

"指定标注弧线位置或[多行文字(M)文字(T)角度(A)象限点(Q)]:",此时用鼠标在合适的位置单击完成角度标注,效果如图 5-16 所示。

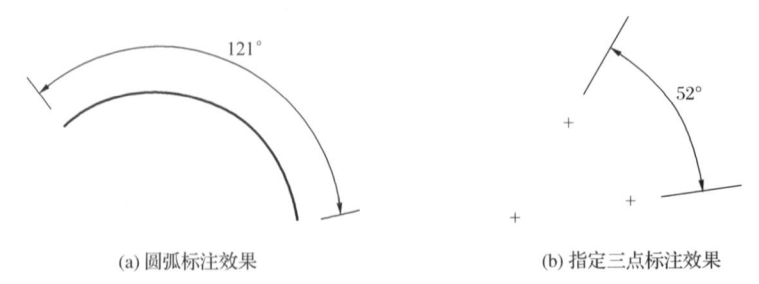

(a) 圆弧标注效果   (b) 指定三点标注效果

图 5-17 角度标注的其他形式

注：

①当选择"多行文字(M)"或"文字(T)"选项输入角度值时,要在数字后输入"%%d"代替角度符号"°"。

②如果要标注圆弧,可以直接在命令行提示"选择圆弧、圆、直线＜指定顶点＞:"时选择圆弧;要标注三点间的角度,可以在命令行提示"选择圆弧、圆、直线＜指定顶点＞:"时按"Enter"键,然后指定角的顶点,再指定其余两点完成标注。

5.2.4 半径标注

半径标注用来标注圆或圆弧的半径,在标注文字前加半径符号 R 表示。

【例 5-6】 为图 5-18 所示的圆进行半径标注。

(1)常用半径标注命令的启动方式如下:

①命令行:"DIMRADIUS"或"DRA"↙。

②下拉菜单:"标注"→"半径"。

③功能区:"默认"选项卡→"注释"面板→"⌒半径"。

④功能区:"注释"选项卡→"标注"面板→"⌒半径"。

图 5-18 半径标注实例

(2)操作步骤如下:

①按照例 5-2 所述方法建立"建筑－半径"标注分样式,并置为当前标注样式。

②启动半径标注命令,根据命令行提示:

"选择圆弧或圆:",此时单击要标注的圆,系统会自动测出圆的半径,命令行继续提示:

"指定尺寸线位置或[多行文字(M)文字(T)角度(A)]:",此时在合适的位置单击完成半径标注,效果如图 5-18 所示。

5.2.5 直径标注

直径标注用来标注圆或圆弧的直径,在标注文字前加直径符号 ϕ 表示。

【例 5-7】 为图 5-19 所示的圆进行直径标注。

(1)常用直径标注命令的启动方式如下:

①命令行:"DIMDIAMETER"或"DDI"↙。

②下拉菜单:"标注"→"直径"。

③功能区:"默认"选项卡→"注释"面板→"⌒直径"。

④功能区:"注释"选项卡→"标注"面板→"⌒直径"。

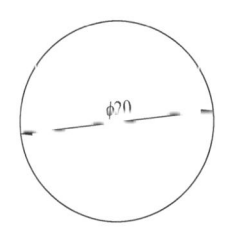

图 5-19 直径标注实例

(2)操作步骤如下:

①按照例 5-2 所述方法建立"建筑-直径"标注分样式,并置为当前标注样式。

②启动直径标注命令,根据命令行提示:

"选择圆弧或圆:",此时单击要标注的圆,系统会自动测出圆的直径,命令行继续提示:

"指定尺寸线位置或[多行文字(M)文字(T)角度(A)]:",此时在合适的位置单击完成直径标注,效果如图 5-19 所示。

注:

①对于半径和直径标注分样式的创建,要在"新建标注样式"对话框中,在"调整"选项中选择"箭头"或"文字和箭头"选项,标注时才能显示最佳效果。

②当选择"多行文字(M)"或"文字(T)"选项,输入直径时,要在数字前输入"%%c"代替直径符号"φ"。

5.2.6 弧长标注

弧长标注用于标注圆弧的长度,在标注文字前方或上方用弧长标记"⌒"表示。

【例 5-8】 为图 5-20 所示的圆弧进行弧长标注。

(1)常用弧长标注命令的启动方式如下:

①命令行:"DIMARC"或"DAR"↙。

②下拉菜单:"标注"→"弧长"。

③功能区:"默认"选项卡→"注释"面板→" 弧长"。

④功能区:"注释"选项卡→"标注"面板→" 弧长"。

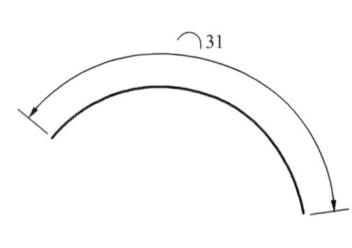

图 5-20 弧长标注实例

(2)操作步骤如下:

启动弧长标注命令,根据命令行提示:

"选择弧线段或多线段圆弧段:",此时单击所要标注的圆弧,命令行继续提示:

"指定弧长标注位置或[多行文字(M)文字(T)角度(A)部分(P)]:",此时在合适的位置单击指定弧长标注的位置即可,效果如图 5-20 所示。

5.2.7 折弯标注

有些图形中圆弧或圆的圆心无法在其实际位置显示,这些圆弧的圆心甚至在整张图纸之外,此时就可以对其进行折弯标注。折弯标注圆和圆弧的半径,与半径标注方法基本相同,但需要指定一个位置代替圆或圆弧的圆心。

【例 5-9】 为图 5-21 所示的圆弧进行折弯标注。

(1)常用折弯标注命令的启动方式如下:

①命令行:"DIMJOGGED"或"DJO"↙。

②下拉菜单:"标注"→"折弯"。

③功能区:"默认"选项卡→"注释"面板→" 折弯"。

④功能区:"注释"选项卡→"标注"面板→" 折弯"。

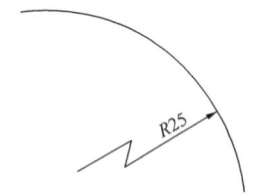

图 5-21 折弯标注实例

(2)操作步骤如下:

启动折弯标注命令,根据命令行提示:

"选择圆弧或圆:",此时单击要折弯标注的圆弧,命令行继续提示:

"指定图示中心位置:","中心位置"即折弯标注的尺寸线起点。选择中心位置后,命令行继续提示:

"指定尺寸线位置或[多行文字(M)文字(T)角度(A)]:",此时用鼠标指定尺寸线的位置,命令行继续提示:

"指定折弯位置:",此时用鼠标指定折弯位置,完成折弯标注,效果如图5-21所示。

5.2.8 坐标标注

坐标标注是测量基准点到特征点的垂直距离,默认的基准点为当前坐标原点。坐标标注由X或Y值和引线组成。X基准点坐标标注沿X轴测量特征点与基准点的距离,尺寸线和标注文字为垂直方向;Y基准点坐标标注沿Y轴测量特征点与基准点的距离,尺寸线和标注文字为水平方向。

【例5-10】 为图5-22所示的点进行坐标标注。

(1)常用坐标标注命令的启动方式如下:

①命令行:"DIMORDINATE"或"DOR"↙。

②下拉菜单:"标注"→"坐标"。

③功能区:"默认"选项卡→"注释"面板→" 坐标"。

④功能区:"注释"选项卡→"标注"面板→" 坐标"。

(2)操作步骤如下:

启动坐标标注命令,根据命令行提示:

"指定坐标点:",此时用鼠标选择要标注的点,命令行继续提示:

"指定引线端点或[X基准(X)Y基准(Y)多行文字(M)文字(T)角度(A)]:",此时在垂直方向拉出引线标注出X坐标值。

再次启动坐标标注命令,同样的方法标注Y坐标值。效果如图5-22所示。

注:操作选项部分说明:

①默认选项:"指定引线端点"即指定标注文字的位置,AutoCAD 2015通过自动计算点坐标和引线端点的坐标差确定它是X坐标标注还是Y坐标标注。如果Y坐标的坐标差较大,标注就测量X坐标,否则就测量Y坐标。

②"X基准(X)":确定为测量X坐标并确定引线和标注文字的方向。

③"Y基准(Y)":确定为测量Y坐标并确定引线和标注文字的方向。

图5-22 坐标标注实例

5.2.9 圆心标注

圆心标注用于标注圆和圆弧的圆心。

【例5-11】 为图5-23所示的圆进行圆心标注。

(1)常用圆心标注命令的启动方式如下:

①命令行:"DIMCENTER"或"DCE"↙。

②下拉菜单:"标注"→"圆心"。

(2)操作步骤如下:

启动圆心标注命令,根据命令行提示:

"选择圆弧或圆:",此时单击所要标注的圆弧或圆即可。

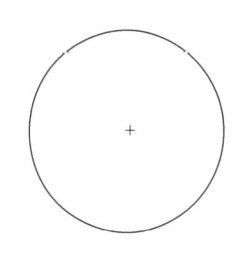

图5-23 圆心标注实例

注：圆心标注之前要先设置好"点样式"，圆心标注的外观可以通过"新建/修改标注样式"对话框的"符号和箭头"选项卡中的"圆心标记"选项组进行设置。

5.2.10 多重引线标注

多重引线标注可用来标注文字注释、图号、编号等。引线对象通常包括箭头、可选的水平基线、引线或曲线、多行文字对象或块。可以从图形中的任意点或部件创建引线并在绘制时控制其外观，引线可以是直线或平滑的样条曲线。

【例 5-12】 创建如图 5-24 所示的多重引线标注。

(1) 常用多重引线标注命令的启动方式如下：
① 命令行："MLEADER"↙。
② 下拉菜单："标注"→"多重引线"。
③ 功能区："默认"选项卡→"注释"面板→"引线"。
④ 功能区："注释"选项卡→"标注"面板→"多重引线"。

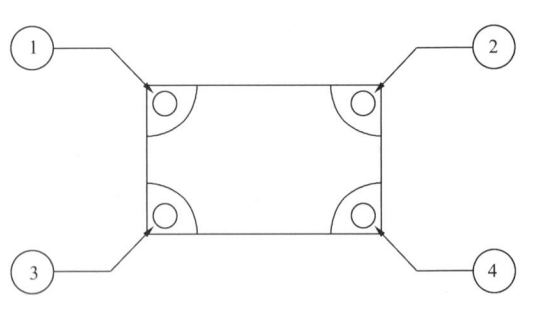

图 5-24 多重引线标注实例

(2) 操作步骤如下：
① 选择菜单栏"格式"→"多重引线样式"命令。
② 在弹出的"多重引线样式管理器"对话框中选中"Standard"样式。单击"新建"按钮，在弹出的"创建新多重引线样式"对话框的"新样式名"文本框中输入名称"序号标注"，如图 5-25 所示。单击"继续"按钮打开"修改多重引线样式：序号标注"对话框。

图 5-25 设置多重引线样式名称

③ 切换到"引线结构"选项卡，按图 5-26 所示进行相应设置。

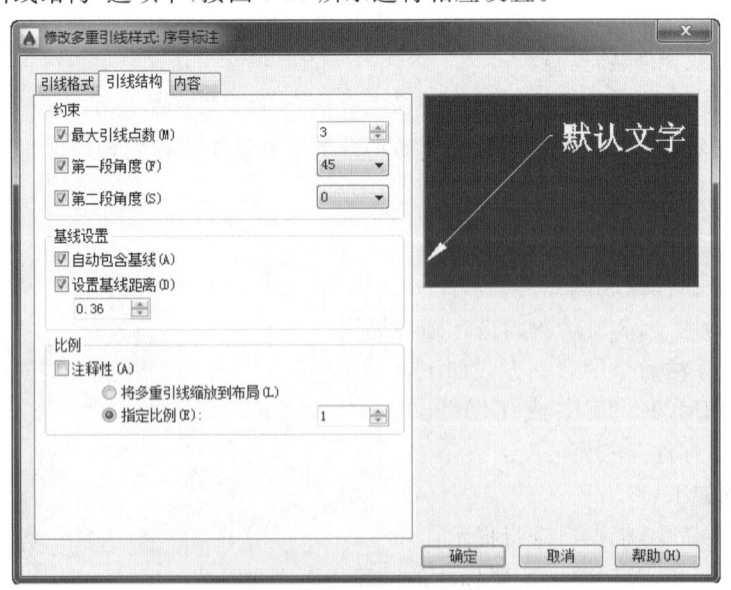

图 5-26 设置"引线结构"选项卡

④切换到"内容"选项卡,选择"多重引线类型"为"块",选择"源块"为"圆",如图 5-27 所示。

图 5-27　设置"内容"选项卡

⑤单击"确定"按钮,回到"多重引线样式管理器"对话框中。系统默认将新建"序号标注"置为当前,此时单击"关闭"按钮。

⑥启动"多重引线"命令,根据命令行提示:

"指定引线箭头位置或[引线基线优先(L)内容优先(C)选项(O)]＜选项＞:"

此时参照图 5-24 单击序号 1 所示的箭头位置处,命令行继续提示:

"指定引线基线的位置:",此时参照图 5-24 指定引线的位置。在弹出的"编辑属性"对话框中输入标记编号"1",单击"确定"按钮,如图 5-28 所示。

图 5-28　"编辑属性"对话框

⑦按照同样的方法标注序号"2""3""4"即可。完成效果如图 5-24 所示。

注：AutoCAD 2015 的"默认"选项卡"注释"面板，"注释"选项卡的"引线"面板提供了"添加引线""删除引线""对齐""合并"4 个编辑工具，如图 5-29 所示。

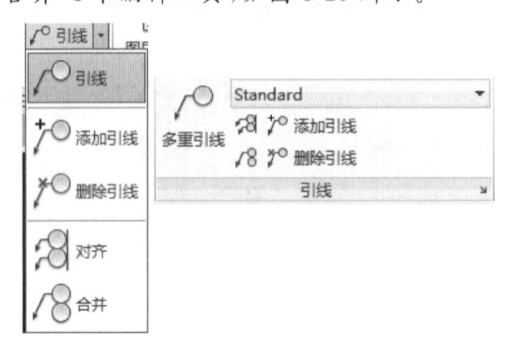

图 5-29　多重引线编辑工具

各按钮的功能如下：
①"添加引线"：将一个或多个引线添加至选定的多重引线对象。
②"删除引线"：从选定的多重引线对象中删除引线。
③"对齐"：将各个多重引线对齐。
④"合并"：将内容为多块的多重引线合并到一个基线。

5.2.11　基线标注

"基线标注"是将上一个标注的基线或指定的基线作为标注基线，执行连续的"基线标注"，所有的"基线标注"共用一条基线。在进行基线标注之前，必须先创建（或选择）一个线性、坐标或角度标注作为基准标注，以确定连续标注所需要的前一尺寸标注的尺寸界线，然后执行基线标注命令。

【例 5-13】　为图 5-30 所示的线段进行基线标注。

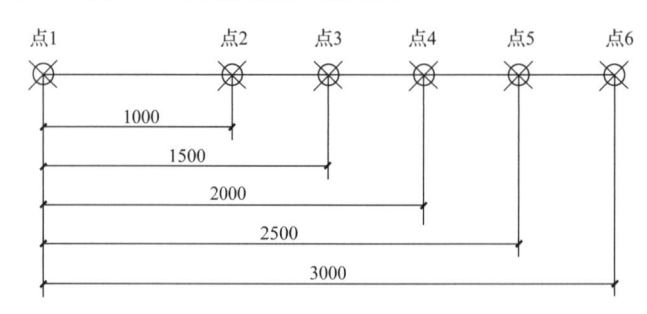

图 5-30　基线标注实例

(1) 常用基线标注命令的启动方式如下：
①命令行："DIMBASELINE" ↙。
②下拉菜单："标注"→"基线"。
③功能区："注释"选项卡→"标注"面板→"基线"。

微课 39

基线标注、连续标注、快速标注

(2)操作步骤如下：

①如图 5-10 所示的"建筑标注样式"设置结果对话框选择"建筑"标注样式，并置为当前标注样式。

②启动"线性标注命令"，根据命令行提示分别选择点 1、点 2，标注出点 1、点 2 之间的尺寸。

③启动"基线标注命令"，根据命令行提示：

"指定第二条尺寸界线原点或[放弃(U)选择(S)]<选择>："，此时依次单击点 3、点 4、点 5、点 6 进行基线标注，按"Esc"键或按两次"Enter"键结束命令。效果如图 5-30 所示。

注：基线标注时，基线之间的间距是在"新建标注样式"对话框中的"线"选项卡——"基线间距"中进行设置，建筑制图标准中对于基线间的距离要求是 7 mm～10 mm。设置如图 5-15"建筑标注样式"线设置对话框所示。

5.2.12 连续标注

"连续标注"方式可以在执行一次标注命令后，在图形的同一方向连续标注多个尺寸，和基线标注一样，在进行连续标注之前，必须先创建（或选择）一个线性坐标或角度标注作为基准标注，以确定连续标注所需要的前一尺寸标注的尺寸界线。

【**例 5-14**】 为图 5-31 所示的线段进行连续标注。

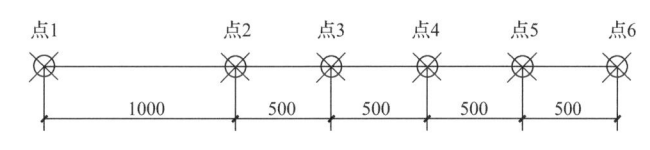

图 5-31 连续标注实例

(1)常用连续标注命令的启动方式如下：

①命令行："DIMCONTINUE"或"DCO"✓。

②下拉菜单："标注"→"┤┤┤连续"。

③功能区："注释"选项卡→"标注"面板→"连续"。

(2)操作步骤如下：

①在图 5-10"建筑标注样式"设置结果对话框选择"建筑"标注样式，并置为当前标注样式。

②启动"线性标注命令"，根据命令行提示分别选择点 1、点 2，标注出点 1、点 2 之间的尺寸。

③启动"连续标注命令"，根据命令行提示：

"指定第二条尺寸界线原点或[放弃(U)选择(S)]<选择>："，此时依次单击点 3、点 4、点 5、点 6 进行连续标注，按"Esc"键或按两次"Enter"键结束命令。效果如图 5-31 所示。

5.2.13 快速标注

AutoCAD 2015 将常用标注综合成了一个方便的"快速标注"命令，执行该命令时，不再需要确定尺寸界线的起点和终点，它通过选择图形对象本身来执行一系列的尺寸标注。当标注多个圆、圆弧的直径或半径时，"快速标注"显得十分有效。

【例 5-15】 采用快速标注命令为图 5-32 所示的各图形进行相应尺寸标注。

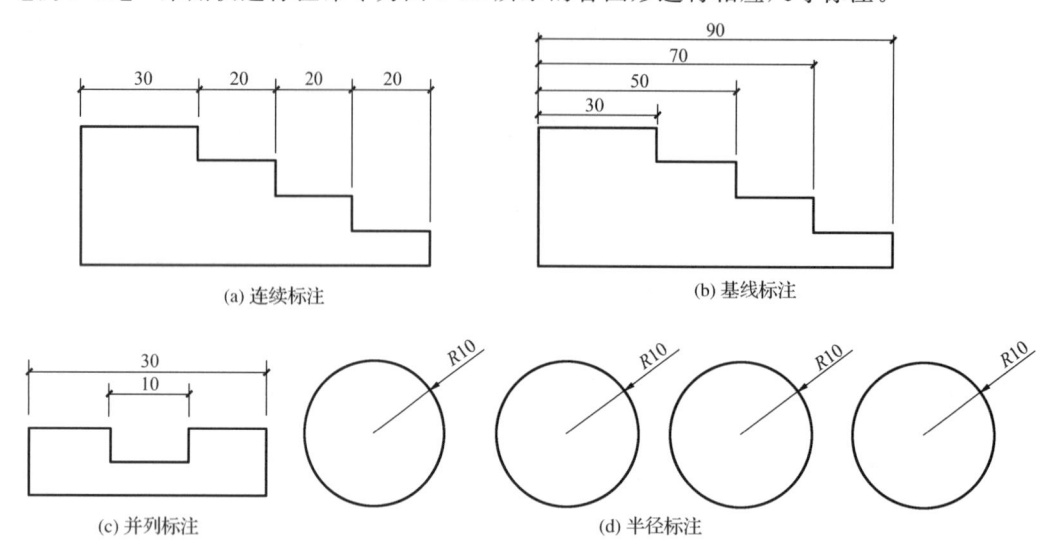

(a) 连续标注

(b) 基线标注

(c) 并列标注

(d) 半径标注

图 5-32 快速标注实例

(1) 常用快速标注命令的启动方式如下：
①命令行："QDIM"或"QD"↙。
②下拉菜单："标注"→"快速标注"。
③功能区："注释"选项卡→"标注"面板→" 快速标注"。

(2) 操作步骤如下：
①在如图 5-10"建筑标注样式"设置结果对话框选择"建筑"标注样式，并置为当前标注样式。
②启动"快速标注命令"，根据命令行提示：
"选择要标注的几何图形："
此时采用窗口选择法选中如图 5-32(a)的图形。命令行继续提示：
"指定尺寸线位置或[连续(C)/并列(S)/基线(B)/坐标(O)/半径(R)/直径(D)/基准点(P)/编辑(E)/设置(T)]<连续>："
此时执行默认选项"连续"，并指定尺寸线位置，即可完成连续标注，效果如图 5-32(a)所示。
③同样的方法选中如图 5-32(b)图形，选择"基线(B)"选项，完成"基线标注"；选中如图 5-32(c)图形，选择"并列(S)"选项，完成"并列标注"；选中图 5-32(d)图形，选择"半径(R)"选项，完成"半径标注"。效果分别如图 5-32(b)～图 5-32(d)所示。

注：使用该命令还可以进行"坐标(O)""直径(D)"等标注。

5.3 尺寸标注的编辑

尺寸标注之后，如果需要改变尺寸线的位置、尺寸数字的大小等，就需要使用尺寸编辑命令。尺寸编辑包括样式的修改和单个尺寸对象的修改。通过修改尺寸样式，可以全部修改用该样式标注的尺寸。还可以用另外一种样式标注的尺寸，即标注更新。

5.3.1 标注更新

要修改用某一种样式标注的所有尺寸,用户在"标注样式管理器"对话框中修改这种标注样式即可。用这种标注样式标注的尺寸可以进行统一修改。

如果要使用当前样式更新所选尺寸,就可以用到标注更新命令。

【例 5-16】 为如图 5-33(a)中的线性尺寸标注样式改为例 5-1 创建的"建筑"标注样式,如图 5-33(b)所示。

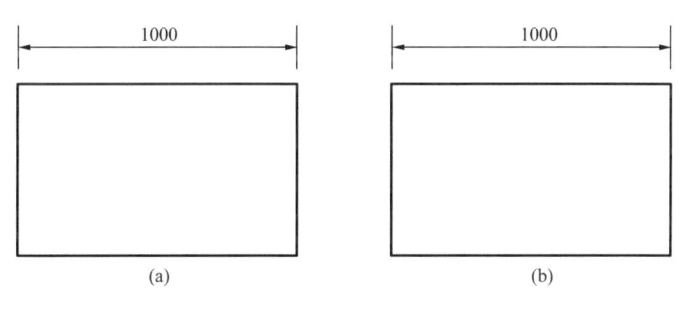

图 5-33 标注更新实例

(1)常用标注更新命令的启动方式如下:
①下拉菜单:"标注"→"更新"。
②功能区:"注释"选项卡→"标注"面板→" 更新"。
(2)操作步骤如下:

选择"建筑"标注样式为当前标注样式,然后启动"更新"命令,命令行提示:"选择对象:",此时选择要更新如图 5-33(a)所示的线性尺寸标注,即可完成更新,效果如图 5-33(b)所示。

5.3.2 其他编辑工具

如图 5-34 所示,在功能区"注释"选项卡→"标注"面板中,AutoCAD 2015 还提供了一系列标注编辑工具,现将各工具的功能介绍如下:

(1)"打断"工具 :用于在尺寸线、尺寸界线与几何对象或其他标注相交的位置将其打断。

(2)"调整间距"工具 :用于自动调整平行的线性标注和角度标注之间的间距,或者根据指定的间距值进行调整。

图 5-34 "标注"面板

(3)"折弯标注"工具 :可在线性标注或对齐标注中添加或删除折弯线。

(4)"检验"工具 :选择此工具,弹出"检验标注"对话框,可以让用户在选定的标注中添加或删除检验标注。

(5)"重新关联"工具 :使用此工具,可将选定的标注关联重新关联至某个对象或该对象上的点。

(6)"倾斜"工具 ⊢⊣：使用此工具，可以调整线性标注尺寸界线的倾斜角度。

(7)"文字角度"工具 ：使用此工具，可以移动和旋转标注文字并重新定位尺寸线。

(8)"左对正" 、"居中对正" 、"右对正" ：分别使标注文字与左侧尺寸界线对齐、居中、与右侧尺寸界线对齐。

(9)"替代"工具 ：使用此工具，可以控制选定标注中使用的系统变量的替代值。

注：除以上介绍的尺寸标注编辑命令外，AutoCAD 2015 还可以启动"特性"对话框编辑尺寸标注。

习 题

操作题

按照图示要求为如图 5-35 所示的图形进行相应尺寸标注。

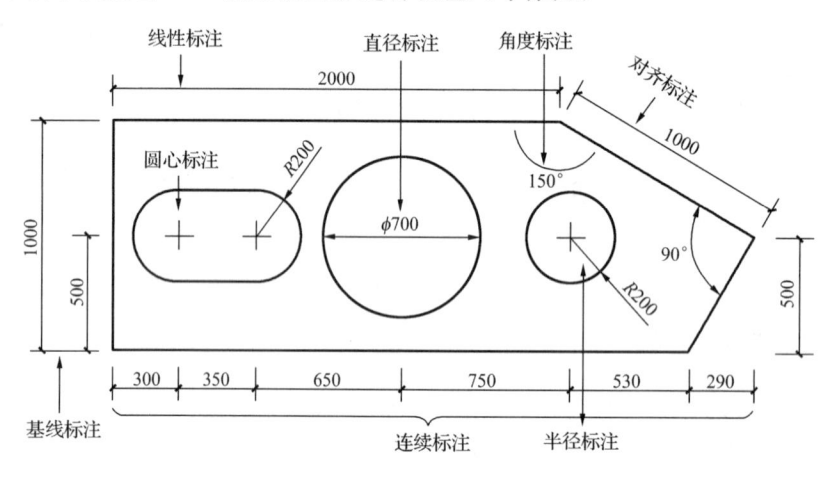

图 5-35　尺寸标注

操作步骤提示：

(1)执行"文字样式"命令，在打开的"文字样式"对话框中创建合适文字样式，用于尺寸标注。

(2)执行"标注样式"命令，在打开的"标注样式管理器"对话框按照本章所讲的内容设置标注样式及半径标注、直径标注、角度标注分样式。

(3)执行"尺寸标注"命令进行对应尺寸标注。

第6章 建筑施工图绘制实例

教学内容

　　平面图的绘制
　　立面图的绘制
　　楼梯剖面图的绘制

教学重点与难点

　　平面图、立面图、楼梯剖面图的绘制

6.1 平面图的绘制

【例 6-1】 绘制如图 6-1 所示的标准层平面图。

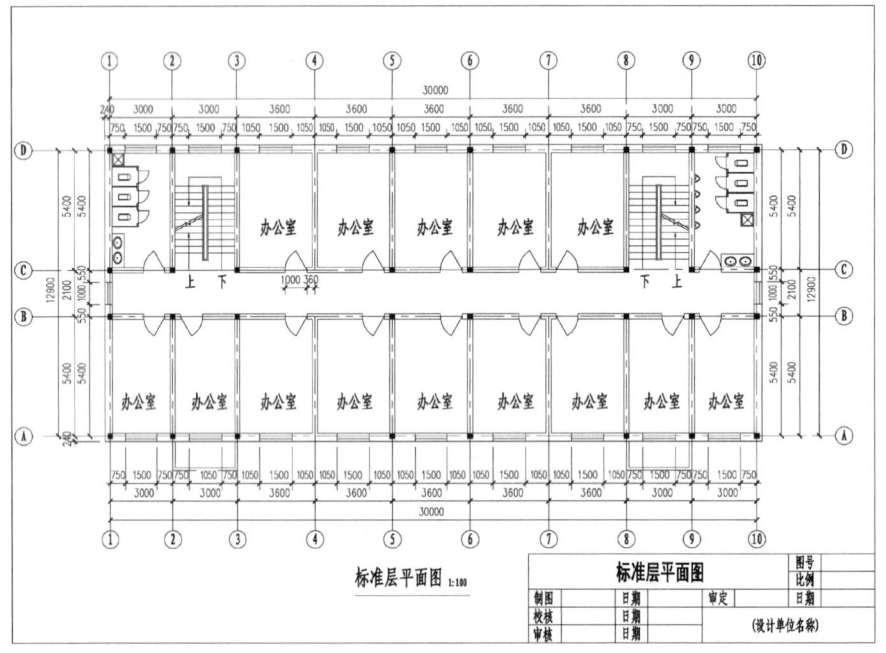

图 6-1 标准层平面图

绘图步骤：

1. 设置图形界限

以 A3 图纸为例：

命令：LIMITS✓

指定左下角点或 [开(ON)/关(OFF)] <0.0000,0.0000>：✓

指定右上角点 <420.0000,297.0000>：42000,29700✓

2. 创建图层

命令：LAYER✓

启动图层命令后，图层设置如图 6-2 所示。

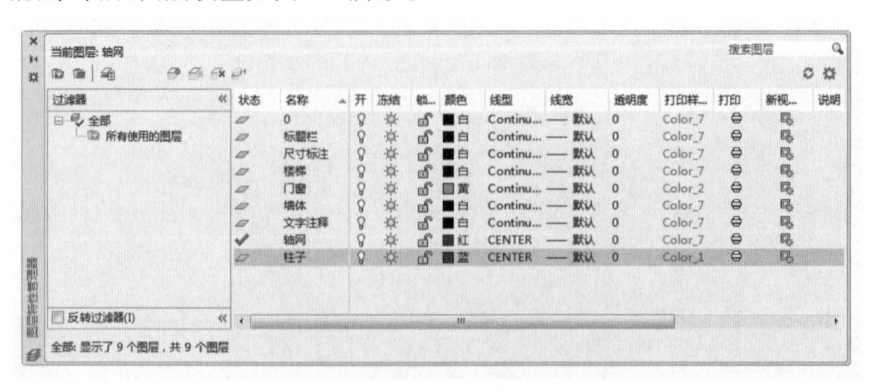

图 6-2 图层设置

3. 绘制图框及标题栏

(1)绘制图纸边界

应用"矩形"命令绘制。

命令：RECTANG↙

指定第一个角点或［倒角(C)/标高(E)/圆角(F)/厚度(T)/宽度(W)］：0,0

指定另一个角点或［面积(A)/尺寸(D)/旋转(R)］：42000,29700

(2)绘制图框

应用"偏移(O)"命令和"拉伸(ST)"命令绘制图框。

命令：OFFSET↙

指定偏移距离或［通过(T)/删除(E)/图层(L)］＜通过＞：500↙

选择要偏移的对象，或［退出(E)/放弃(U)］＜退出＞：　　//选择所绘矩形

指定向哪侧偏移：　　　　　　　　　　　　　　　//单击矩形内部任意点

选择要偏移的对象，或［退出(E)/放弃(U)］＜退出＞：↙

命令：STRETCH↙

以交叉窗口或交叉多边形选择要拉伸的对象：//以交叉窗口方式选择偏移后矩形的左边线

选择对象：↙

指定基点或［位移(D)］＜位移＞：//选择矩形的左上角点作为基点

指定第二个点或＜使用第一个点作为位移＞：2000↙　　　　//打开"正交"模式

绘制结果如图6-3所示。

图6-3　绘制图框

(3)绘制标题栏

应用"矩形"命令(rectang)、"分解"命令(explode)、"偏移"命令(offset)及"修剪"命令(trim)绘制如图6-4所示的标题栏。

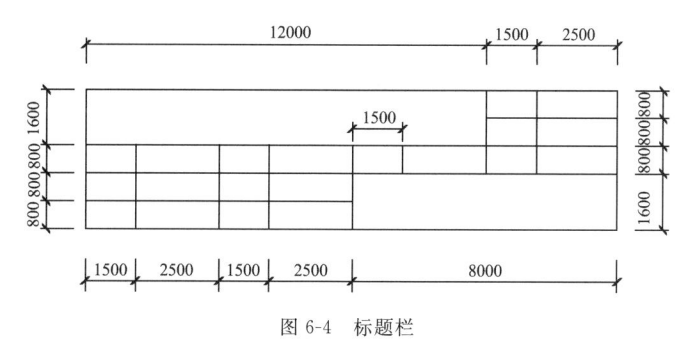

图6-4　标题栏

命令：RECTANG↙
指定第一个角点或［倒角(C)/标高(E)/圆角(F)/厚度(T)/宽度(W)］：
　　　　　　　　　　　　　　　　　　　　　　　//在绘图区域任意单击一点
指定另一个角点或［面积(A)/尺寸(D)/旋转(R)］：@16000,4000
命令：EXPLODE↙
选择对象：//选择所绘矩形
选择对象：↙
命令：OFFSET↙
指定偏移距离或［通过(T)/删除(E)/图层(L)］<通过>:800
选择要偏移的对象，或［退出(E)/放弃(U)］<退出>：//选择矩形上边线
指定要偏移的那一侧上的点，或［退出(E)/多个(M)/放弃(U)］<退出>：
　　　　　　　　　　　　　　　　　　　　　　　//在矩形内部任意单击一点
使用同样方法完成标题栏内其他图线的偏移。
应用修剪命令修剪掉多余线条。
应用移动命令(move)将标题栏移动到图框左下角。
命令：MOVE↙
选择对象：　　　　　　　　　　　　　　　//选择标题栏所有对象
选择对象：↙
指定基点或［位移(D)］<位移>：　　　　　//选择标题栏右下角点作为基点
指定第二个点或<使用第一个点作为位移>：　//选择图框右下交点
结果如图 6-5 所示。

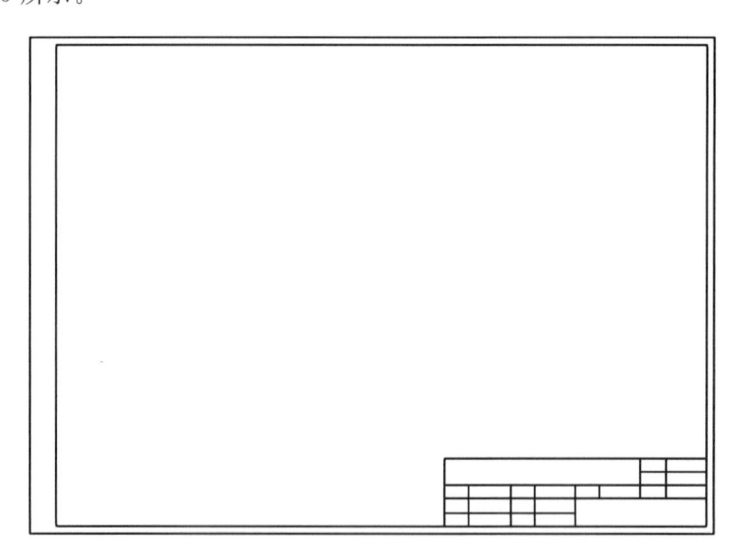

图 6-5　图框及标题栏效果图

注：可应用外部图块命令(wblock)将该图框定义成外部图块，方便今后绘图使用。

4. 绘制轴线

应用"构造线"命令绘制轴线。
命令：XLINE↙
指定点或［水平(H)/垂直(V)/角度(A)/二等分(B)/偏移(O)］：H↙
指定通过点：　　　　　　　　　　　　　　//单击鼠标左键在绘图区域确定一

指定通过点： // 点，绘制出水平线轴线 A
命令：XLINE↙ // 按"Esc"键退出命令
指定点或［水平(H)/垂直(V)/角度(A)/二等分(B)/偏移(O)］：V↙
指定通过点： // 单击鼠标左键在绘图区域确定一点，绘制出垂直轴线 1
指定通过点： // 按"Esc"键退出命令

通过构造线"偏移(O)"命令并依据图 6-1 所示的轴线间尺寸完成轴网的绘制，绘制结果如图 6-6 所示。

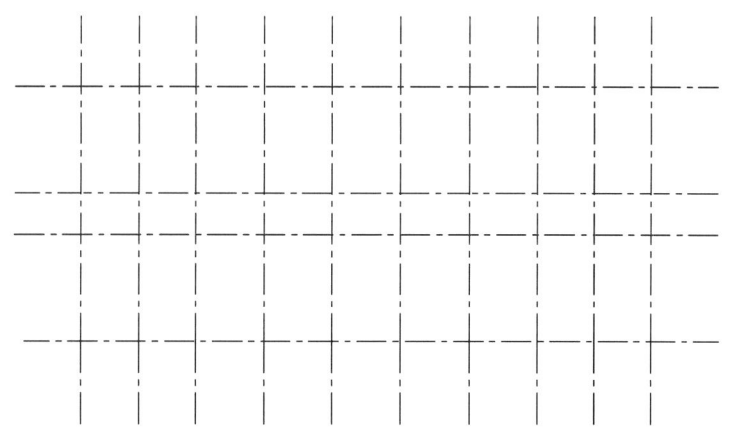

图 6-6 绘制轴线

注：选择"点划线"，并且要修改"全局比例因子"。

5. 绘制墙体

应用"多线"命令绘制墙体。

设定多线样式。

命令：MLSTYLE↙。

启动命令后，弹出"新建多线样式"对话框，如图 6-7 所示。

图 6-7 "新建多线样式"对话框

按照图 6-8、图 6-9 所示分别设置外墙及内墙相关参数。

图 6-8　外墙设置

图 6-9　内墙设置

绘制墙体命令为：
命令：MLINE✓
当前设置：对正＝上，比例＝20.00，样式＝STANDARD
指定起点或［对正(J)/比例(S)/样式(ST)］：J✓
输入对正类型［上(T)/无(Z)/下(B)］＜上＞：Z✓
指定起点或［对正(J)/比例(S)/样式(ST)］：S✓
输入多线比例＜20.00＞：1✓
指定起点或［对正(J)/比例(S)/样式(ST)］：　//依次捕捉外墙轴线的交点，完成外墙绘制
指定下一点：　＊取消＊

同理完成内墙的绘制,并用"多线编辑"命令(mledit)修改墙的交点处。墙体绘制结果如图 6-10 所示。

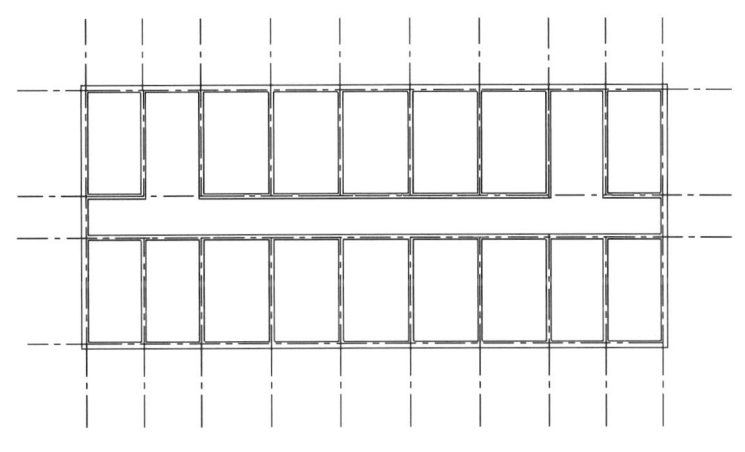

图 6-10 墙体绘制结果

6. 绘制门窗

应用"直线"命令(line)和"圆弧"命令(arc)绘制如图 6-11 所示平面门。

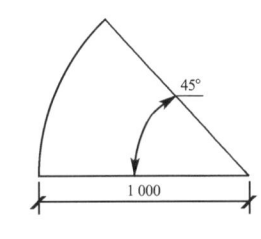

图 6-11 平面门

命令:LINE↙
指定第一点: //在绘图区域任意单击一点
指定下一点或[放弃(U)]:   //<正交 开>输入 1000
指定下一点或[放弃(U)]:1000↙   //打开"正交"模式
命令:"ARC"指定圆弧的起点或[圆心(C)]:   //捕捉直线的起点
指定圆弧的第二个点或[圆心(C)/端点(E)]:C 指定圆弧的圆心: //捕捉直线的端点
指定圆弧的端点或[角度(A)/弦长(L)]:A 指定包含角:-45↙
连接直线端点及圆弧端点完成平面门的绘制。

应用"矩形"命令(rectang)、"分解"命令(explode)、"偏移"命令(offset)绘制如图6-12所示的平面窗。

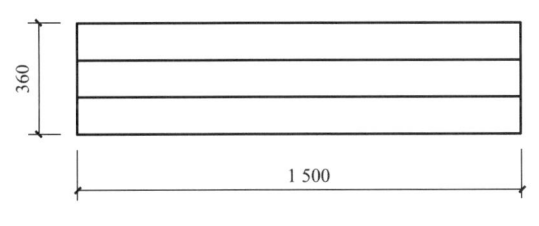

图 6-12 平面窗

命令：RECTANG↙
　　指定第一个角点或［倒角(C)/标高(E)/圆角(F)/厚度(T)/宽度(W)］：//在绘图区域任意单击一点
　　指定另一个角点或［面积(A)/尺寸(D)/旋转(R)］：@1500,360↙
　　命令：EXPLODE↙
　　选择对象：　　　　　　　　　　　　　　　　　　　　　　　　//选择所绘矩形
　　选择对象：↙
　　命令：OFFEST↙
　　指定偏移距离或［通过(T)/删除(E)/图层(L)］＜通过＞：120↙
　　选择要偏移的对象，或［退出(E)/放弃(U)］＜退出＞：　　　　//选择矩形上边线
　　指定要偏移的那一侧上的点，或［退出(E)/多个(M)/放弃(U)］＜退出＞：//在矩形内部任意单击一点
　　选择要偏移的对象，或［退出(E)/放弃(U)］＜退出＞：　　　　//选择矩形下边线
　　指定要偏移的那一侧上的点，或［退出(E)/多个(M)/放弃(U)］＜退出＞：//在矩形内部任意单击一点
　　选择要偏移的对象，或［退出(E)/放弃(U)］＜退出＞：↙
　　注：平面图中窗的绘制还可以使用"多线"命令绘制。
　　应用"偏移"命令(offset)偏移轴线定位门窗洞口位置。
　　偏移命令的使用同上一步骤，偏移距离依据图 6-1 所示尺寸标注。
　　应用修剪命令(trim)完成门窗洞口的修剪，如图 6-13 所示。

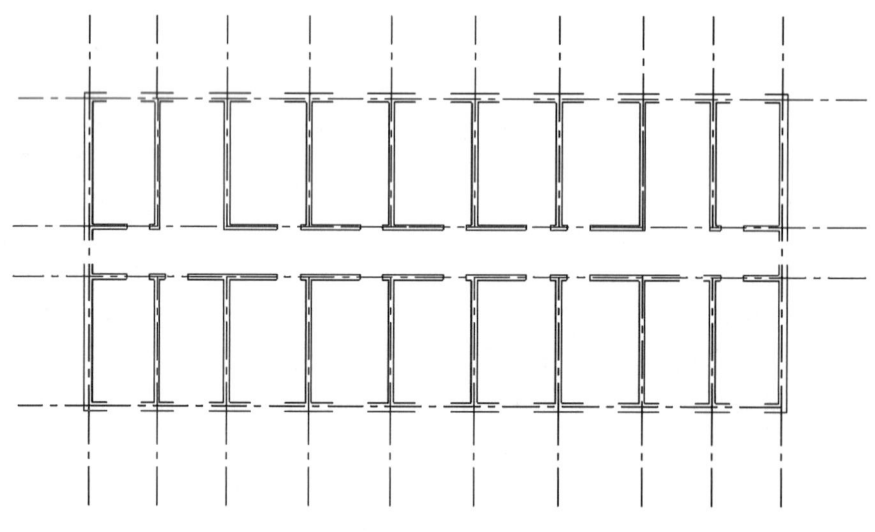

图 6-13　门窗洞口修剪

命令：TRIM↙
　　选择对象或 ＜全部选择＞：　　　　//使用框选方式选择所有对象
　　选择对象：↙
　　选择要修剪的对象，或按住 Shift 键选择要延伸的对象，或［栏选(F)/窗交(C)/投影(P)/边(E)/删除(R)/放弃(U)］：　　　　//依次在门窗洞口位置修剪门窗洞口

应用"复制"命令(copy)完成平面图中门和窗的插入,如图6-14所示。

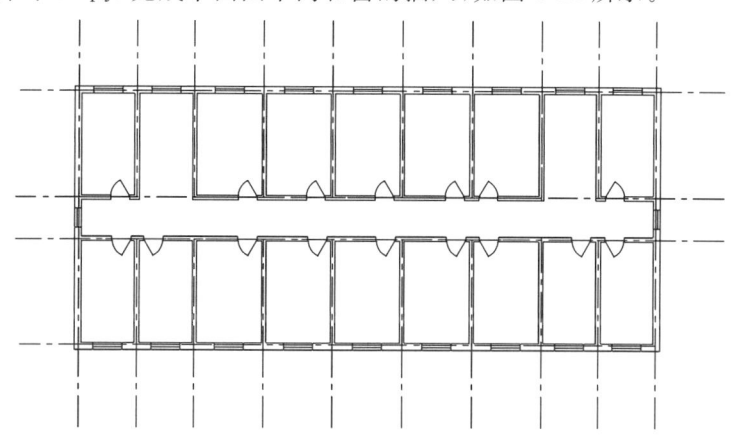

图 6-14 门窗插入

注:也可以使用"块命令"将门窗定义为图块,然后使用"插入块"命令完成门窗的插入。

7. 绘制楼梯及阳台

应用"直线""阵列""矩形""多段线"命令绘制楼梯,绘制方法同第2章习题中楼梯绘制。

应用"直线""偏移""多线"命令绘制阳台,结果如图6-15所示。

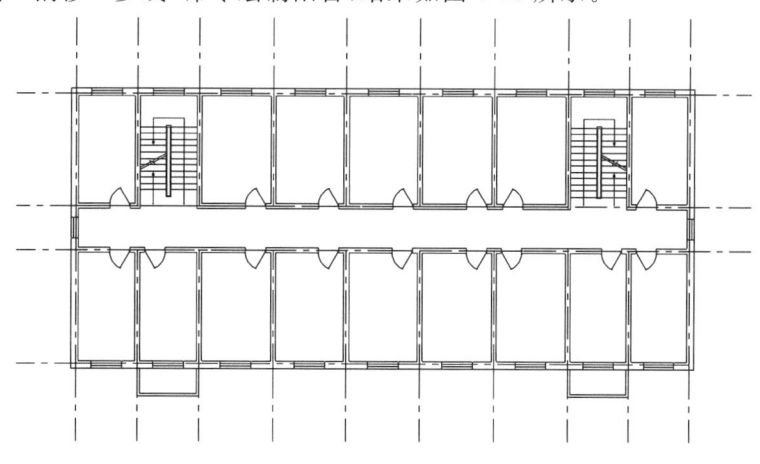

图 6-15 楼梯及阳台的绘制

8. 标注轴线编号

应用"圆"命令(circle)和单行文字输入命令(dtext)绘制轴线圆及编号,结果如图6-16所示。

(1)绘制轴线圆

命令:CIRCLE↙

指定圆的圆心或 [三点(3P)/两点(2P)/相切、相切、半径(T)]:

指定圆的半径或 [直径(D)]:500↙

(2)输入轴线编号

命令:DTEXT↙

指定文字的起点或 [对正(J)/样式(S)]:J↙

输入选项 [对齐(A)/调整(F)/中心(C)/中间(M)/右(R)/左上(TL)/中上(TC)/右上(TR)/左中(ML)/正中(MC)/右中(MR)/左下(BL)/中下(BC)/右下(BR)]:M↙

指定文字的中间点://捕捉轴线圆的圆心

图 6-16 轴线编号

指定高度 <2.5 000>:500↙
指定文字的旋转角度 <0>:0↙
在圆中输入文字。
应用复制命令及文字编辑命令完成轴线编号的插入,绘制结果如图 6-17 所示。

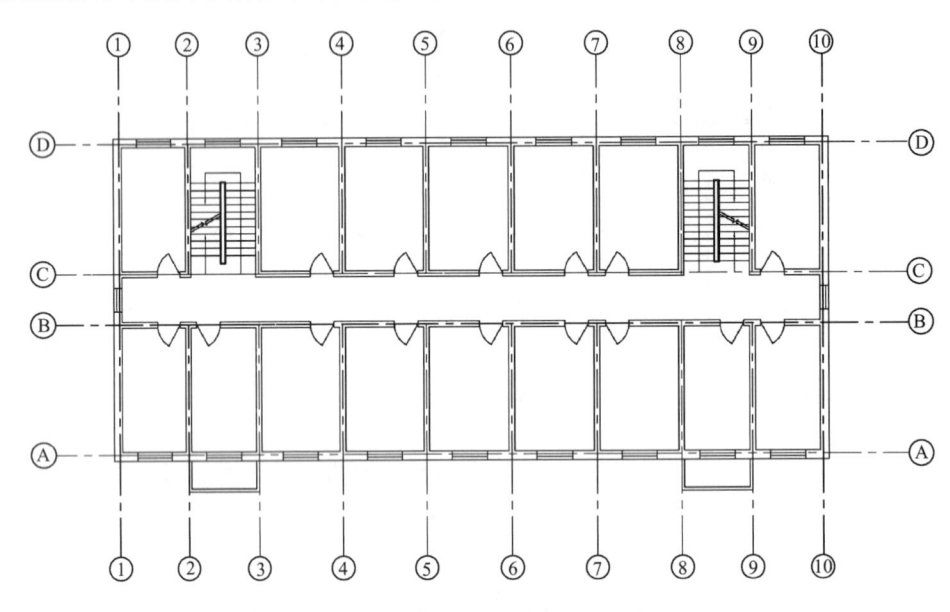

图 6-17 标注轴线编号

注:轴线编号的输入也可采用属性图块命令完成,具体操作步骤同例题 6-2。

9. 文字标注

应用"文字样式"命令(style)创建文字样式。
设置步骤:
(1)下拉菜单"格式"→单击"文字样式"命令,如图 6-18 所示。

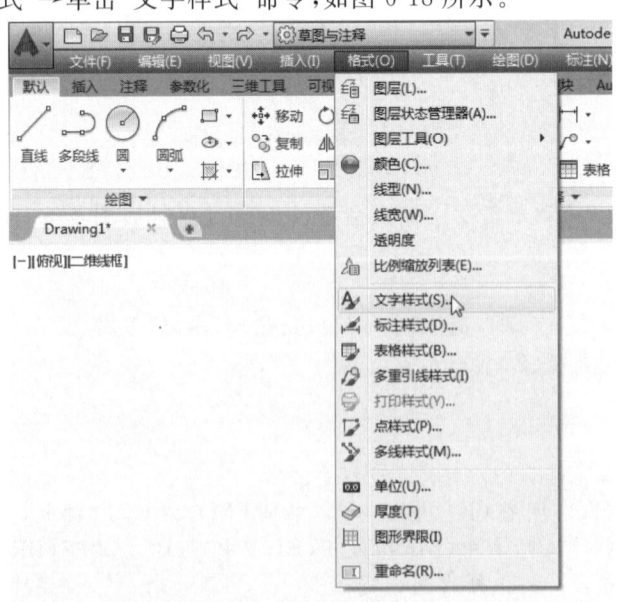

图 6-18 启动"文字样式"命令

(2)打开"文字样式"对话框→单击"新建"按钮,如图 6-19 所示。

图 6-19 "文字样式"对话框

(3)打开"新建文字样式"对话框→修改新样式名→单击"确定"按钮,如图 6-20 所示。

(4)各参数的设置如图 6-21 所示。

图 6-20 "新建文字样式"对话框　　图 6-21 "建筑文字样式"参数设置

(5)最后单击"置为当前"→"应用"→"关闭"按钮,文字样式设置完成。

注:如果是尺寸标注文字样式的设置,一般选择"使用大字体",如图 6-22 所示。

图 6-22 尺寸标注文字样式参数设置

应用单行文字命令(dtext)完成文字标注。
命令：DTEXT↙
指定文字的起点或[对正(J)/样式(S)]：∥单击鼠标确定文字起点
指定高度＜700.0000＞：700↙
指定文字的旋转角度＜0＞：↙
在绘图区域输入相应房间的名称,结果如图 6-23 所示。

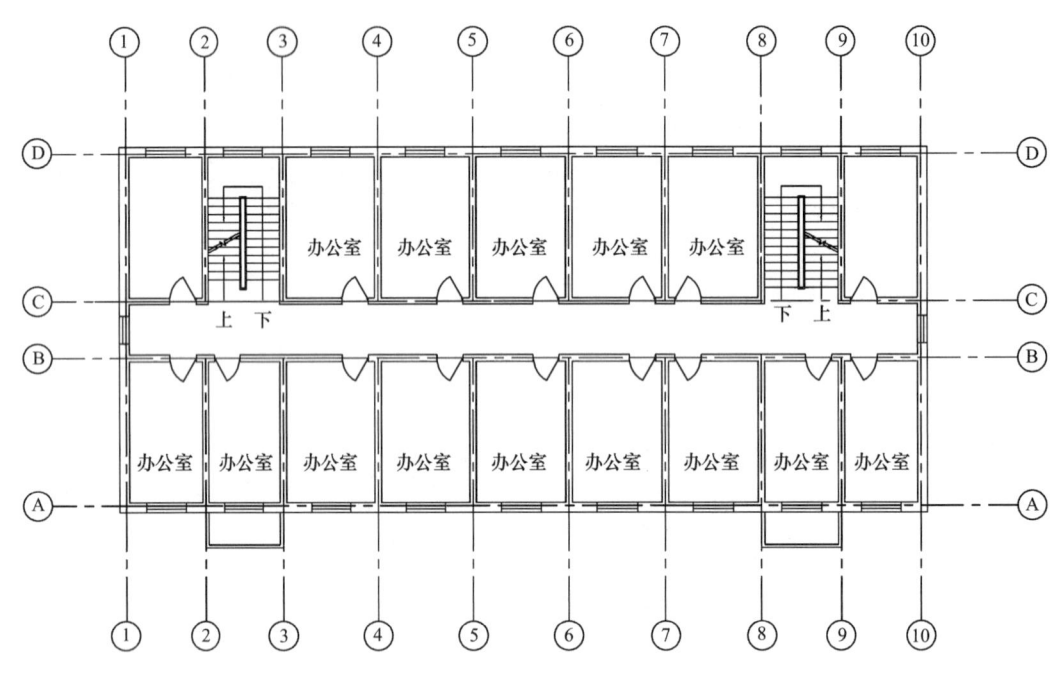

图 6-23 文字输入

注：字高度的输入符合建筑制图规范要求。

10. 尺寸标注

应用"标注样式"命令(dimstyle)完成标注样式的设置。

(1)设置步骤

①下拉菜单"格式"→单击"标注样式"命令,打开"标注样式管理器"对话框,如图 6-24 所示。

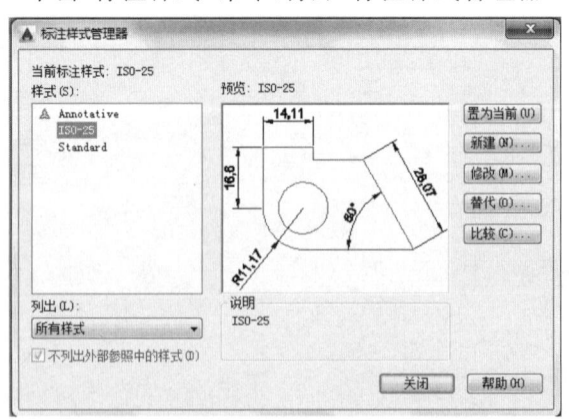

图 6-24 "标注样式管理器"对话框

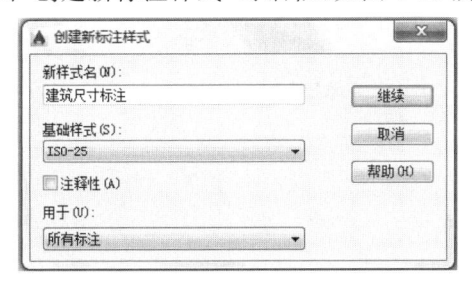

②单击"新建"按钮,弹出"创建新标注样式"对话框,如图 6-25 所示。

图 6-25 "创建新标注样式"对话框

③修改新样式名→单击"继续"按钮。

④各选项卡的设置如图 6-26～图 6-29 所示。

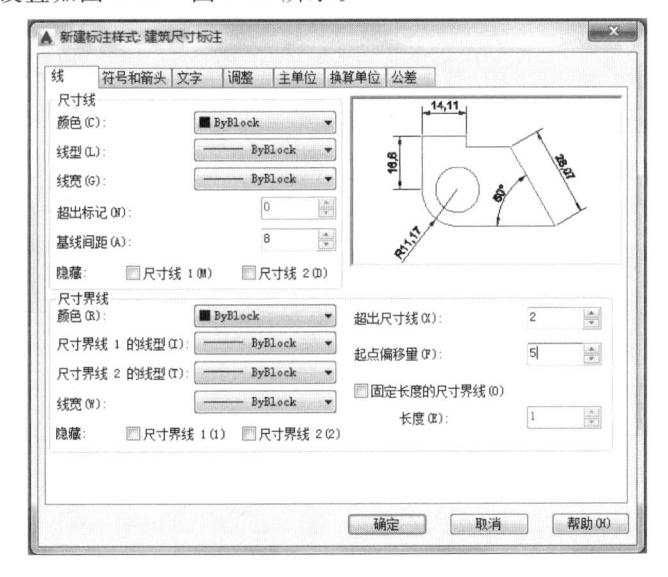

图 6-26 "新建标注样式:建筑尺寸标注"线选项卡

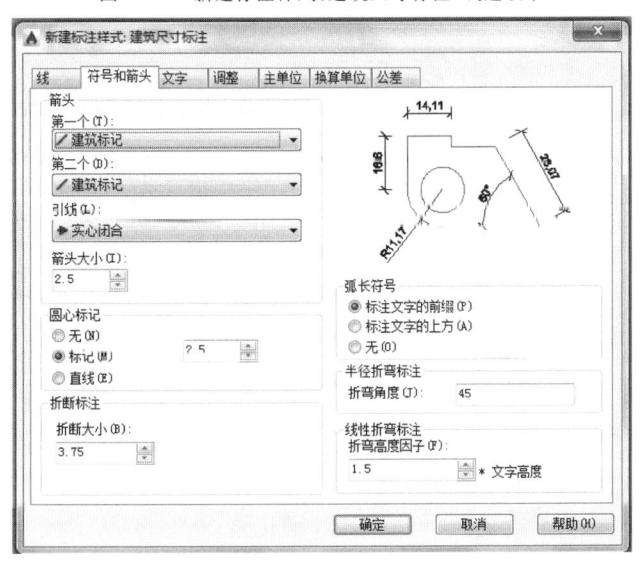

图 6-27 "新建标注样式:建筑尺寸标注""符号和箭头"选项卡

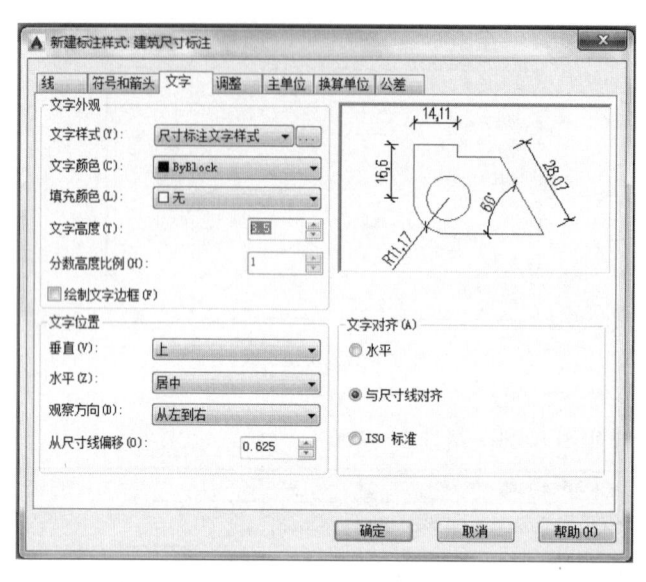

图 6-28 "新建标注样式:建筑尺寸标注""文字"选项卡

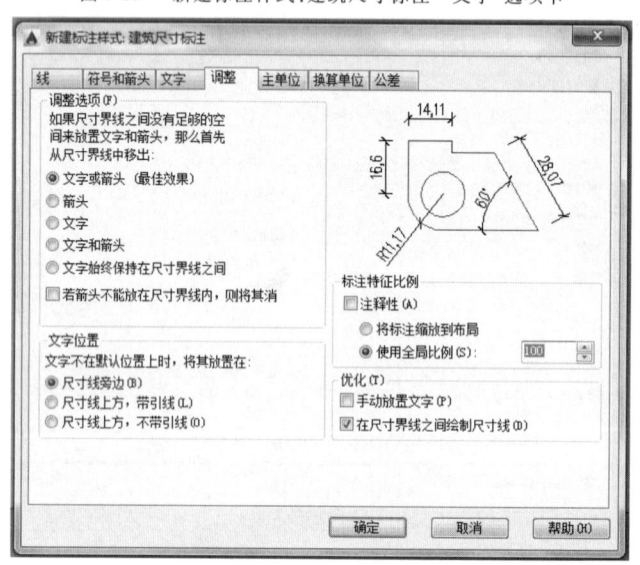

图 6-29 "新建标注样式:建筑尺寸标注""调整"选项卡

⑤最后单击"确定"→"置为当前"→"关闭"按钮,标注样式设置完成。
(2)标注尺寸
①下拉菜单"标注"→单击"线性"命令,打开命令后提示如下:
指定第一条延伸线原点或<选择对象>://应用对象捕捉功能捕捉①轴和Ⓐ轴的交点
指定第二条延伸线原点: //捕捉外墙外边线与窗交点
指定尺寸线位置: //鼠标拖动确定尺寸线位置
②下拉菜单"标注"→单击"连续",打开命令后按照命令行提示依次捕捉外墙外边线与轴及外墙外边线与窗的交点,完成窗间墙及窗尺寸的标注。
③使用同样的方法完成轴线间尺寸及总尺寸的标注。

④使用同样的方法依次完成其他方向尺寸的标注,标注结果如图 6-30 所示。

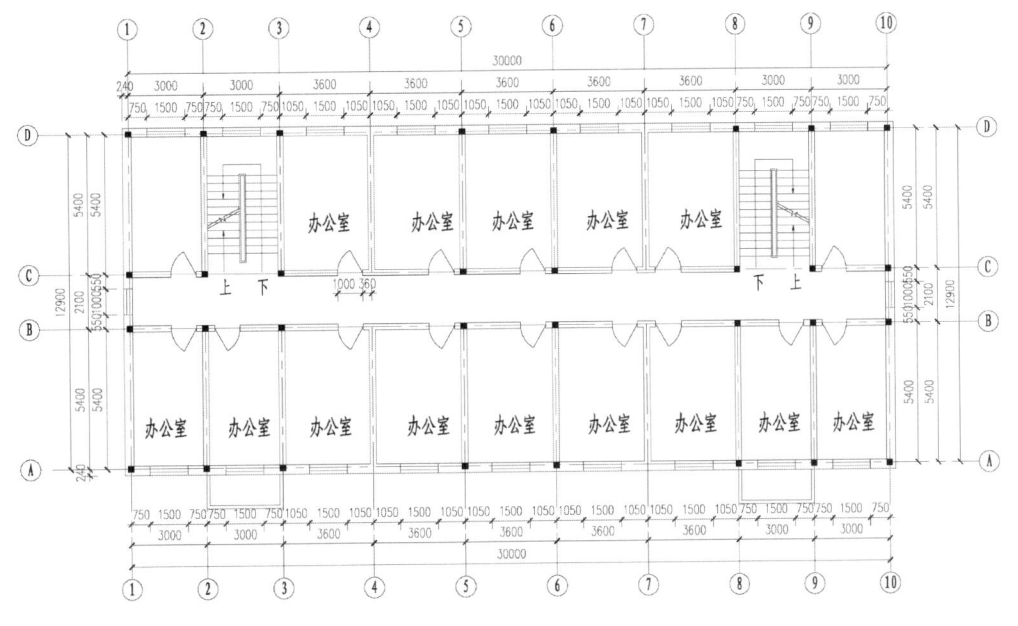

图 6-30 尺寸标注

最后完成卫生间洁具布置,插入图框,完成图名标注及标题栏文字输入,最终结果如图 6-1 所示。

6.2 立面图的绘制

【例 6-2】 绘制如图 6-31 所示的正立面图。

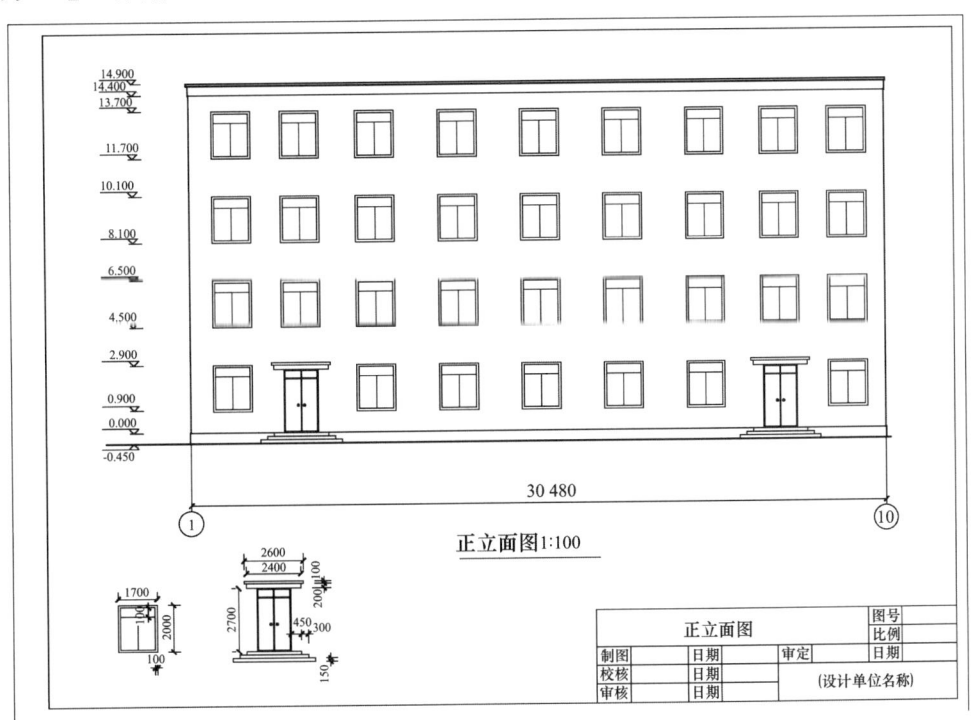

图 6-31 正立面图

1. 设置图形界限
步骤同平面图。
2. 创建图层
步骤同平面图。
3. 绘制图框
步骤同平面图。
4. 绘制墙线、地坪线及屋面线
（1）绘制轴线
①加载线型

步骤：下拉菜单"格式"→打开"线型"命令→单击"加载"按钮，选择线型→修改"全局比例因子"数值为50→单击"确定"按钮。如图6-32～图6-34所示。

立面图的绘制

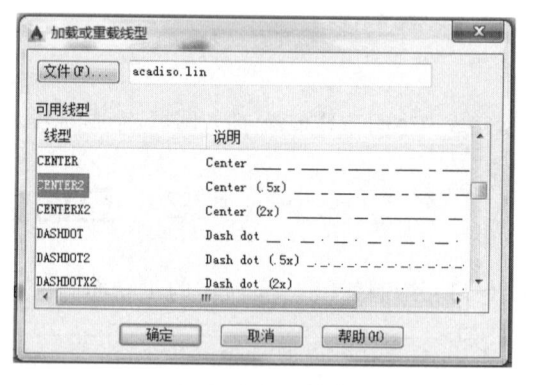

图6-32 启动"线型"命令　　图6-33 加载或重载线型

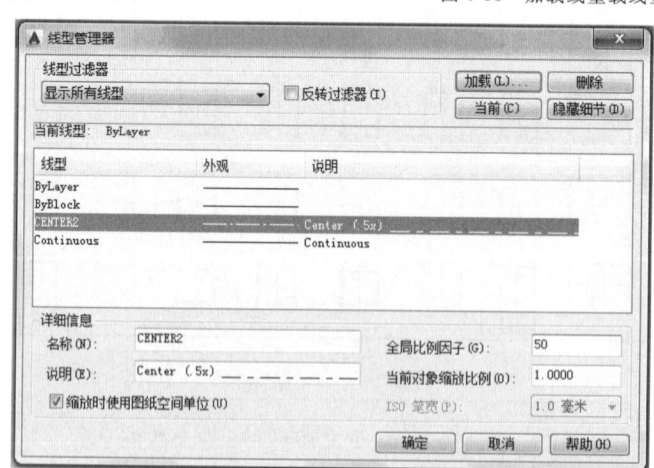

图6-34 选择线型、修改全局比例因子

②应用构造线绘制轴线
命令：XLINE 指定点或 [水平(H)/垂直(V)/角度(A)/二等分(B)/偏移(O)]：V↙

指定通过点：　　　　　//在屏幕上右键单击鼠标确定直线通过点确定1轴线
指定通过点：　　　　　//按"Esc"键退出命令
命令：XLINE
指定点或［水平(H)/垂直(V)/角度(A)/二等分(B)/偏移(O)］：O↙
指定偏移距离或［通过(T)］<3 000.0000>：3 0000↙
选择直线对象：　　　　//单击已绘制的1轴线
指定向哪侧偏移：　　　//在1轴线右方空白处任意点单击鼠标，即可确定轴线10

(2)绘制地坪线及屋面线
命令：XLINE
指定点或［水平(H)/垂直(V)/角度(A)/二等分(B)/偏移(O)］：H↙
指定通过点：　　　　　//单击鼠标左键在绘图区域确定一点，绘制出地坪线
指定通过点：　　　　　//按"Esc"键退出命令
命令：XLINE 指定点或［水平(H)/垂直(V)/角度(A)/二等分(B)/偏移(O)］：O↙
指定偏移距离或［通过(T)］<通过>：15350↙
选择直线对象：　　　　//单击已绘制的地坪线
指定向哪侧偏移：　　　//在地坪线上方空白处任意点单击鼠标，即可确定屋面线

(3)绘制墙线
命令：XLINE
指定点或［水平(H)/垂直(V)/角度(A)/二等分(B)/偏移(O)］：O↙
指定偏移距离或［通过(T)］<30000.0000>：240↙
选择直线对象：　　　　//单击已绘制的1轴线
指定向哪侧偏移：　　　//在1轴线左边空白处任意点单击鼠标，即可确定左边墙线
同理可绘制出右边墙体，如图6-35所示。

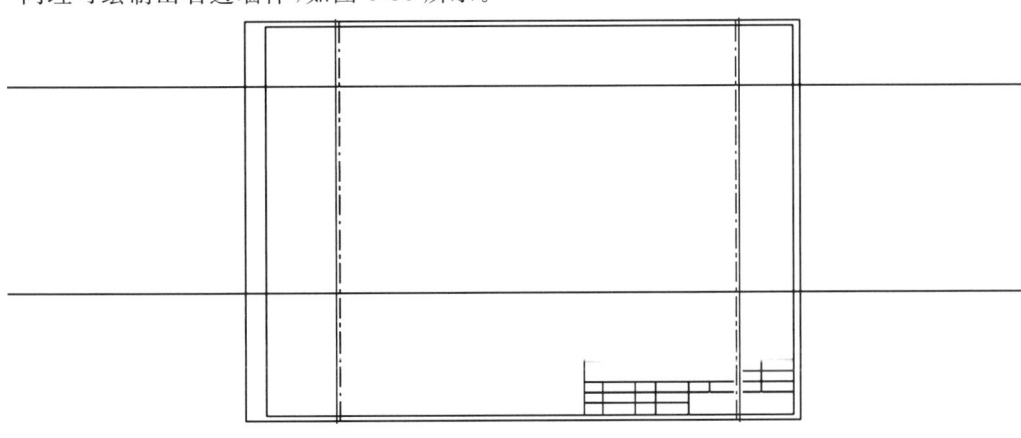

图6-35　绘制墙体

(4)应用"修剪"命令修剪掉多余的线

5.绘制门窗

绘制步骤：
(1)首先用"构造线"命令确定门窗位置(构造线为辅助线，门窗绘制完后删除)
①绘制水平方向辅助线
命令：XL↙
指定点或［水平(H)/垂直(V)/角度(A)/二等分(B)/偏移(O)］：O↙

指定偏移距离或［通过(T)］＜450.0000＞：450↙
选择直线对象：　　　　//单击已绘制的地坪线
指定向哪侧偏移：　　　//在地坪线上方空白处任意点单击鼠标,即可确定0.00线
选择直线对象：　　　　//按"Esc"键退出命令
命令：XL↙
指定点或［水平(H)/垂直(V)/角度(A)/二等分(B)/偏移(O)］：O↙
指定偏移距离或［通过(T)］＜450.0000＞：900↙
选择直线对象：　　　　//单击0.00线
指定向哪侧偏移：　　　//在地坪线0.00线上方空白处任意点单击鼠标
选择直线对象：=　　　 //按"Esc"键退出命令
命令：XL↙
指定点或［水平(H)/垂直(V)/角度(A)/二等分(B)/偏移(O)］：O↙
指定偏移距离或［通过(T)］＜900.0000＞：4500↙
选择直线对象：　　　　//单击0.00线
指定向哪侧偏移：　　　//在0.00线上方空白处任意点单击鼠标
选择直线对象：　　　　//按"Esc"键退出命令
命令：XL↙
指定点或［水平(H)/垂直(V)/角度(A)/二等分(B)/偏移(O)］：O↙
指定偏移距离或［通过(T)］＜4500.0000＞：8100↙
选择直线对象：　　　　//单击0.00线
指定向哪侧偏移：　　　//在0.00线上方空白处任意点单击鼠标
选择直线对象：　　　　//按"Esc"键退出命令
命令：XL↙
指定点或［水平(H)/垂直(V)/角度(A)/二等分(B)/偏移(O)］：O↙
指定偏移距离或［通过(T)］＜8100.0000＞：11700↙
选择直线对象：　　　　//单击0.00线
指定向哪侧偏移：　　　//在0.00线上方空白处任意点单击鼠标
选择直线对象：　　　　//按"Esc"键退出命令
②绘制竖直方向辅助线
命令：XLINE
指定点或［水平(H)/垂直(V)/角度(A)/二等分(B)/偏移(O)］：O↙
指定偏移距离或［通过(T)］＜11700.0000＞：750↙
选择直线对象：　　　　//单击1轴线
指定向哪侧偏移：　　　//在1轴线右边的空白处任意点单击鼠标
选择直线对象：　　　　//按"Esc"键退出命令
命令：XLINE
指定点或［水平(H)/垂直(V)/角度(A)/二等分(B)/偏移(O)］：O↙
指定偏移距离或［通过(T)］＜750.0000＞：3000↙
选择直线对象：　　　　//单击已绘制的第一条辅助线
指定向哪侧偏移：　　　//在其右边的空白处任意点单击鼠标
选择直线对象：　　　　//按"Esc"键退出命令
命令：XLINE

```
指定点或[水平(H)/垂直(V)/角度(A)/二等分(B)/偏移(O)]：O↙
指定偏移距离或[通过(T)]<3000.0000>：3300↙
选择直线对象：          //单击已绘制的第二条辅助线
指定向哪侧偏移：         //在其右边的空白处任意点单击鼠标
选择直线对象：          //按"Esc"键退出命令
命令：XLINE
指定点或[水平(H)/垂直(V)/角度(A)/二等分(B)/偏移(O)]：O↙
指定偏移距离或[通过(T)]<3300.0000>：3600↙
选择直线对象：          //单击已绘制的第三条辅助线
指定向哪侧偏移：         //在其右边的空白处任意点单击鼠标
选择直线对象：          //单击已绘制的第四条辅助线
指定向哪侧偏移：         //在其右边的空白处任意点单击鼠标
选择直线对象：          //单击已绘制的第五条辅助线
指定向哪侧偏移：         //在其右边的空白处任意点单击鼠标
选择直线对象：          //按"Esc"键退出命令
```

门窗位置的确定如图6-36所示。

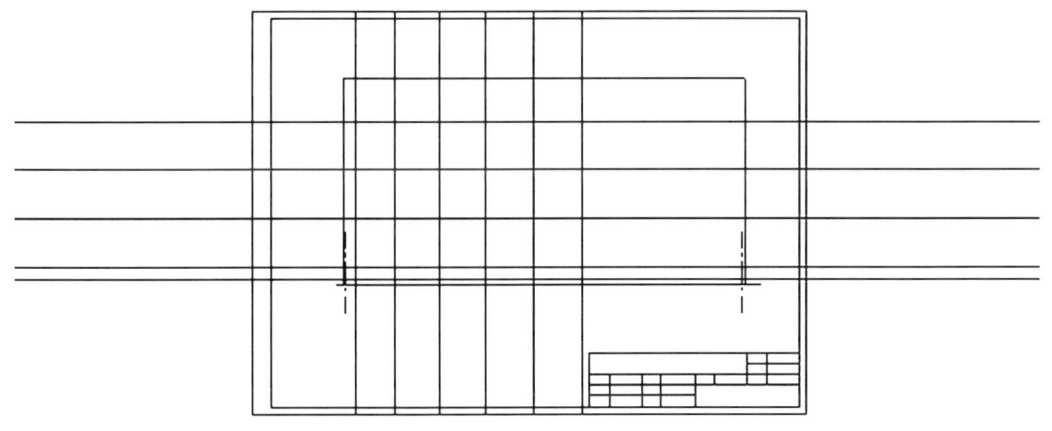

图6-36 门窗位置的确定

(2)应用"矩形"命令及"构造线偏移"(辅助线)命令绘制门窗

门窗尺寸如图6-37所示。

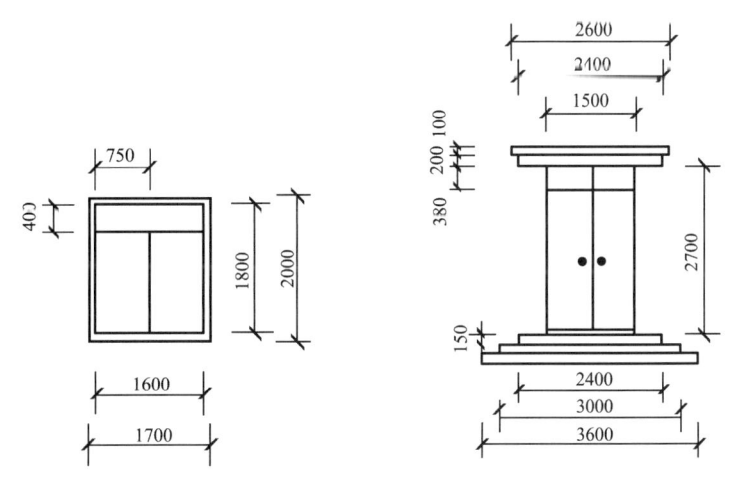

图6-37 门窗尺寸

（3）应用"复制""镜像"命令完成全部窗的绘制

①应用"复制"命令完成辅助线处的窗

命令：COPY✓

选择对象：指定对角点：找到 4 个　　　　　　　　//选择已经绘制好的窗

选择对象：✓

指定基点或［位移(D)/模式(O)］＜位移＞：指定第二个点或＜使用第一个点作为位移＞：
＜正交　关＞　　　　　　　　　　　　　　　　//捕捉窗的左下角点作为基点

指定第二个点或［退出(E)/放弃(U)］＜退出＞：　//捕捉相应的辅助线角点

运用该操作步骤可以确定如图 6-38 所示窗。

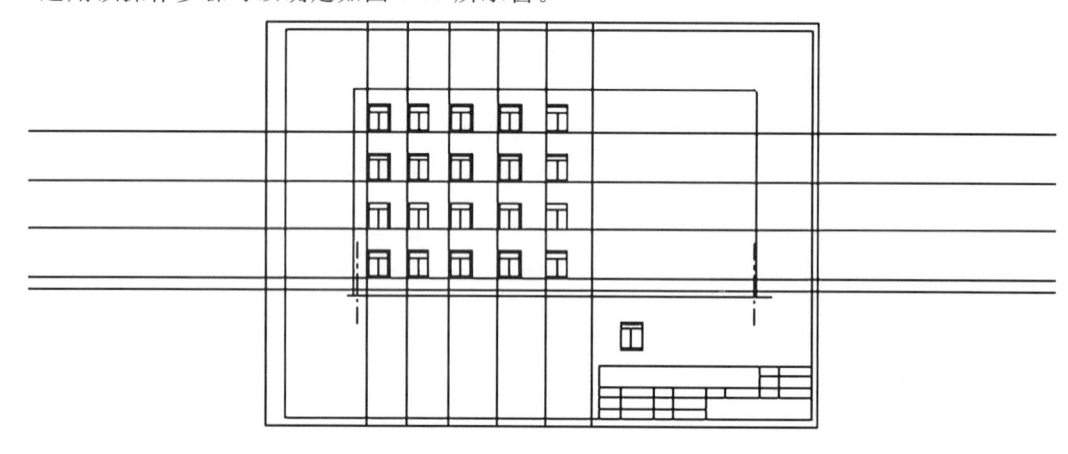

图 6-38　用"复制"命令绘制窗

②应用"镜像"命令完成其他窗的绘制

首先删除所有辅助线。

命令：MIRROR✓

选择对象：指定对角点：找到 64 个　　　　　　　//选择已经绘制的前四列窗

选择对象：指定镜像线的第一点：指定镜像线的第二点：　＜正交　开＞

　　　　　　　　　　　　　　　　　　　　　　　//捕捉地坪线的中点

要删除源对象吗？［是(Y)/否(N)］＜N＞：✓

同样用"复制"命令绘制门，如图 6-39 所示。

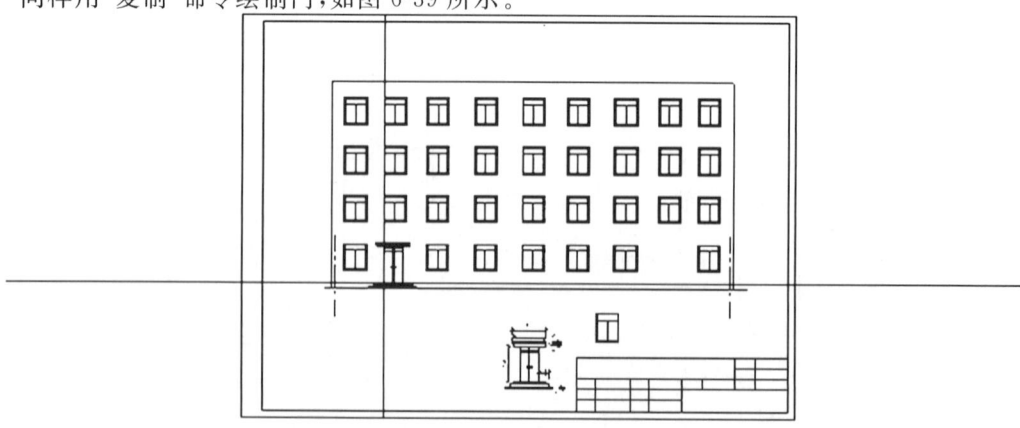

图 6-39　用"复制"命令绘制门

然后应用"镜像"命令完成另外一个门的绘制。

6. 文字标注

步骤同平面图。

7. 尺寸标注

步骤同平面图。

(1)标高符号绘制

①打开"状态栏"的"正交模式"→打开"直线"命令→光标放置在确定的第一点下方→命令行输入 300,如图 6-40 所示。

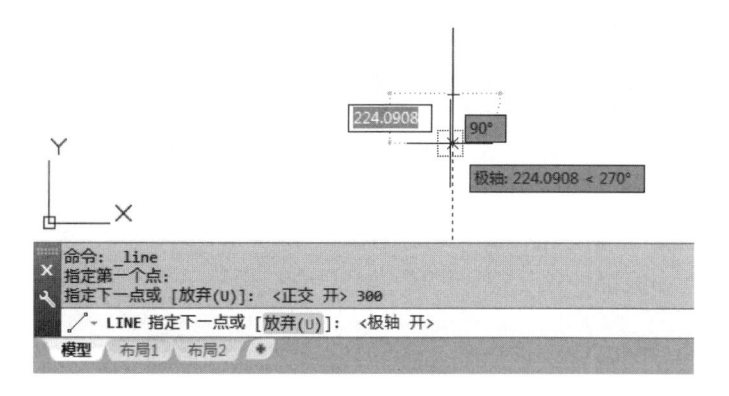

图 6-40　标高符号绘制(一)

②打开"状态栏"的"对象捕捉""极轴追踪""对象捕捉追踪",设置"极轴追踪"的增量角为 45,如图 6-41 所示。

图 6-41　设置"极轴追踪"的增量角

③利用辅助绘图命令"对象捕捉""极轴追踪""对象捕捉"完成标高符号的绘制,删除标高符

号中高度为 300 的竖直线,操作过程如图 6-42~图 6-44 所示。

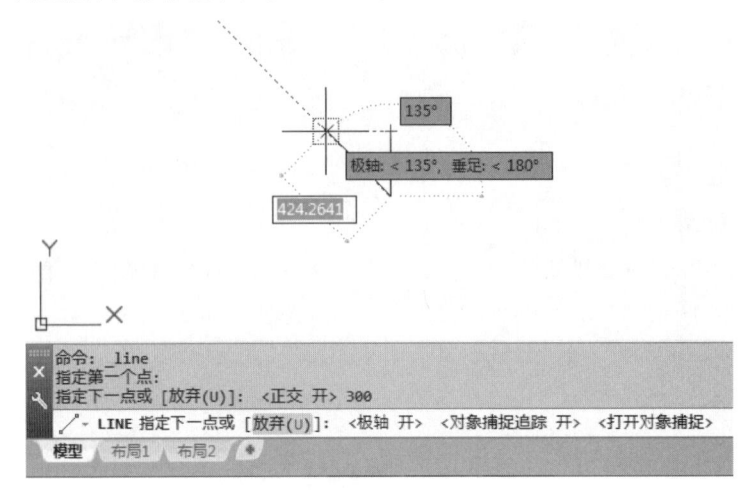

图 6-42　标高符号绘制(二)

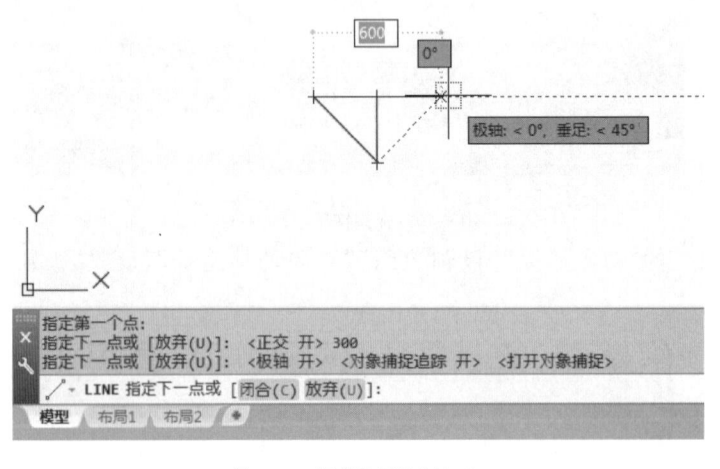

图 6-43　标高符号绘制(三)

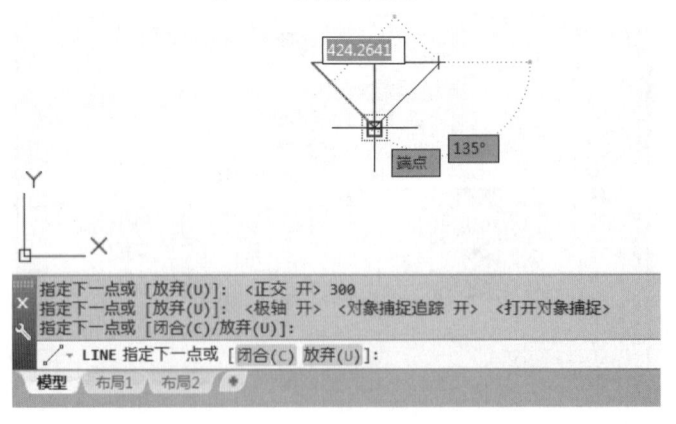

图 6-44　标高符号绘制(四)

(2)标高标注

应用"复制""对象捕捉追踪""单行文字"命令完成图形的标高。

6.3 楼梯剖面图的绘制

【例 6-3】 绘制图 6-45 所示楼梯剖面图。

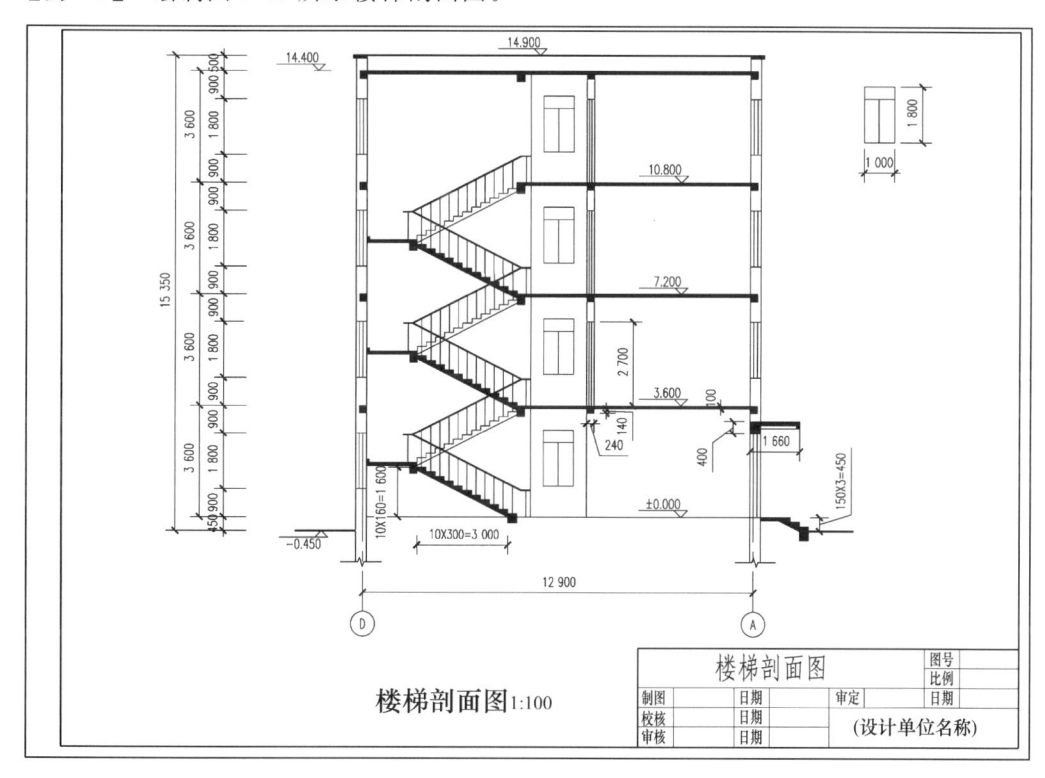

图 6-45 楼梯剖面图

1. 设置图形界限
步骤同平面图。
2. 创建图层
步骤同平面图。
3. 绘制图框
步骤同平面图。
4. 绘制轴线、首层室内地坪线及屋面线
（1）绘制轴线
①加载线型
方法同平面图。
②应用构造线绘制轴线
命令：XLINE
指定点或［水平(H)/垂直(V)/角度(A)/二等分(B)/偏移(O)］：V↙

指定通过点： //单击确定轴线"D"

指定通过点： //按"Esc"键退出命令

命令：XL↙

指定点或［水平(H)/垂直(V)/角度(A)/二等分(B)/偏移(O)］："O"↙

指定偏移距离或［通过(T)］＜通过＞：5400↙
选择直线对象：　　　//单击已绘制的Ⓓ轴
指定向哪侧偏移：　　//在Ⓓ轴右方空白处任意点单击鼠标，即可确定Ⓒ轴
选择直线对象：　　　//按"Esc"键退出命令
命令：XL↙
指定点或［水平(H)/垂直(V)/角度(A)/二等分(B)/偏移(O)］：O↙
指定偏移距离或［通过(T)］＜5400.0000＞：2100↙
选择直线对象：　　　//单击已绘制的Ⓒ轴
指定向哪侧偏移：　　//在Ⓒ轴右方空白处任意点单击鼠标，即可确定Ⓑ轴
选择直线对象：　　　//按"Esc"键退出命令
命令：XL↙
指定点或［水平(H)/垂直(V)/角度(A)/二等分(B)/偏移(O)］：O↙
指定偏移距离或［通过(T)］＜2100.0000＞：5400↙
选择直线对象：　　　//单击已绘制的Ⓑ轴
指定向哪侧偏移：　　//在Ⓑ轴右方空白处任意点单击鼠标，即可确定Ⓐ轴
选择直线对象：　　　//按"Esc"键退出命令
结果如图6-46所示。

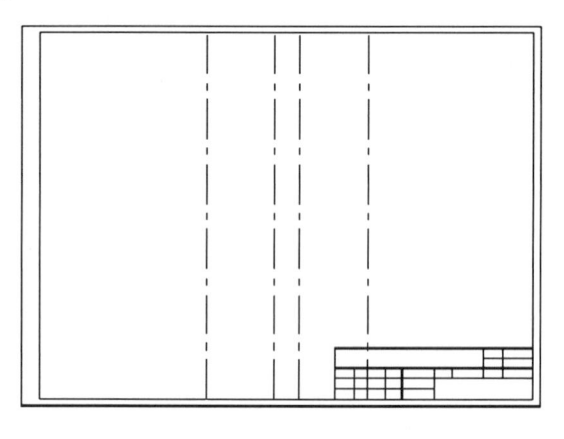

图6-46　"剖面图"轴线的绘制

(2)绘制首层地面线及屋面线
命令：XLINE↙
指定点或［水平(H)/垂直(V)/角度(A)/二等分(B)/偏移(O)］：H↙
指定通过点：　　　　//单击确定首层地面线
指定通过点：　　　　//按"Esc"键退出命令
命令：XLINE↙
指定点或［水平(H)/垂直(V)/角度(A)/二等分(B)/偏移(O)］：O↙
指定偏移距离或［通过(T)］＜5400.0000＞：14900↙
选择直线对象：　　　//单击已绘制的首层地面线
指定向哪侧偏移：　　//在首层地面线上方空白处任意点单击鼠标，即可确定屋面线
选择直线对象：　　　//按"Esc"键退出命令

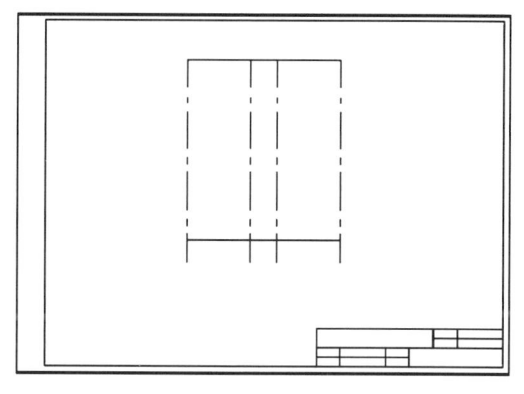

最后应用"修剪"命令进行修剪,如图 6-47 所示。

图 6-47　首层地面线及屋面线的绘制

5. 绘制墙体

应用"多线"或者"偏移"与"延伸""修剪"命令完成墙体的绘制。
首先把轴线线型暂改为连续实线"Continuos",操作步骤如下:
命令: OFFSET✓
指定偏移距离或 [通过(T)/删除(E)/图层(L)] <240.0000>:240✓
选择要偏移的对象,或 [退出(E)/放弃(U)] <退出>:　//单击 D 轴线
指定要偏移的那一侧上的点,或 [退出(E)/多个(M)/放弃(U)] <退出>:
//在 A 轴线左方空白处任意点单击鼠标
选择要偏移的对象,或 [退出(E)/放弃(U)] <退出>:　//单击 A 轴线
指定要偏移的那一侧上的点,或 [退出(E)/多个(M)/放弃(U)] <退出>:
//在 D 轴线右方空白处任意点单击鼠标
选择要偏移的对象,或 [退出(E)/放弃(U)] <退出>: //按"Esc"键退出命令
命令: OFFSET✓
指定偏移距离或 [通过(T)/删除(E)/图层(L)] <240.0000>:120✓
选择要偏移的对象,或 [退出(E)/放弃(U)] <退出>://单击 D 轴线
指定要偏移的那一侧上的点,或 [退出(E)/多个(M)/放弃(U)] <退出>:
//在 A 轴线右方空白处任意点单击鼠标
选择要偏移的对象,或 [退出(E)/放弃(U)] <退出>: //单击 A 轴线
指定要偏移的那一侧上的点,或 [退出(E)/多个(M)/放弃(U)] <退出>:
//在 D 轴线左方空白处任意点单击鼠标
选择要偏移的对象,或 [退出(E)/放弃(U)] <退出>://单击 C 轴线
指定要偏移的那一侧上的点,或 [退出(E)/多个(M)/放弃(U)] <退出>:
//在 B 轴线左方空白处任意点单击鼠标
选择要偏移的对象,或 [退出(E)/放弃(U)] <退出>://单击 C 轴线
指定要偏移的那一侧上的点,或 [退出(E)/多个(M)/放弃(U)] <退出>:
//在 B 轴线右方空白处任意点单击鼠标
选择要偏移的对象,或 [退出(E)/放弃(U)] <退出>://单击 B 轴线
指定要偏移的那一侧上的点,或 [退出(E)/多个(M)/放弃(U)] <退出>:
//在 C 轴线左方空白处任意点单击鼠标
选择要偏移的对象,或 [退出(E)/放弃(U)] <退出>://单击 B 轴线
指定要偏移的那一侧上的点,或 [退出(E)/多个(M)/放弃(U)] <退出>:

//在 B 轴线右方空白处任意点单击鼠标
然后再应用"延伸"与"修剪"命令修改交点处。绘制完的墙体如图 6-48 所示。

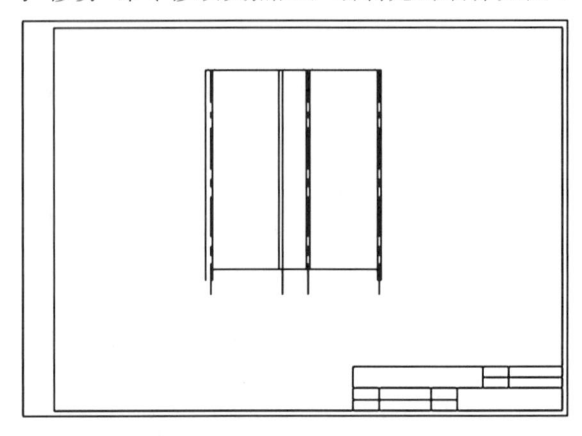

图 6-48 "剖面图"墙体的绘制

6. 绘制各层楼板及屋面板

应用"直线"和"图案填充"命令或者"多段线"、"图案"命令绘制楼面板及屋面板。
(1)"构造线"偏移确定各层楼板位置
命令:XLINE↙
指定点或［水平(H)/垂直(V)/角度(A)/二等分(B)/偏移(O)］:O↙
指定偏移距离或［通过(T)］<通过>:3600↙
选择直线对象: //单击首层地面线
指定向哪侧偏移: //在地面线上方任意点单击鼠标即可确定一层楼面标高位置
二、三、四层楼面标高位置的确定方法同上,如图 6-49 所示。

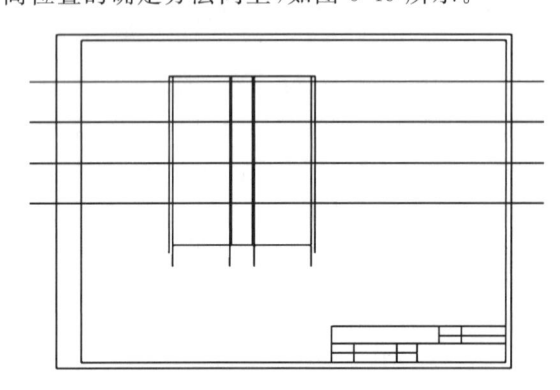

图 6-49 楼板及屋面板位置的确定

(2)各层楼板及屋面板绘制
①楼板绘制
首先打开"正交模式",从左向右依次绘制各段直线,尺寸如图 6-50 所示。

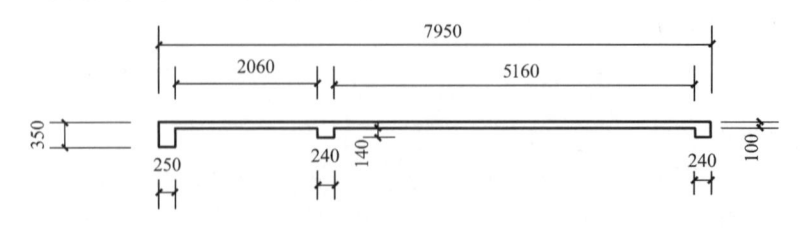

图 6-50 楼板尺寸

应用"图案填充"命令填充楼板,具体步骤如下:
- 启动"图案填充"命令,打开"图案填充和渐变色"对话框。
- 单击"图案"下拉列表框右侧的按钮,如图 6-51 所示。

图 6-51　楼板图案填充(一)

- 选择图案类型,如图 6-52 所示。
- 单击"添加:拾取点"按钮,如图 6-53 所示。

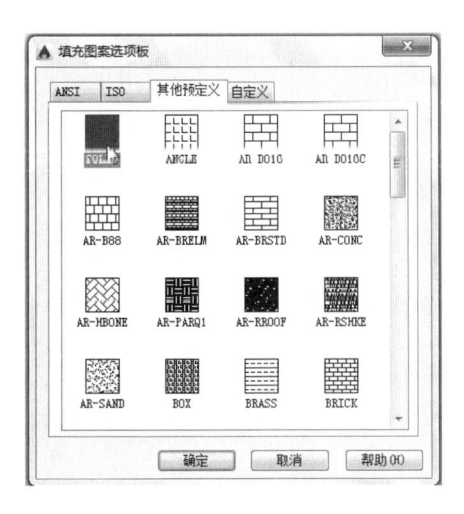

图 6-52　楼板图案填充(二)

图 6-53　楼板图案填充(三)

在楼板内单击,即可完成楼板图。
②屋面板的绘制
步骤同楼板绘制,屋面板详图如图 6-54 所示。

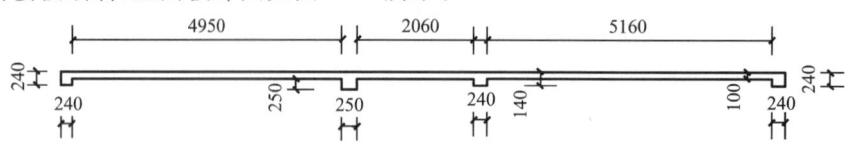

图 6-54　屋面板详图

(3)通过"复制"命令完成楼板及屋面板的绘制
注:基点的选择位置,如图 6-55 所示。

图 6-55　屋面板"基点"的选择位置

完成的楼板及屋面如图 6-56 所示。

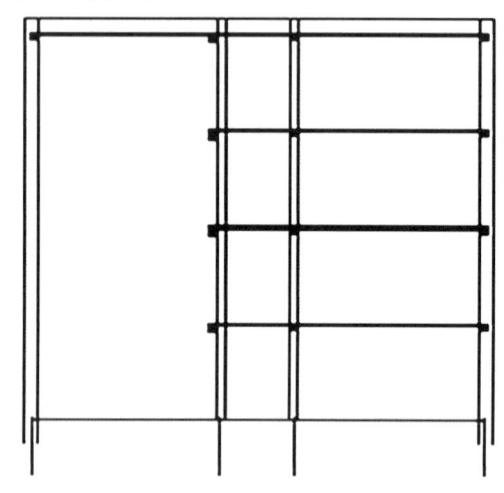

图 6-56　完成的楼板及屋面

7. 绘制门窗
应用"矩形"及"偏移"命令绘制门窗。
(1)绘制Ⓐ、Ⓓ轴墙上的门窗
①"构造线"偏移确定窗位置
命令:XLINE
指定点或 [水平(H)/垂直(V)/角度(A)/二等分(B)/偏移(O)]:O✓
指定偏移距离或 [通过(T)]<3600.0000>:900✓
选择直线对象:　　　//单击首层地面线
指定向哪侧偏移:　　//在地面线上方任意点单击鼠标即可确定一层窗底标高位置
选择直线对象:　　　//按"Esc"键退出
命令:XLINE✓
指定点或 [水平(H)/垂直(V)/角度(A)/二等分(B)/偏移(O)]:O✓
指定偏移距离或 [通过(T)]<900.0000>:3600✓
选择直线对象:　　　//单击一层窗位置完成的辅助线
指定向哪侧偏移:　　//在已确定辅助线上方任意点单击鼠标即可确定二层窗底标高位置

选择直线对象： // 单击二层窗位置完成的辅助线
指定向哪侧偏移： // 在已确定二层窗辅助线上方任意点单击鼠标即可确定三层窗底标
　　　　　　　　　　高位置
选择直线对象： // 单击三层窗位置完成的辅助线
指定向哪侧偏移： // 在已确定三层窗辅助线上方任意点单击鼠标即可确定四层窗底标
　　　　　　　　　　高位置
选择直线对象： // 按"Esc"键退出

②应用"矩形""偏移"命令绘制窗
命令：RECTANG↙
指定第一个角点或［倒角(C)/标高(E)/圆角(F)/厚度(T)/宽度(W)］：
// 单击鼠标左键确定矩形第一角点
指定另一个角点或［面积(A)/尺寸(D)/旋转(R)］：@360,1800↙
命令：EXPLODE↙
选择对象： // 单击完成的矩形
选择对象：↙
命令：OFFSET↙
指定偏移距离或［通过(T)/删除(E)/图层(L)］<120.0000>：120↙
选择要偏移的对象，或［退出(E)/放弃(U)］<退出>：
// 单击分解后的矩形长边
指定要偏移的那一侧上的点，或［退出(E)/多个(M)/放弃(U)］<退出>：
// 在其右方任意点单击鼠标
选择要偏移的对象，或［退出(E)/放弃(U)］<退出>：
// 单击偏移后的直线
指定要偏移的那一侧上的点，或［退出(E)/多个(M)/放弃(U)］<退出>：
// 在其右方任意点单击鼠标
选择要偏移的对象，或［退出(E)/放弃(U)］<退出>：
// 按"Esc"键退出命令

③应用"复制"命令插入窗
完成图如图 6-57 所示。

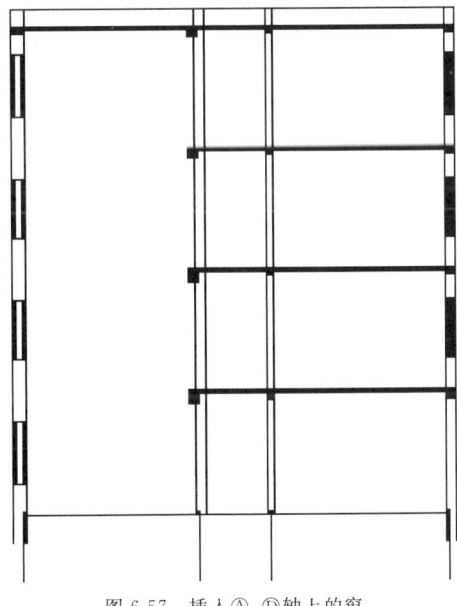

图 6-57　插入Ⓐ、Ⓓ轴上的窗

④Ⓐ、Ⓓ轴门的绘制方法同窗的绘制
(2)绘制轴线Ⓑ、Ⓒ轴之间的门窗
①"构造线"偏移确定窗位置
方法同(1)中窗位置的确定,窗底距楼面板及地面的尺寸为1 000 mm,窗边距墙内皮尺寸为430 mm。
②应用"矩形""偏移"命令绘制窗
方法同(1)中窗的绘制,窗尺寸如图6-58所示。
③应用"复制"命令插入窗
完成门窗如图6-59所示。

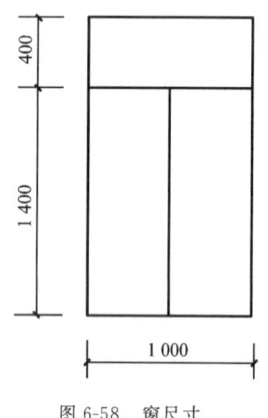

图6-58 窗尺寸

图6-59 完成门窗

8.绘制楼梯

在"正交模式"打开状态下,应用"直线"和"图案填充"命令绘制楼梯。
(1)绘制休息平台及平台梁
①"构造线"偏移确定各层平台板位置
命令:XLINE↙
指定点或［水平(H)/垂直(V)/角度(A)/二等分(B)/偏移(O)］:O↙
指定偏移距离或［通过(T)］<通过>:1650↙
选择直线对象: //单击首层地面线
指定向哪侧偏移: //在首层地面线上方任意点单击鼠标即可确定一层楼梯平台板底标高
二、三层楼体平台板底标高位置的确定方法同上,不同之处在于偏移距离为3 600 mm。
②楼梯平台及平台梁的绘制
方法同楼板的绘制,尺寸如图6-60所示。
③应用"复制"命令插入平台及平台梁
完成后的楼梯平台及平台梁如图6-61所示。

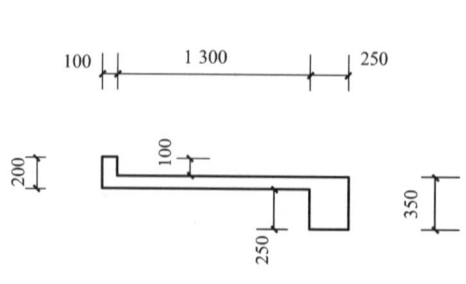

图6-60 楼梯休息平台尺寸

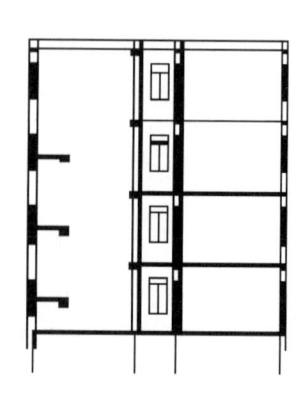

图6-61 插入休息平台

(2)绘制楼梯

①楼梯踏步绘制

命令：LINE

指定第一点： //鼠标左键单击确定

指定下一点或［放弃(U)］：300↙

指定下一点或［放弃(U)］：300↙

指定下一点或［闭合(C)/放弃(U)］：150↙

指定下一点或［闭合(C)/放弃(U)］：300↙

重复上述步骤，绘制完楼梯踏步，如图6-62所示。

②梯板绘制

首先，启动"直线"命令，连接楼梯踏步的下边点，然后启动"偏移"命令各向下偏移距离为100 mm，如图6-63所示。

再应用"直线""延伸""修剪"命令完成楼梯细部修改，并使之形成封闭区域，最后应用"图案填充"命令完成楼梯绘制，如图6-64所示。

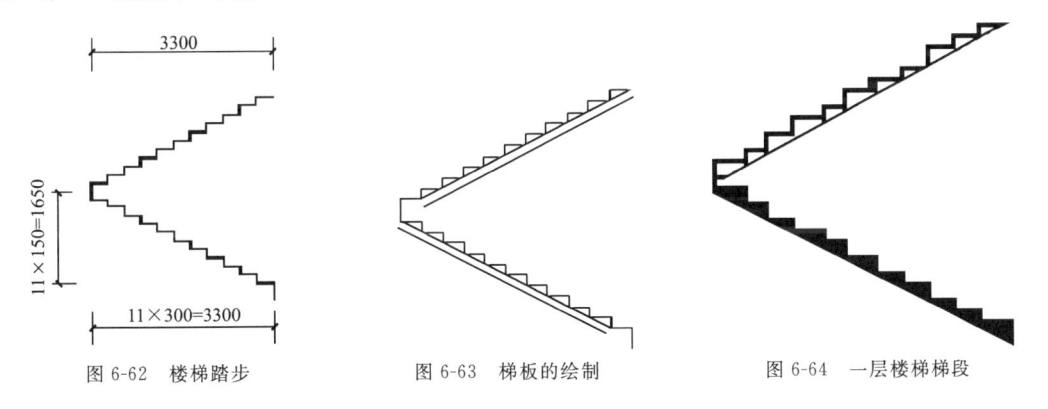

图6-62 楼梯踏步　　图6-63 梯板的绘制　　图6-64 一层楼梯梯段

③楼梯插入

应用"复制"命令插入楼梯，注意基点的选择（选择楼梯两个梯段踏步共用线的中点），如图6-65所示。最后使基点与平台梁的右上角点重合，即完成首层楼梯的绘制，如图6-66所示。

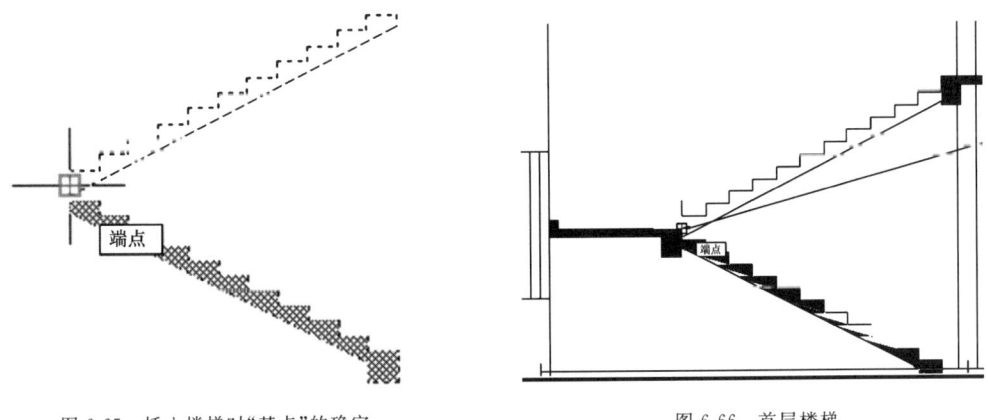

图6-65 插入楼梯时"基点"的确定　　图6-66 首层楼梯

其他层楼梯的绘制方法与首层相同，也可以将首层楼梯根据其他楼层楼梯的具体踏步数稍作修改后，直接复制完成。

完成后的楼梯图如图 6-67 所示。

(3)绘制扶手及栏杆

①栏杆绘制

"正交模式"打开状态下应用"直线"命令绘制出一根栏杆,然后应用"复制"命令完成其他栏杆绘制,栏杆高度为 900 mm。具体操作如下:

命令:LINE

指定第一点:＜正交　开＞ //捕捉第一个踏步的中点单击鼠标左键

指定下一点或［放弃(U)］:900↙

指定下一点或［放弃(U)］: //按"Esc"键结束命令

命令:COPY↙

选择对象:找到 1 个　　　 //选择已绘制的栏杆

选择对象:↙

指定基点或［位移(D)/模式(O)］＜位移＞:指定第二个点或＜使用第一个点作为位移＞:
　　　　　　　　　　//基点为栏杆的下端点,指定第二点为其他踏步的中点位置

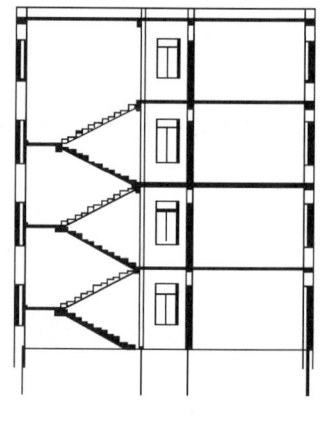

图 6-67 楼梯图

二层及三层的栏杆可以把一层栏杆全部复制,基点选择为平台梁的右上角点,如图 6-68 所示。绘制完的楼梯栏杆如图 6-69 所示。

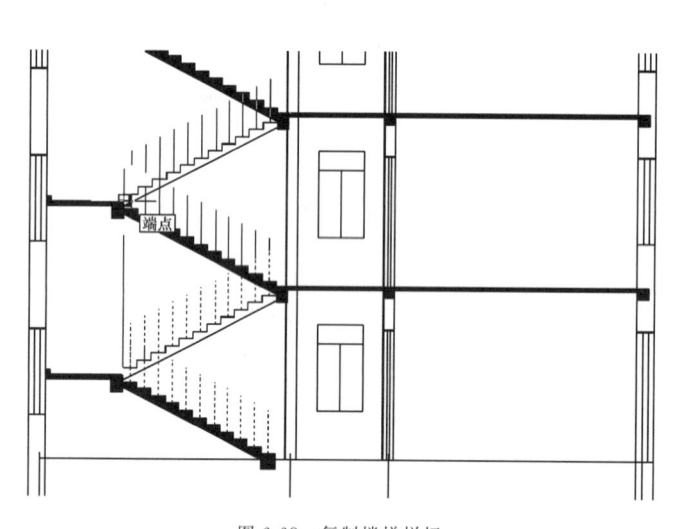

图 6-68 复制楼梯栏杆

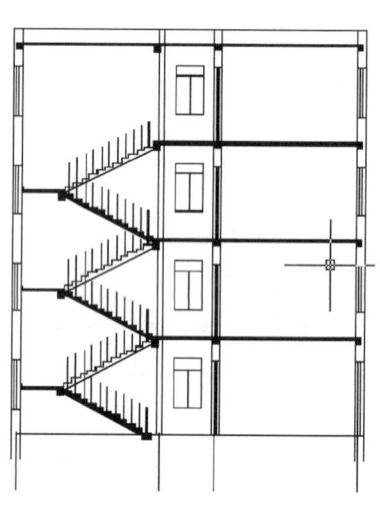

图 6-69 绘制完成的楼梯栏杆

②扶手绘制

栏杆的绘制步骤如下,应用"多段线""镜像"命令。扶手尺寸如图 6-70 所示:

命令:PLINE↙

指定起点:　　　　　　　 //单击鼠标左键确定一点

指定下一个点或［圆弧(A)/半宽(H)/长度(L)/放弃(U)/宽度(W)］:W↙

指定起点宽度＜50.0000＞:30↙

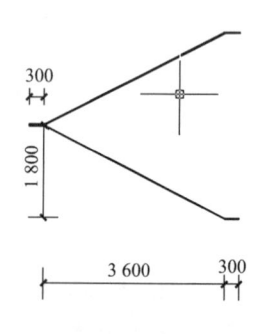

图 6-70 扶手尺寸

指定端点宽度＜30.0000＞：30↙
指定下一个点或［圆弧(A)/半宽(H)/长度(L)/放弃(U)/宽度(W)］：＜正交　开＞300↙
指定下一点或［圆弧(A)/闭合(C)/半宽(H)/长度(L)/放弃(U)/宽度(W)］：＜正交　关＞
@－3600,1800↙
指定下一点或［圆弧(A)/闭合(C)/半宽(H)/长度(L)/放弃(U)/宽度(W)］：＜正交　开＞300↙
指定下一点或［圆弧(A)/闭合(C)/半宽(H)/长度(L)/放弃(U)/宽度(W)］：
　　　　　　　　　　　//按"Esc"键结束命令
命令：MIRROR↙
选择对象：找到 1 个
指定镜像线的第一点：指定镜像线的第二点：
　　　　　　　　//"正交模式"打开，镜像线为上、下两栏杆的对称线
要删除源对象吗？［是(Y)/否(N)］＜N＞：↙
③扶手插入

平台上的栏杆距离最后一个踏步尺寸为300，如图 6-71 所示。应用构造线偏移确定平台栏杆的位置，再启动"直线"命令绘制高度为 900 mm 的栏杆，最后删除构造线。

应用"复制"命令完成扶手的插入，基点选择为水平段的中点，如图 6-72 所示。

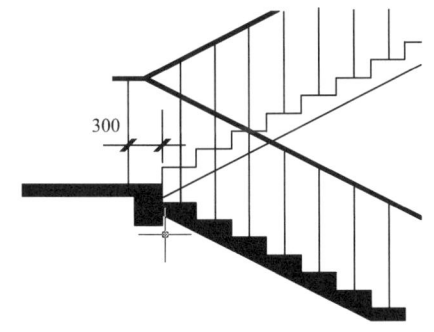

图 6-71　休息平台上的栏杆位置 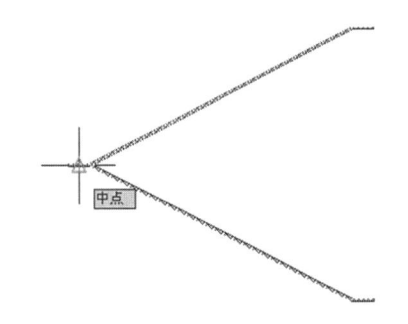　　　　　图 6-72　复制扶手时"基点"的选择

插入点为平台上栏杆的上端点，如图 6-73 所示。绘制完成的扶手如图 6-74 所示。

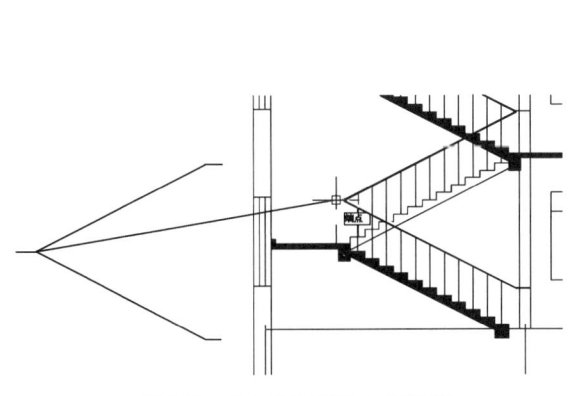

图 6-73　插入扶手时"插入点"选择 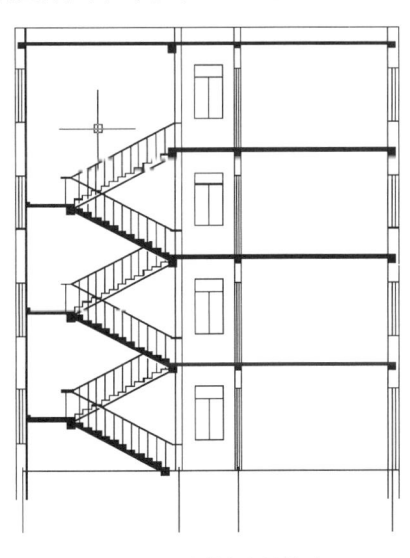　　　　图 6-74　绘制完成的扶手

9. 绘制圈梁

圈梁尺寸为 240 mm×240 mm，圈梁顶标高为每层层顶的标高。

应用"矩形"及"图案填充"命令绘制圈梁。

圈梁插入时在打开"对象捕捉"及"对象捕捉追踪"状态下，应用"复制"命令完成，如图 6-75 所示。也可用构造线作为辅助线确定出圈梁的位置，然后再用"复制"命令完成。绘制完成的圈梁如图 6-76 所示。

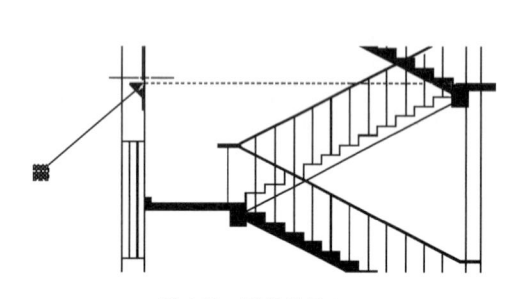

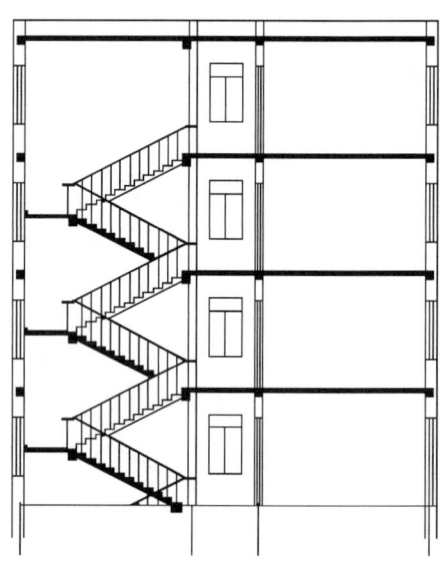

图 6-75 圈梁的插入　　图 6-76 绘制完成的圈梁

10. 绘制雨篷、室外台阶

雨篷的绘制方法同楼面板的绘制；室外台阶的绘制方法同楼梯的绘制。雨篷及室外台阶尺寸如图 6-77 所示。

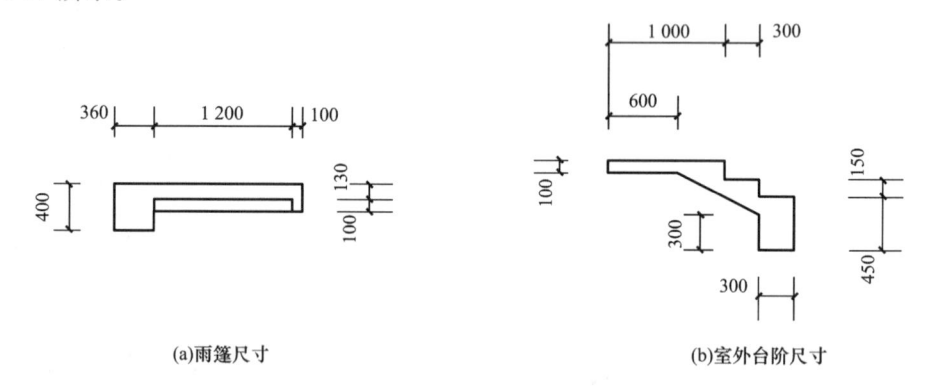

(a)雨篷尺寸　　(b)室外台阶尺寸

图 6-77 雨篷及室外台阶尺寸

11. 尺寸及文字标注

标注样式及文字样式的设置见图 6-1 标准层平面图。

第 7 章

图形的输出

教学内容
图形输入
模型空间和布局空间
创建布局
图形的打印

教学重点与难点
创建布局的基本操作
图形的打印

建筑图形的输出是整个设计过程的最后一步，即将设计的成果展示在图纸上。AutoCAD 2015 提供了图形输入与输出接口。不仅可以将其他应用程序中处理好的数据传送给 AutoCAD 2015，以显示其图形，还可以将在 AutoCAD 2015 中绘制好的图形打印出来，或者把它们的信息传送给其他应用程序。AutoCAD 2015 为用户提供了两种并行的工作空间：模型空间和图纸空间。一般来说，用户在模型空间进行图形设计，在图纸空间进行打印输出。

此外，为适应互联网的快速发展，使用户能够快速、有效地共享设计信息，AutoCAD 2015 强化了 Internet 功能，使其与互联网相关的操作更加方便、高效，可以创建 Web 格式的文件（DWF）以及发布 AutoCAD 2015 图形文件到 Web 页。

7.1　图形输入

一般地，通过 AutoCAD 2015 创建的图形文件格式为 DWG 格式。除了 DWG 文件以外，AutoCAD 2015 还支持其他应用程序创建的文件在图形中输入、附着和打开。

通过"插入"菜单下相关的命令，可以插入对应的文件类型，如 3D Studio、ACIS 文件、Windows 图元文件和 OLE 对象等，如图 7-1 所示。

还可以选择菜单"文件"→"输入"命令或者运行 IMPORT 命令，在弹出的"输入文件"对话框，选择输入文件的类型，如图 7-2 所示。

图 7-1　"插入"菜单中的输入文件菜单项　　　　图 7-2　"输入文件"对话框

对象的链接和嵌入（OLE）是 Windows 的一个功能，用于将不同应用程序的数据合并到一个文档中。利用该功能，可以在应用程序之间复制或移动信息，同时不影响在原始应用程序中编辑信息。

常用 OLE 对象嵌入的方法如下：

(1)命令行："INSERTOBJ"✓。

(2)下拉菜单："插入"→"OLE 对象"。

启动插入 OLE 对象命令后，将弹出"插入对象"对话框。如图 7-3 所示。通过该对话框插入各种程序创建的文件，实现程序间的数据共享。

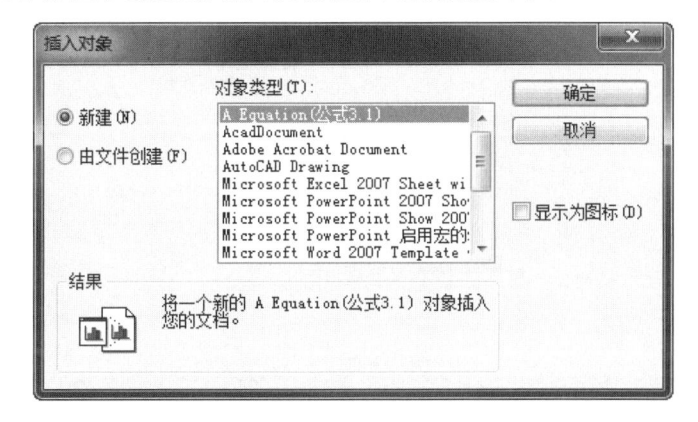

图 7-3 "插入对象"对话框

7.2 模型空间和布局空间

7.2.1 模型空间

在 AutoCAD 2015 中绘制和编辑图形文件时，可以采用两种不同的工作环境，即"模型空间"和"布局空间"，布局空间又称"图纸空间"。在不同的空间可以进行不同的操作。

模型空间是完成绘图和设计工作的工作空间，是用户所画的图形（二维或者三维模型）所处的环境。使用在模型空间中建立的模型可以完成二维或三维物体的造型，并且可以根据需求用多个二维或三维视图来表示物体，同时配有必要的尺寸标注和注释等来完成所需要的全部绘图工作。一般来说用户在模型空间按实际尺寸（1∶1）进行绘图。模型空间的坐标系图标为 L 形，模型空间如图 7-4 所示。

启动 AutoCAD 2015 后，默认状态处于模型空间，绘图窗口下面的"模型"选项卡处于激活状态，而图纸空间是关闭的。

7.2.2 布局空间

布局空间是为了打印出图而设置的。一般在模型空间绘制完图形后，用于在绘图输出之前设置模型空间在图纸的布局，确定模型视图在图纸上出现的位置。在布局空间里，用户无须再对任何图形进行修改、编辑，所要考虑的是图形在整张图纸

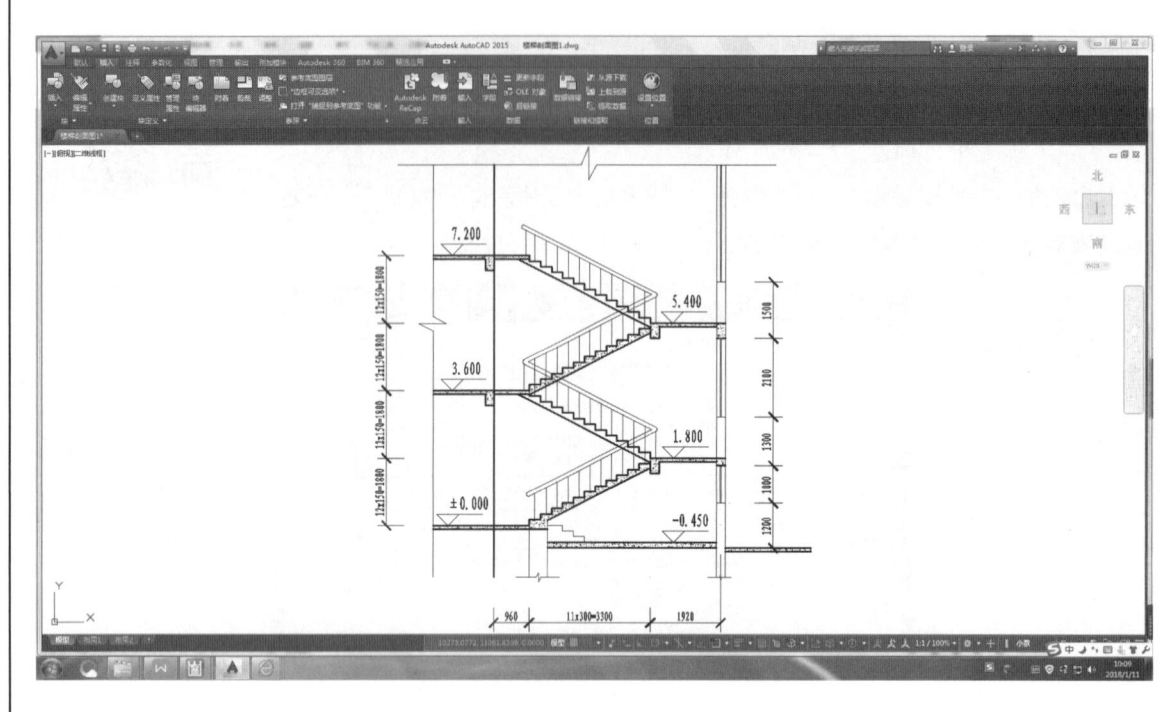

图 7-4 模型空间

中如何布置。每个布局代表一张单独的打印输出图纸,可以预览到真实的图纸输出效果。模型空间中的三维对象在图纸空间中是用二维平面上的投影表示的,它是一个二维环境。布局空间如图 7-5 所示。

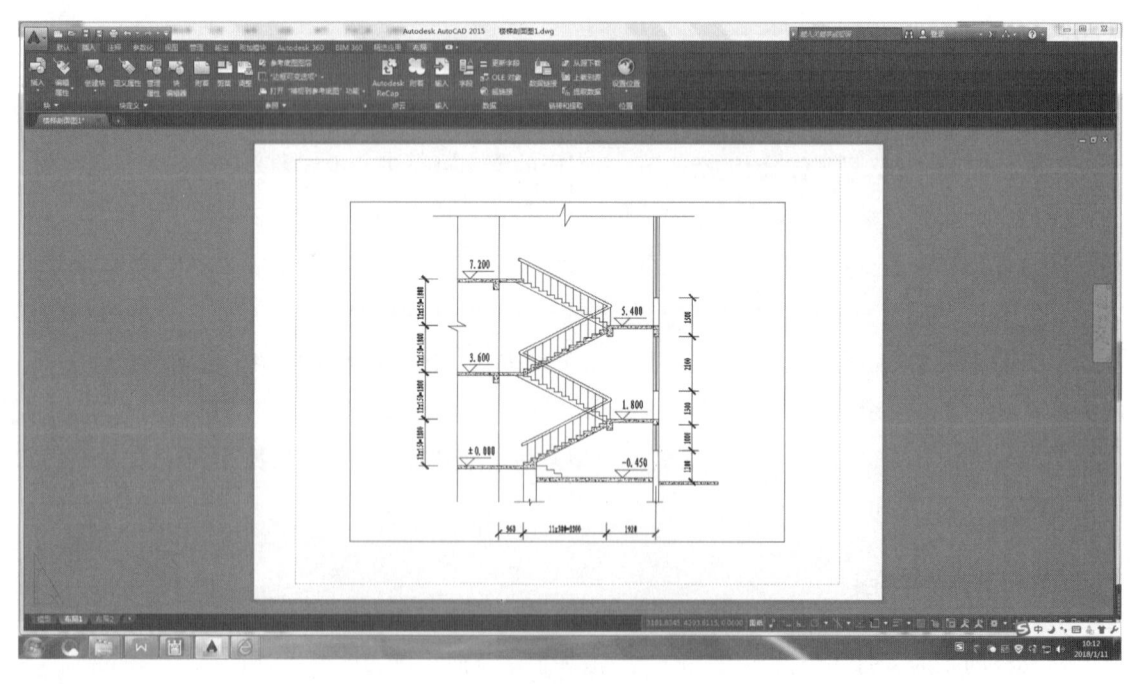

图 7-5 布局空间

在图形的布局窗口中出现了三个框,最大的框表示所选图纸的边界;第二个虚线框是可以打印的区域,即只有在可打印区域范围内的图形对象才可以被打印。第三个框为"浮动窗口"。"布局预览"窗口如图 7-6 所示。

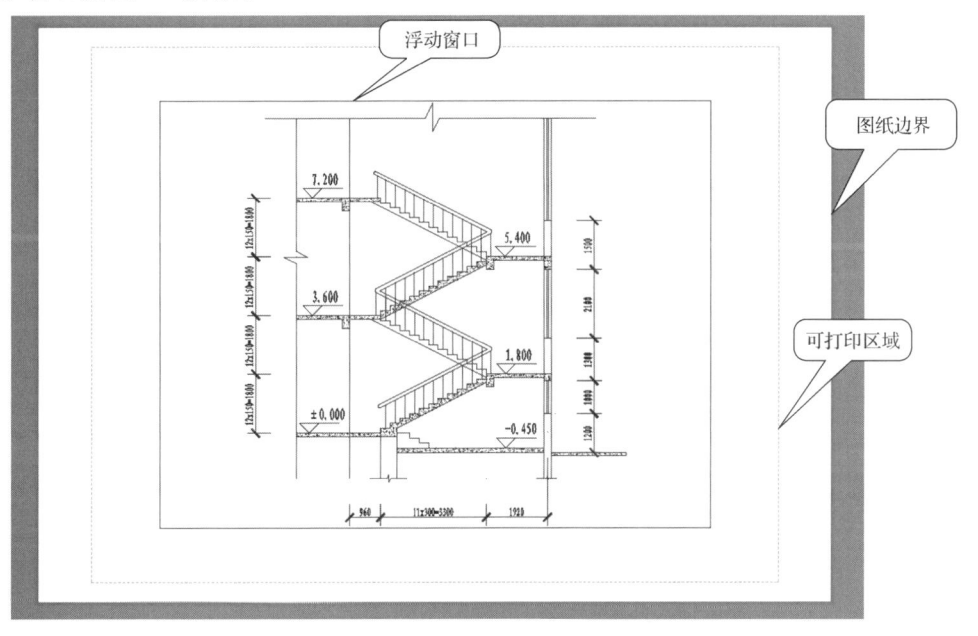

图 7-6 "布局预览"窗口

7.2.3 模型空间与布局空间的切换

在从 AutoCAD 2015 中建立一个新图形时,AutoCAD 2015 会自动建立一个"模型"选项卡和两个"布局"选项卡,如图 7-7 所示。用户可以通过单击选项卡进行切换。"模型"选项卡可以用来在模型空间中建立和编辑图形,该选项卡不能被删除和重命名;"布局"选项卡用来编辑打印图形的图纸,可以进行删除和重命名操作。

图 7-7 "模型"和"布局"选项卡

7.3 布局的创建、管理及视口的概念

布局相当于图纸的空间环境。一个布局就是一张图纸,并提供预制的打印页面设置。在布局中,可以创建和定位视口,并生成图框、标题栏等。利用布局可以在图纸空间方便、快捷地创建多个视口来显示不同视图,而且每个视图都可以有不同的显示缩放比例,或冻结指定图层。

7.3.1 创建布局

在 AutoCAD 2015 中,可以使用"布局"子菜单和"布局"选项卡来创建和管理布局。"布局"子菜单如图 7-8 所示,"布局"选项卡如图 7-9 所示。

注:只有切换到布局空间时,功能区才会出现"布局"选项卡。

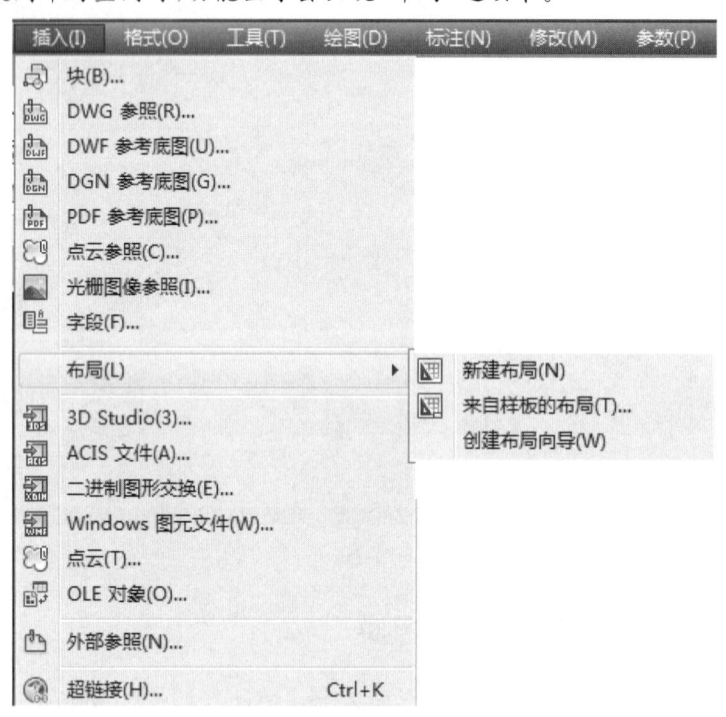

图 7-8 "布局"子菜单

图 7-9 "布局"选项卡

"布局"子菜单各选项说明:

(1)新建布局:用于新建一个布局,但不做任何设置。默认情况下,每个模型允许创建 225 个布局。选择该选项后,将在命令行提示中指定布局的名称,输入布局名称后即完成创建。

(2)来自样板的布局:用于将图形样板中的布局插入图像中。选择该选项后,将弹出"从文件选择样板"对话框,默认为 AutoCAD 2015 安装目录下的"Template"子目录,如图 7-10 所示。在该对话框中选择要导入布局样板文件后,单击"打开"按钮,将弹出"插入布局"对话框,如图 7-11 所示。该对话框显示所选样板文件中所包含的布局,选择一个布局后,单击"确定"按钮将布局插入。

(3)创建布局向导:用于引导用户创建布局。布局向导包含一系列对话框,可进行相应设置。

图 7-10 "从文件选择样板"对话框

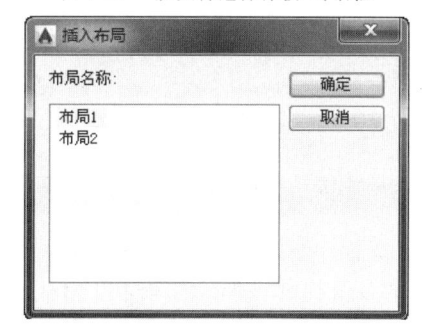

图 7-11 "插入布局"对话框

7.3.2 管理布局

在 AutoCAD 2015 中，布局的管理可以通过两种方法实现。

(1) 在"布局"选项卡上右键单击鼠标，此时会弹出一个快捷菜单，如图 7-12 所示。可以进行新建布局、删除、重命名、移动或复制等操作。

(2) 在命令行输入"LAYOUT"并按"Enter"键，命令行提示：

"输入布局选项[复制(C)删除(D)新建(N)样板(T)重命名(R)另存为(SA)设置(S)?]<设置>："，此时在命令行输入对应选项，可对布局进行复制、删除和重命名等操作。

图 7-12 "布局"选项卡上的快捷菜单

7.3.3 视口

视口是 AutoCAD 2015 界面上用于显示图形的一个区域。一般视口往往是单一或等大的阵列视口。用户可以通过它操作或显示模型空间图形。如图 7-13 所示。每一个区域都可以用来查看图形的不同部分。每个视口都可以单独进行平移和缩放。在命令执行期间，可以通过在某个视口的任意位置单击以切换视口。如果在某个视口中对图层中的内容进行操作，例如冻结图层，则在所有视口中冻结此图层。

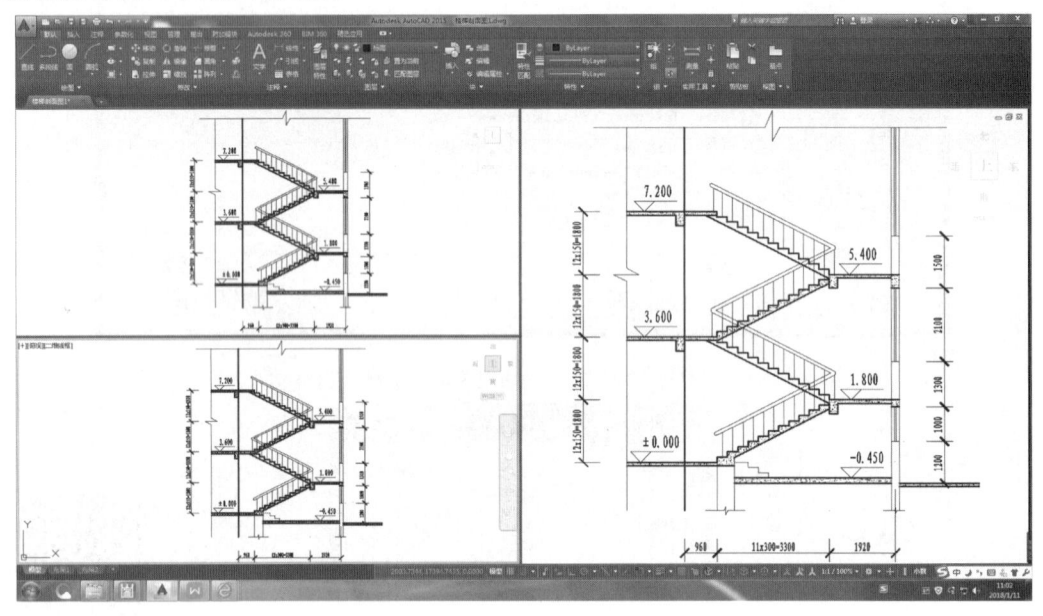

图 7-13 模型空间"三个视口"显示图形

在布局中可以根据需要建立多个视口，视口之间可以相互重叠或分离，可以对视口进行移动、调整大小、删除等操作。所以布局中的视口称作浮动视口。在一个布局中视口可以是均等的矩形，平铺在图纸上，也可以根据需要有特定的形状。如图 7-14 所示。

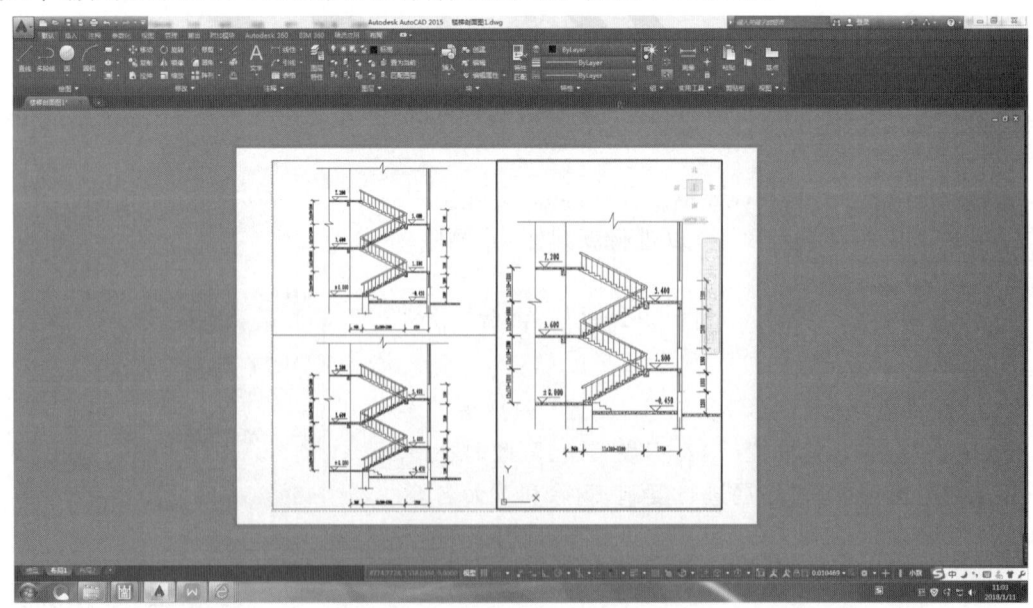

图 7-14 布局空间"视口"图形显示

常用"建立视口"命令的启动方法如下:
(1)命令行:"VPORTS"↙。
(2)下拉菜单:"视图"→"视口"。
(3)功能区:"视图"标签→"视口"面板。
新建视口如图 7-15 所示。

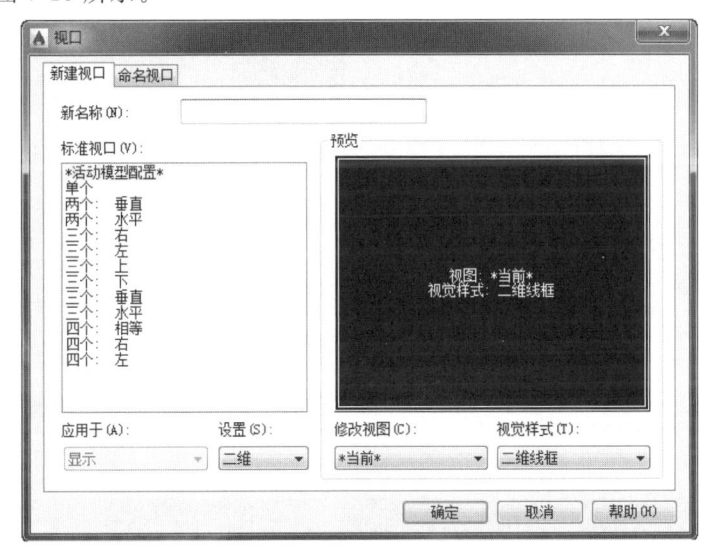

图 7-15 "新建视口"界面

7.4 图形的打印

在 AutoCAD 2015 中,完成图形的设计绘制之后,就可以将其打印输出。

【例 7-1】 将第六章绘制的标准层平面图以 PDF 的格式打印出来。
(1)常用"打印"命令启动方式如下:
①命令行:"PLOT"↙。
②下拉菜单:"文件"→"打印"。
③功能区:"输出"选项卡→"打印"面板→"🖨打印按钮"。
启动命令后,弹出"打印-模型"对话框,如图 7-16 所示。

微课 47

图形打印

(2)操作步骤如下:
①在"页面设置"选项组的"名称"下拉列表框中选择"无"选项。
②在"打印机/绘图仪"选项组的"名称"下拉列表框中选择"Adobe-PDF"选项。
③在"图纸尺寸"选项组下拉列表框中选择 A3 图纸幅面。
④在"打印区域"选项组→打印范围下拉列表中选择"窗口"选项,此时对话框暂时隐藏,在绘图区域框选要打印的"标准层平面图",选完之后,对话框再次显示。
⑤在"打印比例"选项组中勾选"布满图纸"复选框。
⑥在"打印偏移"选项组中勾选"居中打印"复选框。
⑦在"图形方向"选项组中选择"横向"。
以上操作步骤设置如图 7-17 所示。

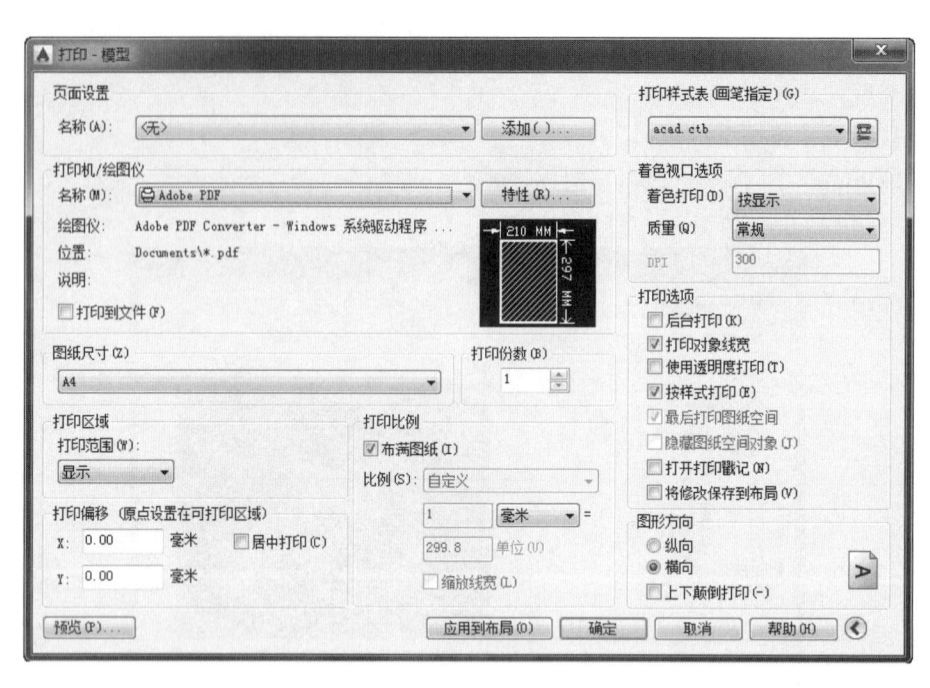

图 7-16 "打印-模型"对话框

图 7-17 "标准层平面图"打印设置对话框

⑧单击"打印样式表"选项组后的编辑按钮,弹出"打印样式表编辑器"对话框,并单击"表格视图"选项卡。如图 7-18 所示。

⑨在此对话框中选择图形绘制时使用的所有颜色,然后在"颜色"下拉列表中选择"黑",进行黑白打印。

⑩分别选择墙体、图框等需要加粗打印的图形对象所使用的颜色,在"线宽"下拉列表中选择合适的线宽,设置完成后单击"保存并关闭"按钮,此时"打印样式表编辑器"对话框关闭。

图 7-18 "打印样式表编辑器"对话框

⑪在"打印-模型"对话框中单击"确定"按钮,完成标准层平面图"PDF"格式的打印,打印效果如图 7-19 所示。

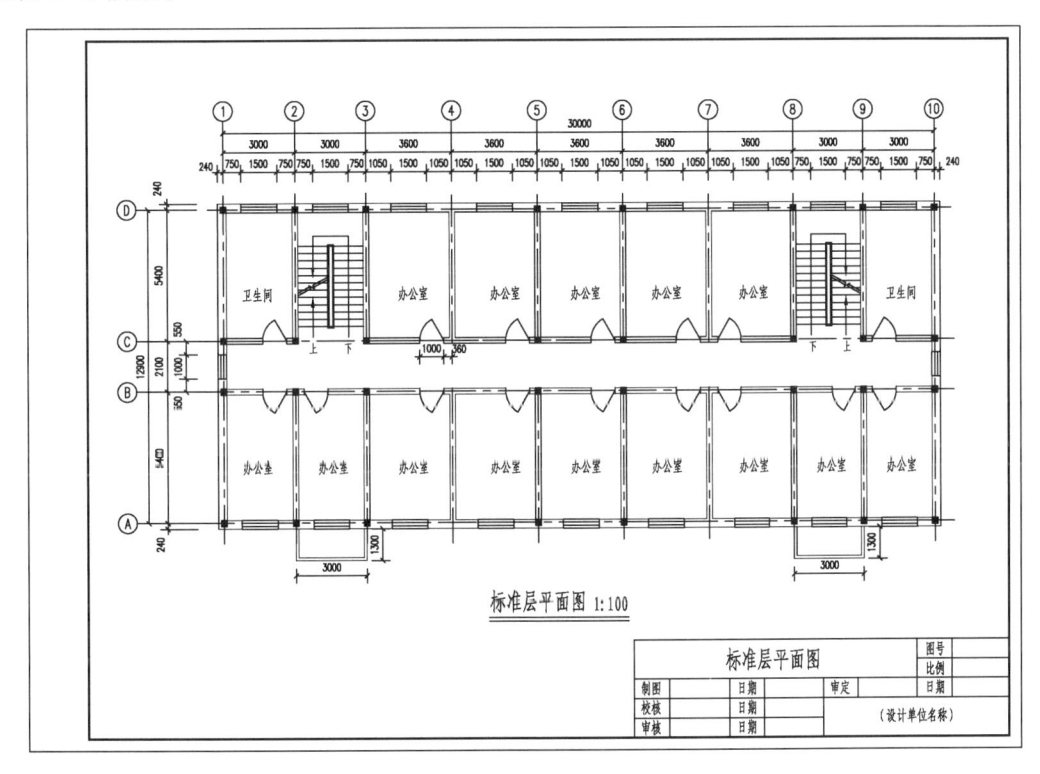

图 7-19 "标准层平面图"打印效果图

第8章

天正建筑软件在建筑设计中的使用

教学内容

　　天正建筑软件的基础知识

　　天正建筑软件的基本操作

　　创建立面图和剖面图

教学重点与难点

　　天正建筑软件的基础知识

　　天正建筑软件的基本操作

前面详细介绍了 AutoCAD 2015 的操作方法，以及使用 AutoCAD 2015 相关命令绘制建筑平面图、建筑立面图、建筑剖面图的典型案例。这些都是 AutoCAD 2015 最基本的功能，也是建筑设计人员必须熟练掌握的技能。然而，在实际的建筑工程设计中，直接使用 AutoCAD 2015 的命令绘图只占一部分，更多的是使用 AutoCAD 2015 二次开发的专用软件，比如天正建筑软件。本章将具体介绍天正建筑软件在建筑设计中的使用。

8.1 天正建筑软件的基础知识

8.1.1 天正建筑软件简介

天正建筑软件(TArch)以工具集为突破口，结合 AutoCAD 2015 图形平台的基本功能，使它从建筑方案到施工图的各个阶段，在平面、立面、剖面图形的绘制方面都有灵活适用的辅助工具，还为三维方案提供了独特的三维建模工具，使许多设计人员不必再使用基本的 AutoCAD 2015 命令，就能达到大幅度提高绘图效率的目的。本章节将以 T20 天正建筑软件为例，来学习它的使用。T20 天正建筑软件的操作界面如图 8-1 所示。

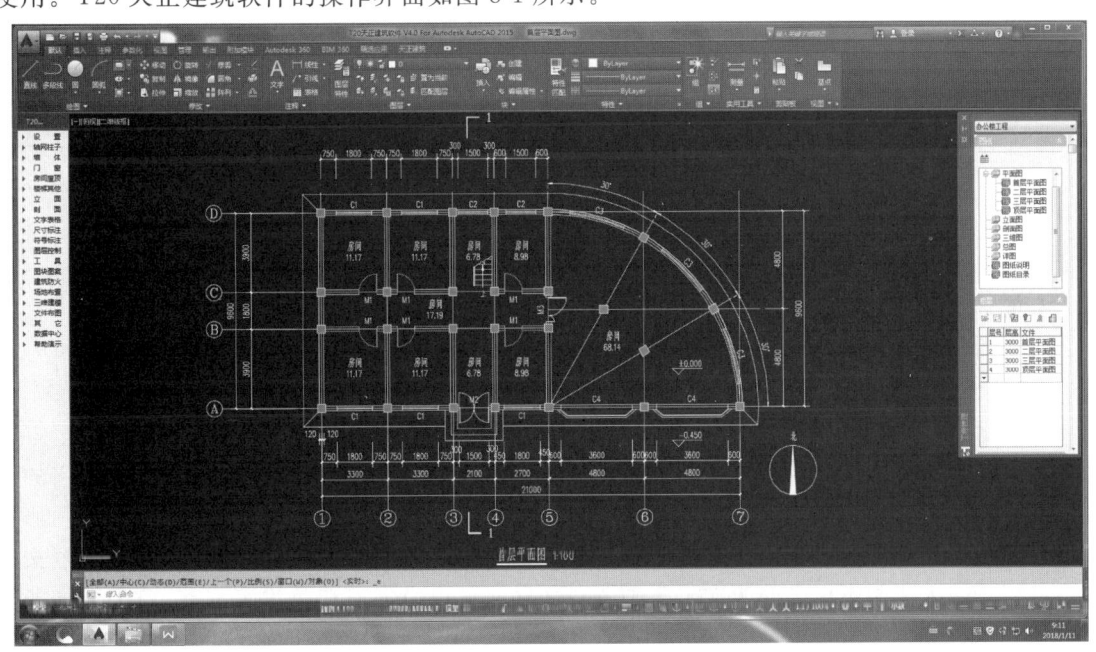

图 8-1 T20 天正建筑软件的操作界面

8.1.2 天正建筑软件的功能特点

1. 二维图形与三维图形设计同步

天正建筑软件主要用于绘制施工图，同时提供三维建模功能。在绘图时基本使用二维绘图模式，但是绘制的图形中含有三维信息，从而可以使用户轻松观察图形的三维效果，不需要另外生成三维模型，模型与平面图的绘制是同步的。

2. 自定义对象技术

天正开发了一系列自定义对象表示建筑专业构建,具有使用方便、通用性强的特点。例如,预先建立了各种材质的墙体构建,具有完整的几何和物理特征,可以像 AutoCAD 2015 的普通对象一样进行操作,可以用夹点随意拉伸改变几何形状,与门窗按相互关系智能联动,显著提高编辑效率。

3. 方便的智能化菜单系统

采用 256 色图标的新式屏幕菜单,图文并茂、层次清晰、折叠结构,支持鼠标滚轮操作,使子菜单之间切换快捷,如图 8-2 所示。

屏幕菜单的右键功能丰富,可执行命令帮助、目录跳转、启动命令、自定义等操作,如图 8-3 所示为 T20 天正建筑软件的右键快捷菜单。在绘图过程中,右键快捷菜单能感知选择对象类型,弹出相关编辑菜单,可以随意定制个性化菜单适应用户习惯,汉语拼音快捷命令使绘图更快捷。

图 8-2　T20 天正建筑软件屏幕菜单　　图 8-3　T20 天正建筑软件的右键快捷菜单

4. 先进的专业化标注系统

天正专门针对建筑行业图纸的尺寸标注开发了专业化的标注系统,轴号、尺寸标注、符号标注、文字都使用对建筑绘图极方便的自定义对象进行操作,取代了传统的尺寸、文字对象。

5. 全新设计文字表格功能

天正的自定义文字对象可方便地书写和修改中西文混排文字,方便地输入和变换文字的上下标,输入特殊字符,书写加圈文字等。文字对象可分别调整中西文字体各自的宽高比例,修正 AutoCAD 2015 所使用的两类字体(*.shx 与 *.ttf)中英文实际字高不等的问题,使中西文混合标注符合国家制图标准的要求。此外天正文字还可以设定对背景进行屏蔽,获得清晰的图面效果。

6. 强大的图库管理系统和图块功能

天正的图库管理系统采用先进的编程技术,支持贴附材质的多视图图块,支持同时打开多个图库的操作。

天正图块提供五个夹点,直接拖动夹点即可进行图块的对角缩放、旋转、移动等变化。可对图块附加"图块屏蔽"特性,图块可以遮挡背景对象而无须对背景对象进行裁剪。通过对象编辑可随时改变图块的精确尺寸与转角。

7. 工程管理器兼有图纸集与楼层表功能

天正建筑软件引入了工程管理概念,工程管理器将图纸集和楼层表合二为一,将与整个工程相关的建筑立剖面、三维组合、门窗表、图纸目录等功能完全整合在一起,同时进行工程图档的管理,无论是在工程管理器的图纸集中还是在楼层表中双击文件图标都可以直接打开图形文件。

系统允许用户使用一个 DWG 文件保存多个楼层平面,也可以每个楼层平面分别保存一个 DWG 文件,甚至可以两者混合使用。

8. 全面增强的立剖面绘图功能

天正建筑软件随时可以从各层平面图获得三维信息,按楼层表组合,消隐生成立面图与剖面图,使生成步骤得到简化,成图质量明显提高。

8.1.3 天正选项命令

天正建筑软件把以前在 AutoCAD 2015 的"选项"命令中添加的"天正基本设定"和"天正加粗填充"两个选项页面与"高级选项"命令三者,集成为新的"天正选项"命令。通过在屏幕菜单中的执行"设置"→"天正选项"命令,弹出"天正选项"对话框进行,分为"基本设定""加粗填充"和"高级选项"三个选项卡。

"基本设定"选项卡用于设置软件的基本参数和命令,默认执行效果,用户可以根据工程的实际要求对其中的内容进行设定,如图 8-4 所示。

图 8-4 "天正选项"对话框中的"基本设定"选项卡

"加粗填充"选项卡专用于墙体与柱的填充,提供各种填允图案和加粗线宽,共有"普通填充"和"线图案填充"两种填充方式,适用于不同材料的填充对象,后者专门用于墙体材料为填充墙和轻质隔墙,在"绘制墙体"命令中有多个填充墙材料可供设置。

共有"标准"和"详图"两个填充级别,按不同当前比例设定不同的图案和加粗线宽,由用户通过"比例大于 1∶XX 启用详图模式"参数进行设定,当前比例大于设置的比例界限后,就会从一种填充与加粗选择进入另一种填充与加粗选择,有效地满足了施工图中不同图纸类型填充与加粗详细程度不同的要求,如图 8-5 所示。

图 8-5 "天正选项"对话框中的"加粗填充"选项卡

"高级选项"是控制天正建筑软件全局变量的用户自定义参数的设置界面,除了尺寸样式需专门设置外,这里定义的参数保存在初始参数文件中,不仅用于当前图形,对新建的文件也起作用,高级选项和选项是结合使用的,例如在高级选项中设置了多种尺寸标注样式,在当前图形选项中根据当前单位和标注要求选用其中几种用于本图,指北针文字的设置,可设为沿 Y 轴方向或者沿半径方向,弧长标注按新制图规范提供了可选样式。如图 8-6 所示。

图 8-6 "天正选项"对话框中的"高级选项"选项卡

8.2 天正建筑软件的基本操作

8.2.1 绘制轴线

轴网是由两组或多组轴线与轴号、尺寸标注组成的平面网格,是建筑物单体平面布置和墙柱构建定位的依据。完整的轴网由轴线、轴号和尺寸标注三个相对独立的系统构成。

【例 8-1】 按照表 8-1 所示数据,绘制效果如图 8-7 所示的轴网。

表 8-1　　　　　　　　轴网数据

直线轴网	上开间	2×3 300,2 100,2 700,2×4 800
	下开间	2×3 300,2 100,2 700,2×4 800
	左进深	3 900,1 800,3 900
	右进深	2×4 800
弧线轴网	开间(角度)	3×30
	进深(尺寸)	9 600

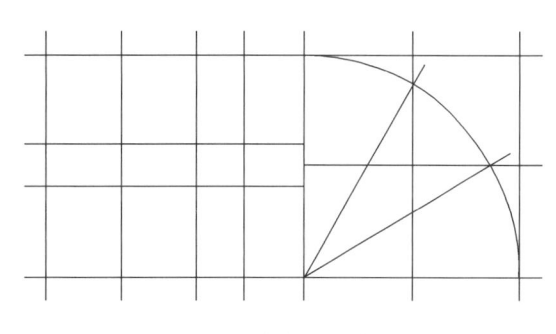

图 8-7　直线及圆弧轴网

(1)常用轴网绘制命令的启动方式如下:
①命令行:"HZZW"✓。
②屏幕菜单:"轴网柱"→"绘制轴网"命令。
执行命令后弹出"绘制轴网"对话框,如图 8-8 所示。

(2)主要操作选项说明:

在该对话框中有两个选项卡,分别是"绘制轴网"和"轴网标注"。"绘制轴网"选项包括"直线轴网"和"圆弧轴网"的绘制。

①"直线轴网"是指建筑轴网中的横向和纵向轴线全部是直线。单击"直线轴网"可切换到直线轴网的绘制。其主要选项的含义如下:

上开:在绘制轴线时绘制出图形上方的主要轴线。
下开:在绘制轴线时绘制出图形下方的主要轴线。
左进:在绘制轴线时绘制出图形左方的主要轴线。
右进:在绘制轴线时绘制出图形右方的主要轴线。
间距:开间或进深的尺寸数据,单击右方数值栏获得,也可输入。

图 8-8　"绘制轴网"对话框

个数:尺寸栏中数据的重复次数,单击右方数值栏获得,也可输入。

②"圆弧轴网"是由一组同心弧线和不过圆心的径向直线组成，常组合其他轴网，端径向轴线由两轴网共用。单击"弧线轴网"可切换到圆弧轴网的绘制，如图8-9所示。

其主要选项的含义如下：

夹角：由起始角起算，按旋转方向排列的轴线开间序列，常用数据可从右边列表获得，也可输入，单位为度。

进深：径向方向，由圆心起算到外圆的轴线尺寸数列，单位为毫米。

逆时针 /顺时针 ：径向轴线的旋转方向。

个数：栏中数据的重复次数。

共用轴线：单击此按钮，在绘图区中选取已绘制完成的轴线，即可以该轴线为边界插入圆弧轴网。

内弧半径：指定圆弧轴网的圆心与距离圆心最近的圆弧半径值。

起始角：X轴正方向到起始径向轴线的夹角（按旋转方向定）。

注：为了绘图过程中方便捕捉，轴线默认使用的线型是细实线，用户在出图前应该用"轴改线型"命令改为规范要求的点划线。

图8-9 "弧线轴网"对话框

(3) 操作步骤如下：

①执行"轴网柱"→"绘制轴网"命令，打开"绘制轴网"对话框。选择"直线轴网"选项，分别选中"上开""左进""右进"按表8-1输入对应数据，确定轴网的开间及进深，如图8-10～图8-12所示，并单击绘图区放置轴网，完成直线轴网的绘制，如图8-13所示。

图8-10 输入上开间数据

图8-11 输入左进深数据

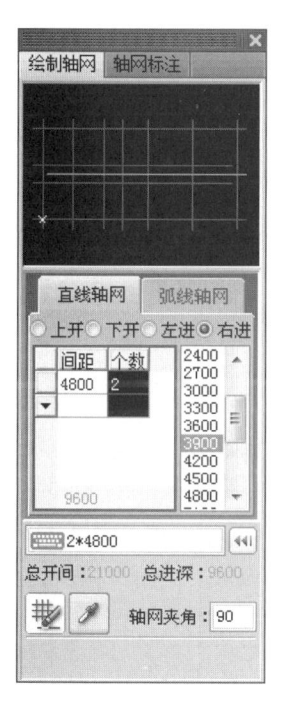

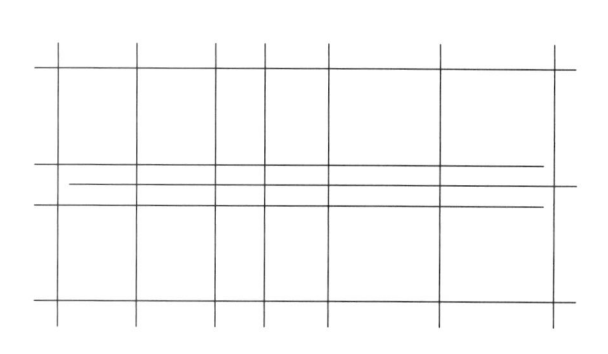

图 8-12　输入右进深数据　　　　图 8-13　直线轴网绘制

②再次执行"轴网柱"→"绘制轴网"命令，打开"绘制轴网"对话框。选择"弧线轴网"选项，确定轴网的圆心角及进深，如图 8-14 及 8-15 所示。并单击直线轴网点 1 处，插入圆弧轴网，如图 8-16 所示。

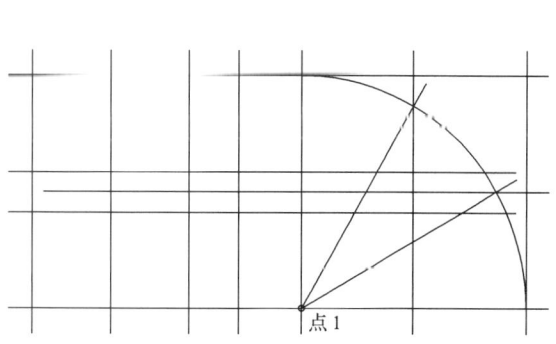

图 8-14　输入夹角数据　　图 8-15　输入进深数据　　　　图 8-16　弧线轴网绘制

③使用"修剪命令"依据图 8-7 轴网效果图所示对图 8-16 多余的线条进行修剪，完成轴网绘制。

8.2.2 轴网标注

轴网标注包括轴号标注和尺寸标注,轴号应按《房屋建筑制图统一标准》的规范要求使用数字、大写字母等标注,字母I、O、Z被规定不能用于轴号,在排序时将自动跳过这些字母。使用数字、大写字母方式标注可适应各种复杂分区轴网的编号规则。

【例 8-2】 对图 8-7 所示的轴网进行标注,标注效果如图 8-17 所示。

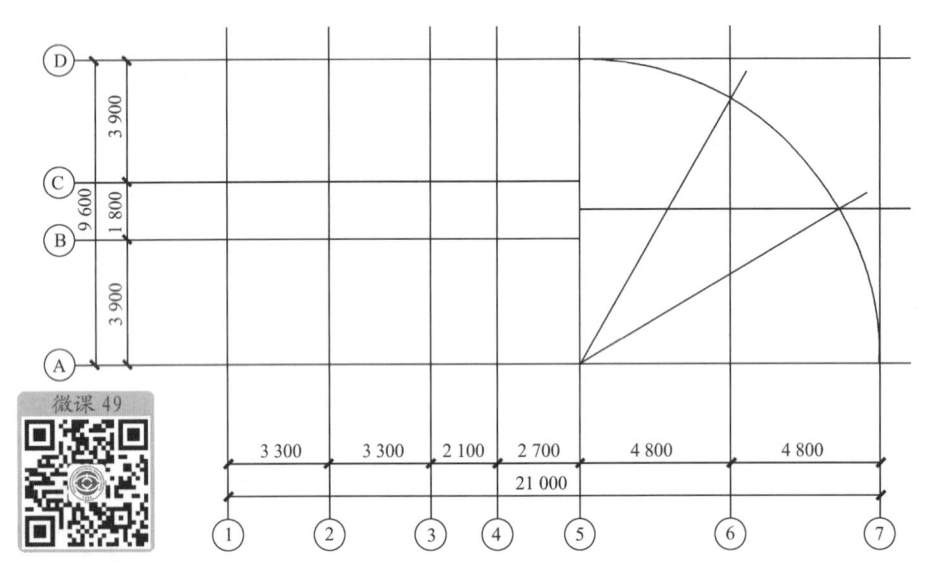

图 8-17 轴网标注

(1)常用轴网标注命令的启动方式如下:
①命令行:"ZWBZ"↙。
②屏幕菜单:"轴网柱"→"轴网标注"命令。
执行命令后弹出"轴网标注"对话框,如图 8-18 所示。
(2)其主要选项的含义如下:
"轴号排列规则":系统默认起始轴号为"1"或"A",用户也可以在此处选择轴号规则。
"单侧标注":表示在当前选择一侧的开间或进深标注轴号和尺寸。
"双侧标注":表示在两侧的开间、进深均标注轴号和尺寸。
"对侧标注":表示轴号和尺寸在两侧的开间、进深对应标注。
"输入起始轴号":用户可以设置起始轴线的编号。
注:"单轴标注"选项可以对单个轴线进行单独标注,轴号独立生成,与已经存在的轴号系统和尺寸系统不会发生关联。多用于立面图、剖面图与详图等单独的轴号标注。

图 8-18 "轴网标注"对话框

(3)操作步骤如下:
①执行"轴网柱"→"轴网标注"命令,打开"轴网标注"对话框,选择"单侧标注"选项。根据命令行提示:

请选择起始轴线<退出>：　　// 此时选择横向第一根轴线
请选择终止轴线<退出>：　　// 在屏幕上单击横向最后一根轴线
请选择不需要标注的轴线：　　//↙
请选择起始轴线<退出>：　　//↙

②再次执行"轴网柱"→"轴网标注"命令，打开"轴网标注"对话框，选择"单侧标注"选项。根据命令行提示：

请选择起始轴线<退出>：　　// 此时选择横向第一根轴线
请选择终止轴线<退出>：　　// 在屏幕上单击横向最后一根轴线
请选择不需要标注的轴线：　　// 单击右侧中间轴线↙

完成标注，效果如图 8-17 所示。

注：在天正建筑软件中，系统会自动识别纵向轴线和横向轴线，标注相应的轴线编号。

8.2.3　插入柱

柱在建筑设计中主要起到结构支撑的作用，有些时候柱也用于纯粹的装饰（俗称"装饰柱"）。在天正建筑软件中通常以自定义对象来表示柱，但各种柱对象定义不同，标准柱用底标高、柱高和柱截面参数描述其在三维空间的位置和形状，构造柱用于砖混结构，只有截面形状而没有三维数据描述，只服务于施工图。

1. 标准柱

标准柱为具有均匀断面形状的竖直构建，使用天正建筑软件的"标准柱"命令可插入矩形柱、圆柱或正多边形柱，另外，用户还可以创建自定义形状的异型柱。

2. 角柱

角柱是在墙角插入形状与墙角一致的柱，可预先设置好各肢长度以及分支的宽度，高度默认为当前层高。生成的角柱与标准柱类似，每一边都有可调整长度和宽度的夹点，可以方便地按要求修改。

3. 构造柱

"构造柱"命令可在墙角交点处或墙体内插入构造柱，柱的宽度不超过墙体的宽度，默认为钢筋混凝土材质，且仅生成二维对象。

【例 8-3】　对如图 8-17 所示的图形插入标准柱，插入效果如图 8-19 所示。

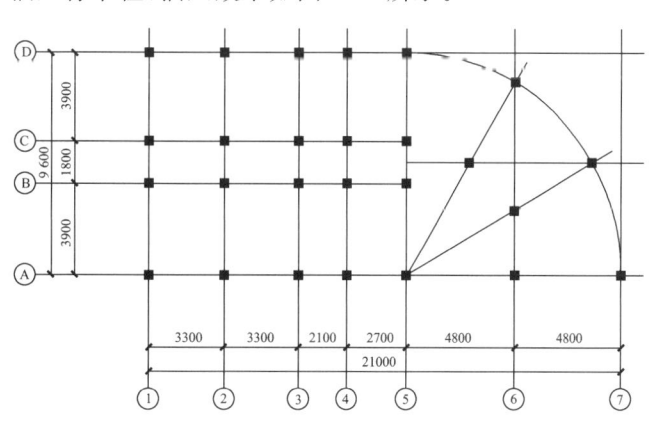

图 8-19　插入标准柱

(1)常用标准柱命令的启动方式如下：

①命令行："BZZ"↙。

②屏幕菜单："轴网柱"→"标准柱"命令。

执行命令后弹出"轴网标注"对话框，在其中设置标准柱的材料、形状、尺寸和布置方式，然后在绘图区操作，即可插入标准柱。如图8-20所示。

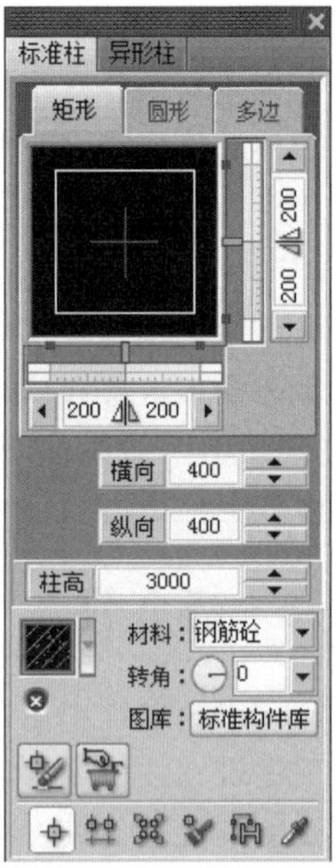

(2)其主要选项的含义如下：

"横向""纵向"：用于设置柱的大小，其中的参数因柱的形状而略有差异。

"柱高"：默认当前层高，也可从下拉列表中选取常用高度。

"转角"其中转角在矩形轴网中以 X 轴为基准线；在弧形、圆形轴网中以环向弧线为基准线，以逆时针为正，顺时针为负。

"材料"：从该下拉列表框中选择材料。柱与墙之间的连接形式以两者的材料决定，包括砖、石材、钢筋混凝土或金属，默认为钢筋混凝土。

"标准柱构件库"：从构件库中取得预定义柱的尺寸和样式。

"标准柱"对话框下方的6个按钮" "

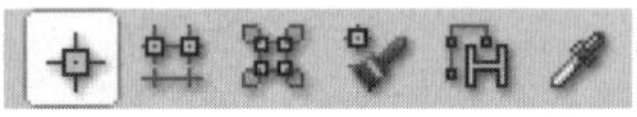

图 8-20 标准柱参数设置

对应着6种创建标准柱的方式。从左到右的含义分别为：" 单击插入柱"" 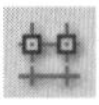 沿一根轴线布置柱""  矩形区域的轴线交点布置柱""  替换图中已插入的柱""  选择Pline线创建异型柱""  拾取柱形状或已有柱"。

(3)操作步骤如下：

执行"轴网柱"→"标准柱"命令，在弹出的"标准柱"对话框中设置柱尺寸、选择柱材料、形状等参数。插入柱时，可选择"沿一根轴线布置柱"和"单击插入柱"的标准柱创建方式插入标准柱，系统会自动将柱插入到轴线交点处，对于圆弧轴线，柱也会自动旋转，标准柱参数设置如图8-20所示。插入效果如图8-19所示。

注：在"设置"→"天正选项"→"加粗填充"中勾选"对墙柱进行图案填充"，则柱填充效果显示为实心，否则显示为空心。

8.2.4 绘制墙体

墙体是天正建筑软件的核心对象，它模拟实际墙体的专业特性，可实现墙角的自动修剪、墙体之间按材料特性连接、与柱和门窗互相关联等智能特性，并且墙体是房间划分的依据，因此理解墙对象的概念非常重要。墙体对象不仅包含墙的位置、高度、厚度信息，同时还包括了墙体的类型、材料、内、外墙这些内在属性。

在天正建筑软件中创建墙体，一般方法就是先绘制好轴网，然后执行"绘制墙体"命令，根据命令行的提示输入相应参数，或者在弹出的对话框中设置墙体的高度、宽度、属性等参数，即可完成墙体的创建。

【例 8-4】 对图 8-19 所示的图形绘制墙体,效果如图 8-21 所示。

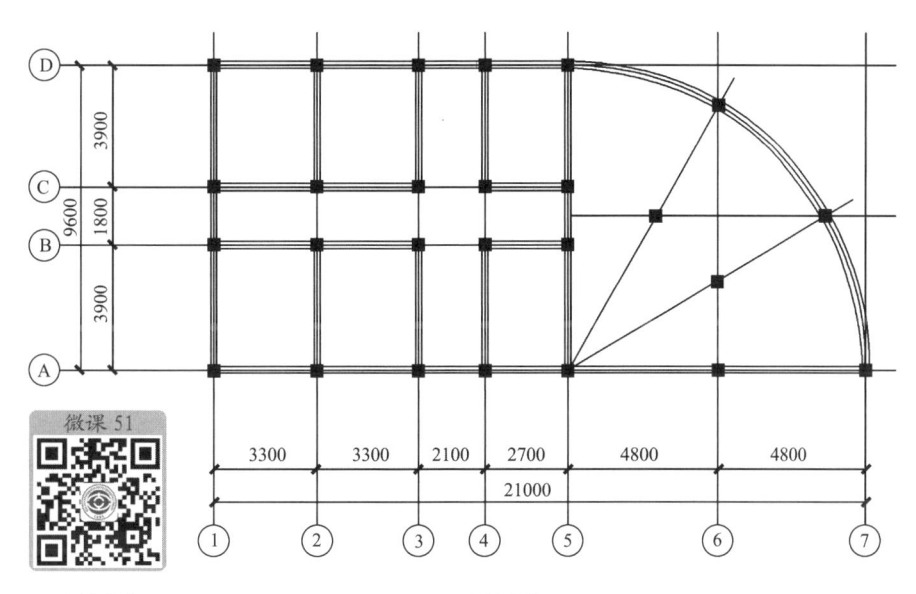

绘制墙体

图 8-21 绘制墙体

(1)常用绘制墙体命令的启动方式如下:

①命令行:"HZQT"↙。

②屏幕菜单:"墙体"→"绘制墙体"命令。

执行命令后弹出"墙体"对话框,如图 8-22 所示,用户可以设置墙体的高度、底高、材料、用途和宽度等参数,并可根据需要设置绘制墙体的类型和方法。

(2)其主要选项的含义如下:

"墙高":是指从墙低到墙顶计算的高度。

"底高":是指从本图零标高到墙底高度。

"材料":包括轻质隔墙、玻璃幕墙、填充墙、钢筋混凝土等 10 种材质,按材质的密度预设不同材质之间的遮挡关系。

"用途":包括外墙、内墙、分户、虚墙、卫生隔断和矮墙 5 种类型,其中矮墙、卫生隔断是新添类型,具有不加粗、不填充、墙端不与其他墙融合的特性。

图 8-22 "墙体"对话框

"防火":选择防火级别。

▭:绘制直墙按钮;⌒:绘制弧墙按钮;▣:绘制回形墙;▣:替换图中已插入墙体。

(3)操作步骤如下:

①执行"墙体"→"绘制墙体"命令,在弹出的"墙体"对话框中设置左宽为 120,右宽为 120。

②设置墙高为 3 000,在"材料"下拉列表中选择"砖墙"选项,在"用途"下拉列表中选择"外

墙"选项,再单击"直墙"按钮。在绘图区沿对应轴线绘制所有外墙。

③在"用途"下拉列表中选择"内墙"选项,在绘图区沿对应轴线绘制所有内墙。

④选择"弧墙"按钮,根据命令行提示完成弧墙绘制。最终完成效果如图 8-21 所示。

8.2.5 插入门窗

天正建筑软件中的门窗是自定义对象,用户可以在门窗对话框中设置所有的相关参数,包括几何尺寸、三维样式、编号和定位参考距离等,然后在墙体指定插入位置即可。门窗和墙体建立了智能联动关系,门窗插入墙体后,墙体的外观几何尺寸不变,但墙体对象的粉刷面积、开洞面积已经立刻更新以备查询。门窗和其他自定义对象一样可以用 AutoCAD 2015 的命令和夹点编辑修改,并可通过电子表格检查和统计整个工程的门窗编号。

二维视图和三维视图都用图块来表示,可以从门窗图库中分别选择门窗的二维形式和三维形式,其合理性由用户自己掌握。

【例 8-5】 利用"门窗功能"对如图 8-21 所示的墙体插入门窗,效果如图 8-23 所示。

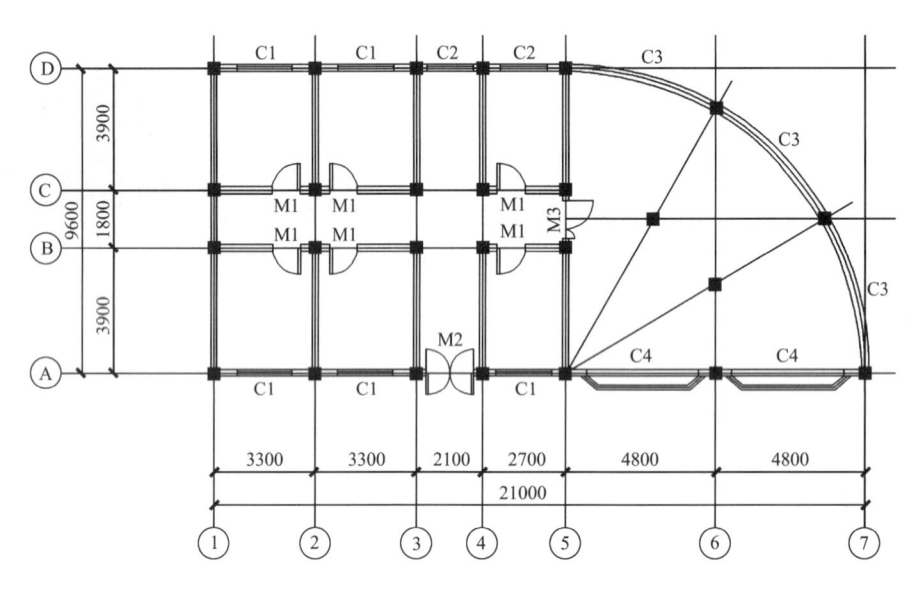

图 8-23 插入门窗

(1)常用插入门命令的启动方式如下:

①命令行:"CM"✓。

②屏幕菜单:执行"门窗"→"插门"命令。

(2)常用插入窗命令的启动方式如下:

①命令行:"CC"✓。

②屏幕菜单:"门窗"→"插窗"命令。

微课 52 插入门

微课 53 插入窗

执行"门窗"→"插门"命令及"门窗"→"插窗"命令后，将分别弹出如图 8-24 所示的"插门"对话框和图 8-25 所示的"插窗"对话框。通过该对话框可以选择各种所需的门窗类型，并确定门窗宽、高值。

图 8-24 "插门"对话框　　　　图 8-25 "插窗"对话框

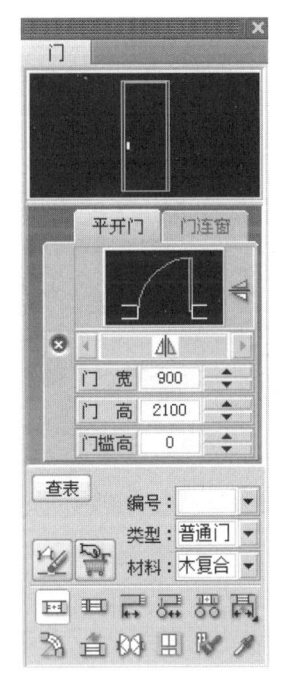

(2) 这两个对话框比较类似，其主要选项的含义如下：

"门窗样式"：包括平开门、推拉门、折叠门、弹簧门等门样式和窗台外挑、凸窗、百叶窗等窗样式。

"门窗的参数"：包括了门窗的宽和高。

"编号"：在相应的下拉列表框中可以输入编号或自动编号。

"类型"：在相应的下拉列表框中可以选择门窗类型，包括各种防火类型和普通类型。

"材料"：在相应的下拉列表框中包括了木复合、铝合金、断桥铝和钢塑等材料类型。

"插门""插窗"对话框下方有一系列工具按钮，用于设置插入门窗的种类和插入方式，如图 8-26 所示。

图 8-26 门、窗插入方式按钮

单击"门窗参数"对话框中的图例，将弹出"天正图库管理系统"对话框，天正建筑软件提供的门和窗类型都包含在里面，用户可以按照需要选择不同的类型，如图 8-27 和图 8-28 所示。

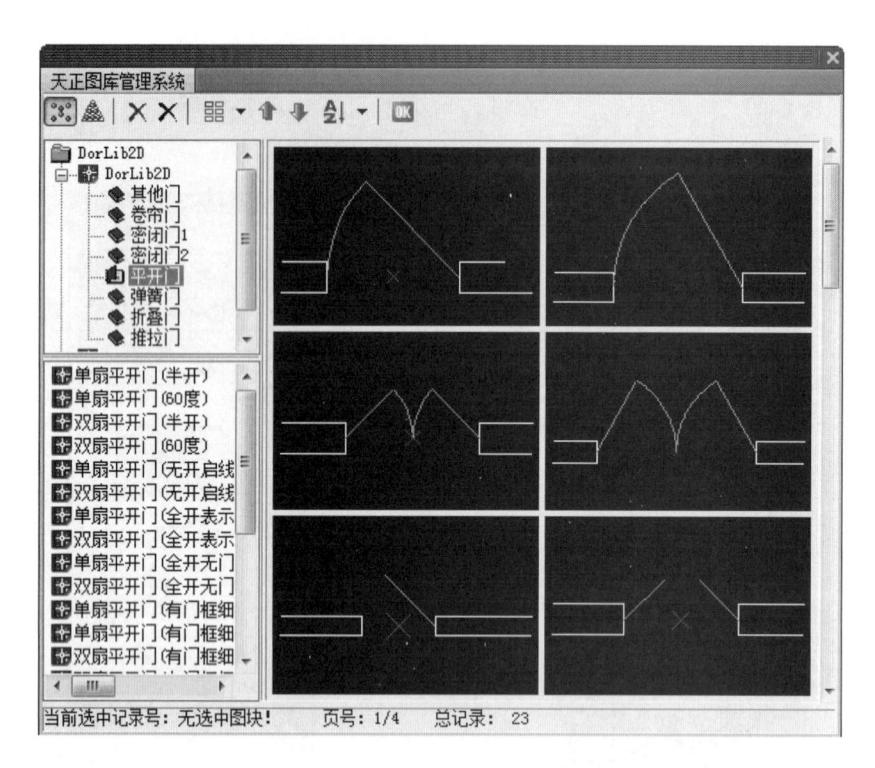

图 8-27　天正图库管理系统中门的平面图

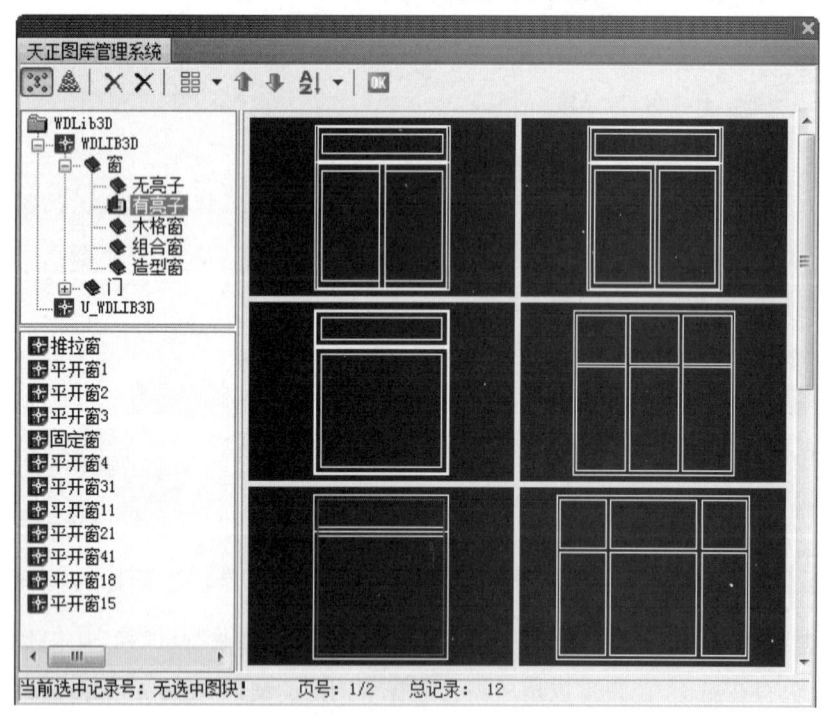

图 8-28　天正图库管理系统中窗的平面图

注：单击"门窗参数"对话框中的立面门窗图例,在弹出"天正图库管理系统"对话框中可显示立面门窗图例。

(3)操作步骤如下：

①插入"M1"。执行"门窗"→"插门"命令，在弹出的"门"对话框中设置门宽"900"，门高"2 100"，编号："M1"，分别单击平面门和立面门图例在弹出的"天正图库管理系统"对话框中选择"M1"平面门和立面门样式，单击"垛宽定距插入"按钮，设置如图8-29所示。根据图8-23所示的"M1"数量和位置插入所有编号为"M1"的门。

②插入"M2"。在"门"对话框中设置门宽"1200"，门高"2400"，编号："M2"，分别单击平面门和立面门图例在弹出的"天正图库管理系统"对话框中选择"M2"平面门和立面门样式，单击"墙段等分插入"按钮，设置如图8-30所示。根据图8-23所示的"M2"位置插入所有编号为"M2"的门。

③插入"M3"。在"门"对话框中设置门宽"1200"，门高"2400"，编号："M3"，分别单击平面门和立面门图例在弹出的"天正图库管理系统"对话框中选择"M3"平面门和立面门样式，单击"墙段等分插入"按钮，设置如图8-31所示。根据图8-23所示的"M3"位置插入所有编号为"M3"的门。

注：以墙中线为分界内外移动光标，可控制内外开启方向，按"Shift"键可控制左右开启方向，单击墙体后，门窗的位置和开启方向就完全确定了。

④插入"C1"。执行"门窗"→"插窗"命令，在弹出的"窗"对话框中设置窗宽"1800"，窗高"1500"，窗台高"900"，编号："C1"，分别单击平面门和立面门图例在弹出的"天正图库管理系统"对话框中选择"C1"平面和立面样式，单击"墙段等分插入"按钮，设置如图8-32所示。根据图8-23所示的"C1"数量和位置插入所有编号为"C1"的窗。

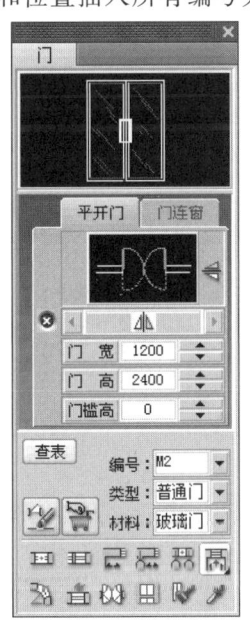

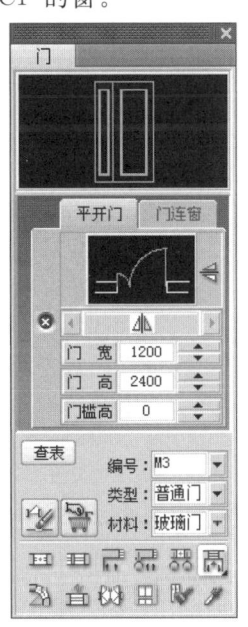

图8-29 "M1"设置对话框　　图8-30 "M2"设置对话框　　图8-31 "M3"设置对话框　　图8-32 "C1"设置对话框

⑤插入"C2"。执行"门窗"→"插窗"命令，在弹出的"窗"对话框中设置窗宽"1500"，窗高"1500"，窗台高"900"，编号："C2"，分别单击平面门和立面门图例在弹出的"天正图库管理系统"对话框中选择"C2"平面和立面样式，单击墙段等分插入按钮，设置如图8-33所示。根据图8-23所示的"C2"数量和位置插入所有编号为"C2"的窗。

⑥插入"C3"。执行"门窗"→"插窗"命令，在弹出的"窗"对话框中设置窗宽"2800"，窗高"2400"，窗台高"300"，编号："C3"，分别单击平面门和立面门图例在弹出的"天正图库管理系统"对话框中选择"C3"平面样式，在立面样式中选择"窗→造型窗→圆弧凸窗"，单击按角度插入弧

墙上的门窗按钮,设置如图8-34所示。根据命令行提示"单击弧墙",分别单击三段弧墙,"门窗中心角度"依次为15、45、75,按图8-23所示的"C3"数量和位置插入所有编号为"C3"的窗。

图8-33 "C2"设置对话框　　　　图8-34 "C3"设置对话框

⑦插入"C4"。执行"门窗"→"凸窗"命令,在弹出的"凸窗"对话框中设置窗宽"3600",窗高"2100",窗台高"300",编号:"C4",单击"插凸窗"按钮,设置如图8-35所示。按图8-23所示的"C4"数量和位置插入所有编号为"C4"的窗。

图8-35 "C4"设置对话框

8.2.6　创建室内外构件

1. 楼梯

天正建筑软件提供了自由定义对象建立的基本梯段对象,包括直线、圆弧与任意梯段等,由梯段组成了常用的双跑楼梯对象、多跑楼梯对象,考虑了楼梯对象在二维与三维视口下的不同可视特性。双跑楼梯具有梯段坡道、标准平台改为圆弧休息平台等灵活可变性,各种楼梯与柱在平面相交时,楼梯可以被柱自动剪裁;双跑楼梯的上、下行方向标识符可以自动绘制。

按照楼梯的平面形式分,楼梯主要分为单跑直线梯段、双跑直线梯段、三跑楼梯、双分平行楼梯、双合平行楼梯、转角楼梯、交叉楼梯、剪刀楼梯、螺旋楼梯等。这里只介绍最常见的双跑楼梯形式,有兴趣的读者可进一步学习。

双跑楼梯是由双跑直线梯段、一个休息平台、一个或两个扶手和一组或两组栏杆构成的自定义对象,具有二维视图和三维视图。

【例 8-6】 为如图 8-23 所示的首层平面图插入双跑楼梯,效果如图 8-36 所示。

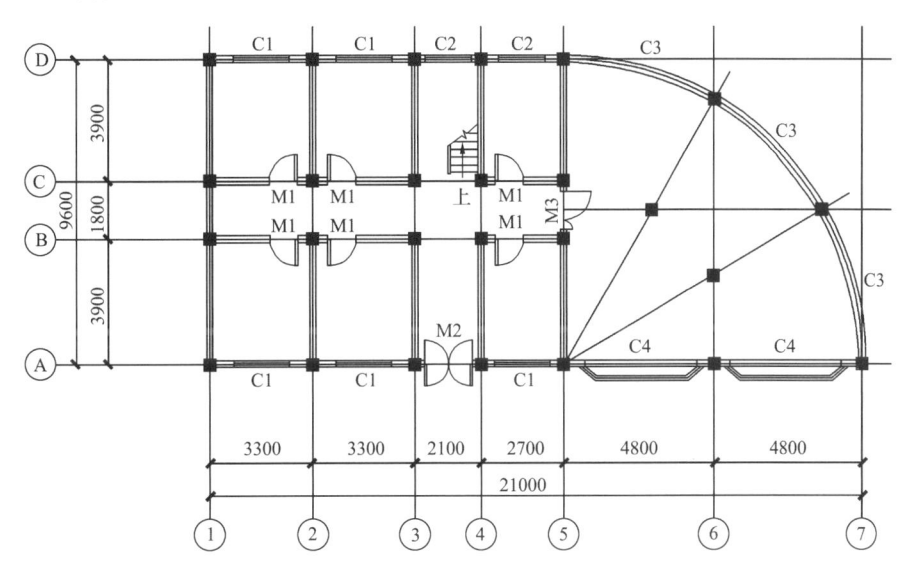

图 8-36 插入双跑楼梯

(1)常用双跑楼梯命令的启动方式如下:
①命令行:"SPLT"↙。
②屏幕菜单:"楼梯其他"→"双跑楼梯"命令。

执行"楼梯其他"→"双跑楼梯"命令,将弹出如图 8-37 所示的"双跑楼梯"对话框。

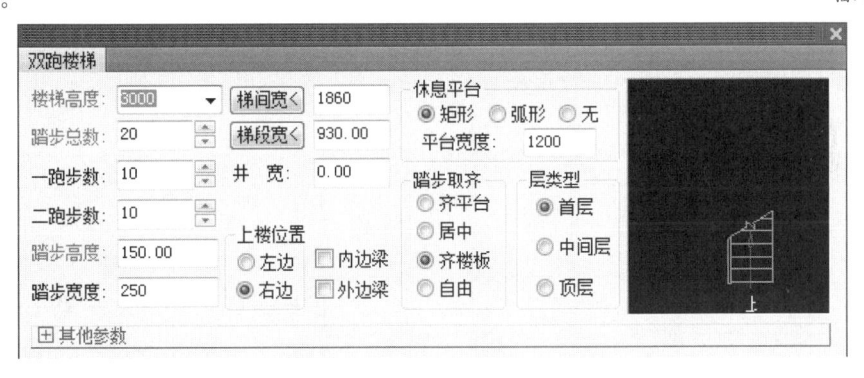

图 8-37 "双跑楼梯"对话框

(2)其主要选项的含义如下:
楼梯高度:双跑楼梯的总高,默认为当前楼层高度,对相邻楼层高度不等时应按实际情况调整。
踏步总数:默认踏步总数 20,是双跑楼梯的关键参数。
一跑步数:以踏步总数推算一跑与二跑步数,总数为奇数时先增一跑步数。
二跑步数:二跑步数默认与一跑步数相同,两者都允许用户修改。
踏步高度:踏步高度等于楼梯高度与踏步总数的比值。
踏步宽度:在梯段中踏步板的宽度。
梯间宽:双跑楼梯的总宽。

$$梯间宽=梯段宽×2+井宽$$

单击"梯间宽"按钮可从平面图中直接量取楼梯间净宽作为双跑楼梯总宽。

梯段宽:默认宽度或由总宽计算,单击"梯段宽"按钮可从平面图中直接量取。

井宽:默认取100,修改梯段宽时,井宽不变,但梯段宽与井宽两个数值互相关联。

休息平台:有矩形、弧形、无三种选项,在非矩形休息平台时,可选无平台,以便自己用平板功能设计休息平台。

平台宽度:按建筑设计规范,休息平台的宽度应大于梯段宽度,在选弧形休息平台时应修改宽度值,最小值不能为零。

踏步取齐:当一跑步数与二跑步数不等时,两梯段的长度不一样,因此,有两梯段的对齐要求,由设计者选择。

上楼位置:双跑楼梯在上楼的过程中会反转方向,所以在创建楼梯时还需选择目标楼梯的位置,上楼位置也就是更改梯段的位置。

层类型:在建筑平面图中,对于不同楼层,双跑楼梯图示表达方式不同,用户要根据实际需要选择。

(3)操作步骤如下:

①按照图8-37所示进行楼梯相关数据的设置。

②在确定楼梯参数和类型后,根据命令行提示如下:

"单击位置或[转90度(A)/左右翻(S)/上下翻(D)/对齐(F)/改转角(R)/改基点(T)]＜退出＞:"

此时,用户可根据需要输入关键字改变选项,插入楼梯。插入效果如图8-36所示。

2. 台阶

当建筑物室内外地坪存在高差时,如果这个高差过大,就需要在建筑物入口处设置台阶作为建筑物室内外的过渡。

【例8-7】 为如图8-36所示的首层平面图插入台阶,效果如图8-38所示。

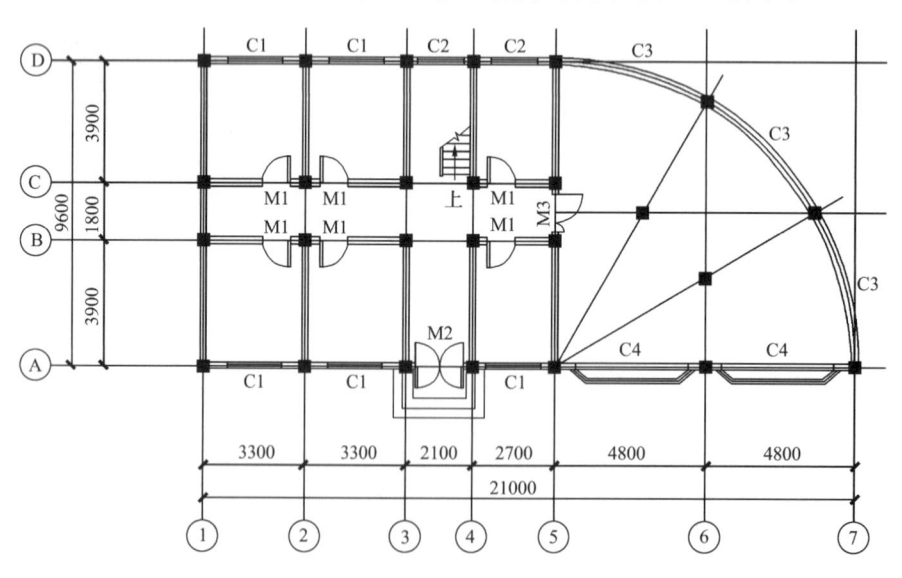

图8-38 插入台阶

(1)常用台阶命令的启动方式如下:

①命令行:"TJ"↙。

②屏幕菜单:"楼梯其他"→"台阶"命令。

执行"楼梯其他"→"台阶"命令,将弹出如图 8-39 所示的"台阶"对话框。

图 8-39 "台阶"对话框

插入台阶

(2)其主要选项的含义如下:

在此对话框中可以对台阶的相关参数,如台阶总高、踏步宽度、踏步高度、踏步数目、基面标高、平台宽度等参数进行设置。另外,在对话框底部有若干按钮组,分别为绘制方式按钮组、楼梯类型按钮组、基面定义按钮组,可组合成满足工程需要的各种台阶类型。

(3)操作步骤如下:

①按照图 8-39 所示进行台阶相关数据的设置,并选择"矩形三面台阶"。

②在"台阶"对话框中设置好参数,根据命令行提示可为该首层平面图插入一个三面台阶。

3. 散水

本命令通过自动搜索外墙线绘制散水。在天正建筑软件中,"散水"把原来的"二维散水"和"三维散水"及"内外高差"命令合并,而且散水自动被凸窗、柱等对象裁剪,也可以通过对象编辑添加和删除顶点,可以满足绕柱、阳台等各种变化,阳台、台阶、坡道等对象自动遮挡散水,位置移动后遮挡自动更新。

【例 8-8】 为如图 8-37 所示的首层平面图插入"散水",效果如图 8-40 所示。

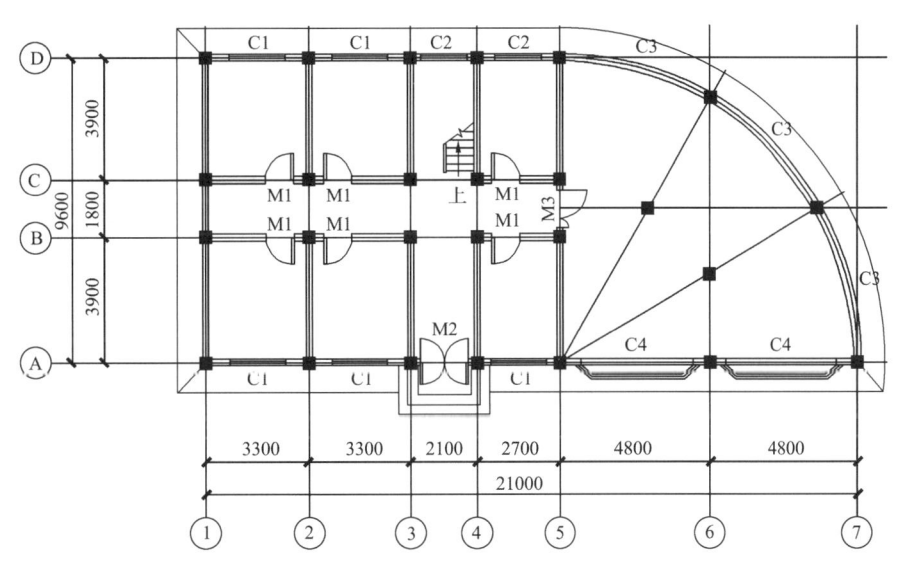

图 8-40 插入"散水"

(1)常用散水命令的启动方式如下:

①命令行:"SS"↙。

②屏幕菜单:"楼梯其他"→"散水"命令。

执行"楼梯其他"→"散水"命令,将弹出如图 8-41 所示的"散水"对话框。

图 8-41 "散水"对话框

插入散水

(2)其主要选项的含义如下：

在此对话框中可以对散水的相关参数，如散水宽度、偏移距离、室内外高差等参数进行设置，还可以选择是否绕柱、阳台、墙体造型等。另外，在对话框底部有三个散水绘制按钮 ，分别为"搜索自动生成""任意绘制""选择已有路径生成"。

(3)操作步骤如下：

①按照如图 8-41 所示进行散水相关数据的设置，并选择"搜索自动生成"按钮。

②在对话框中设置好参数，根据命令行提示：

"请选择构成一完整建筑物的所有墙体(或门窗、阳台)："。此时，全选墙体后按对话框要求生成散水与勒脚、室内地面，效果如图 8-40 所示。

8.2.7 房间查询

所谓的房间查询，主要是针对房间面积的查询，房间面积可通过"搜索房间""套内面积""查询面积"等命令来实现，下面重点讲一下"搜索房间"命令，其他的命令操作基本类似。

"搜索房间"命令可用来批量搜索建立或更新已有的普通房间和建筑轮廓，建立房间信息并标注室内使用面积，标注位置自动置于房间的中心。

【例 8-9】 为如图 8-40 所示的首层平面图建立房间信息并标注室内使用面积，效果如图 8-42 所示。

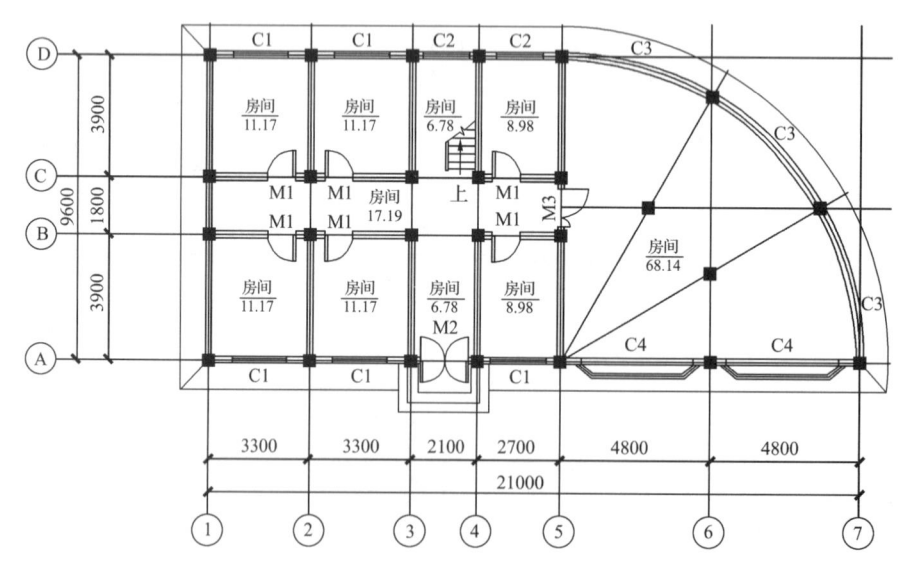

图 8-42 搜索房间

(1)常用搜索房间命令的启动方式如下：

①命令行："SSFJ"↙。

②屏幕菜单:"房间屋顶"→"搜索房间"命令。

执行"房间屋顶"→"搜索房间"命令,将弹出如图 8-43 所示的"搜索房间"对话框。

图 8-43 "搜索房间"对话框

微课 57
查询面积

(2)操作步骤如下:

在此对话框中选中相应的选项以及设置相应参数后,根据命令行提示:

请选择构成一完整建筑物的所有墙体(或门窗): // 选中视图中的所有墙体和门窗
请选择构成一完整建筑物的所有墙体(或门窗): // 按"Enter"键确认
请单击建筑面积的标注位置＜退出＞: // 单击建筑面积的标注位置
完成室内使用面积标注,效果如图 8-42 所示。

注:

①在使用"搜索房间"命令后,当前图形中生成的房间对象显示为房间面积的文字对象,但默认的名称需要重新命名,双击房间对象可进入在位编辑直接命名。

②如果用户编辑墙体改变了房间边界,房间信息不会自动更新,可以通过再次执行"搜索房间"命令更新房间或拖动边界夹点,和当前边界保持一致。

8.2.8 尺寸标注

尺寸标注是设计图纸中的重要组成部分,图纸中的尺寸标注在国家颁布的建筑制图标准中有严格的规定,直接沿用 AutoCAD 2015 本身提供的尺寸标注命令不适合建筑制图要求,特别是编辑尺寸尤其显得不便,为此天正建筑软件提供了自定义的尺寸标注系统,用户可以快速地对门窗、墙厚、内门、角度、半径和直径等进行标注。

【例 8-10】 对如图 8-42 所示的图形分别使用"门窗标注""角度标注""逐点标注""墙厚标注"命令对门窗尺寸、圆弧轴网、右边轴线及墙厚进行标注,效果如图 8-44 所示。

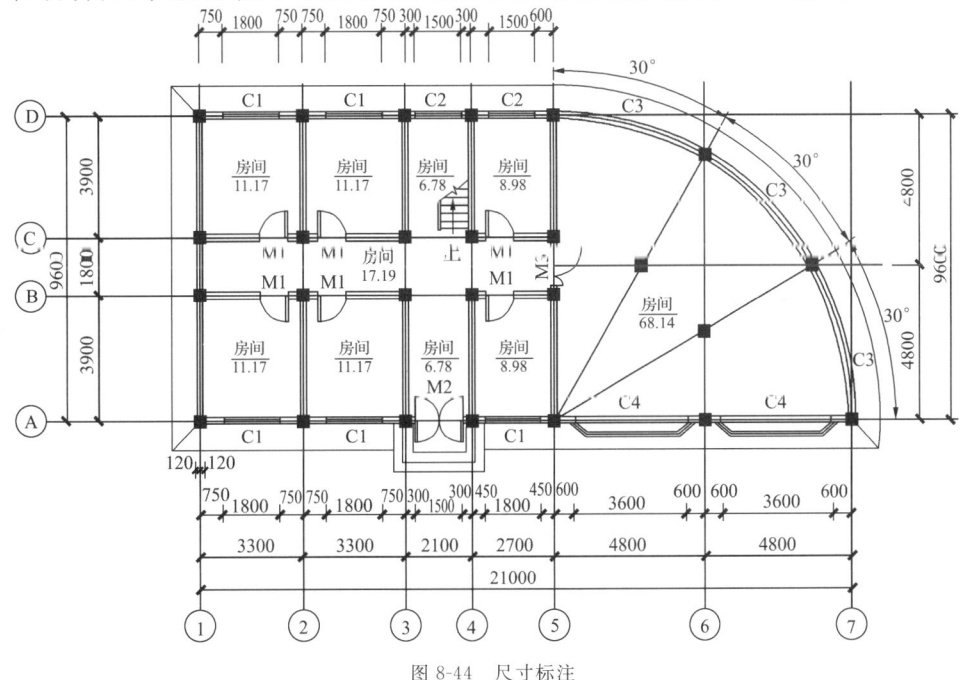

图 8-44 尺寸标注

1. 门窗标注

"门窗标注"命令用于对门窗的尺寸大小以及门窗在墙中的位置进行标注。

(1)常用门窗标注命令的启动方式如下：

①命令行："MCBZ"↙

②屏幕菜单："尺寸标注"→"门窗标注"命令

(2)操作步骤如下：

执行"尺寸标注"→"门窗标注"命令，根据命令行提示：

请用线选第一、二道尺寸线及墙体

起点＜退出＞：　　//选取①轴和②轴之间跨越C1左边墙段

终点＜退出＞：　　//选取①轴和②轴之间跨越C1右边墙段

选择其他墙体：　　//选择其他墙体继续标注门窗

按"Enter"键结束选择，完成门窗标注。创建门窗标注如图8-45所示。

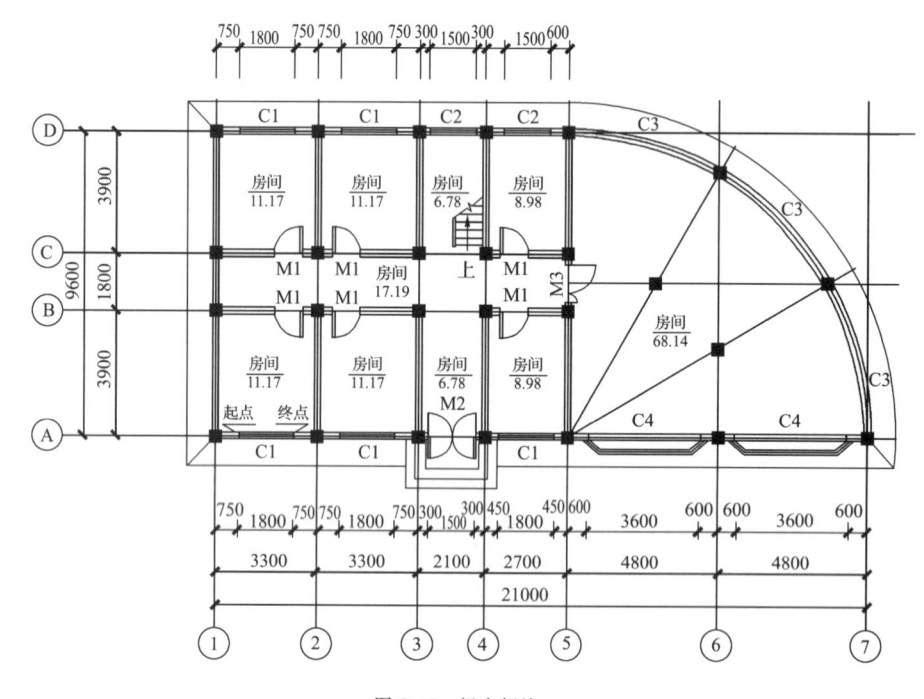

图 8-45　门窗标注

2. 角度标注

"角度标注"命令可按逆时针方向标注两根直线之间的夹角。

(1)常用角度标注命令的启动方式如下：

①命令行："JDBZ"↙。

②屏幕菜单："尺寸标注"→"角度标注"命令。

(2)操作步骤如下：

执行"尺寸标注"→"角度标注"命令，根据命令行提示，按逆时针从下往上分别选取第1根径向轴线和第2根径向轴线，并确定尺寸线位置，完成第一个角度的标注。再分别选取第2根径向轴线和第3根径向轴线，第3根径向轴线和第4根径向轴线，完成第二个角度及第三个角度的标注。角度标注如图8-46所示。

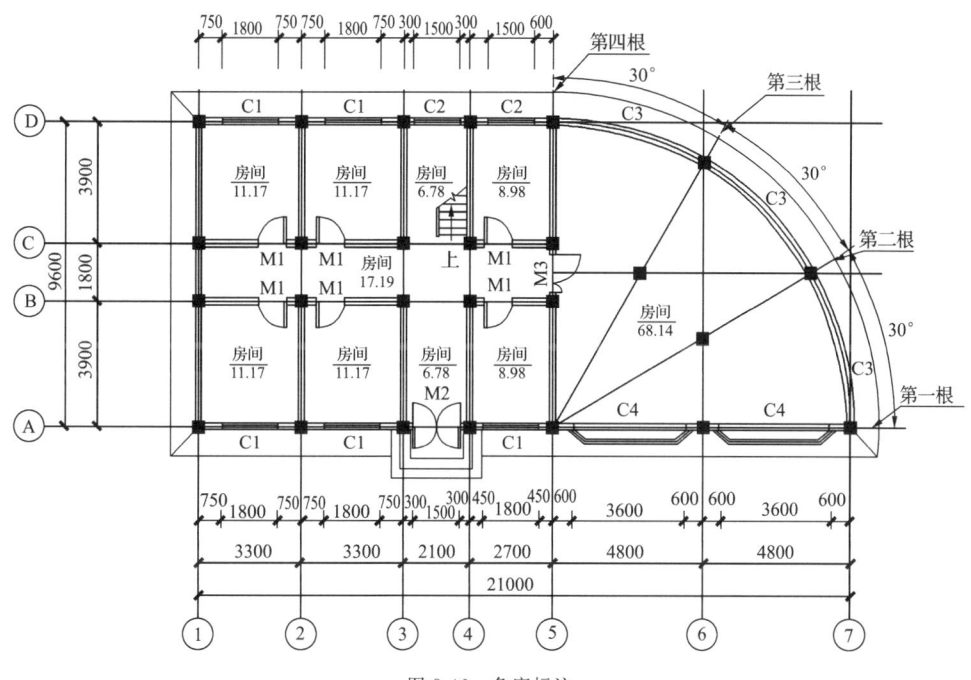

图 8-46 角度标注

3. 逐点标注

"逐点标注"命令是一个通用、灵活的标注工具,对选取的一串给定点沿指定方向和选定位置标注尺寸。特别适用于没有指定对象特征,需要取点定位标注的情况,以及其他标注命令难以完成的尺寸标注。

(1)常用"逐点标注"命令的启动方式如下:

①命令行:"ZDBZ"✓。

②屏幕菜单:"尺寸标注"→"逐点标注"命令。

(2)操作步骤如下:

执行"尺寸标注"→"逐点标注"命令,根据命令行提示:

起点或[参考点(R)]<退出>:   // 单击第一个标注点作为起始点
第二点<退出>:   // 单击第二个标注点
请单击尺寸线位置或[更正尺寸线方向(D)]<退出>: // 拖动尺寸线,单击尺寸线位置
请输入其他标注点或[撤销上一标注点(U)]<结束>: // 单击第三个标注点
请输入其他标注点或[撤销上一标注点(U)]<结束>: // 按"Enter"键结束命令,完成内

向尺寸标注

再次执行"尺寸标注"→"逐点标注"命令,根据命令行提示:

起点或[参考点(R)]<退出>:   // 单击第一个标注点作为起始点
第二点<退出>:   // 单击第三个标注点
请单击尺寸线位置或[更正尺寸线方向(D)]<退出>: // 拖动尺寸线,单击尺寸线位置
请输入其他标注点或[撤销上一标注点(U)]<结束>: // 按"Enter"键结束命令,完成外包

尺寸标注

右边轴线标注如图 8-47 所示。

4. 墙厚标注

"墙厚标注"命令在图中一次标注两点连线经过的一段或多段墙体对象的墙厚尺寸,标注中可识别墙体的方向,标注出与墙体正交的墙厚尺寸,在墙体内有轴线存在时标注以轴线划分的

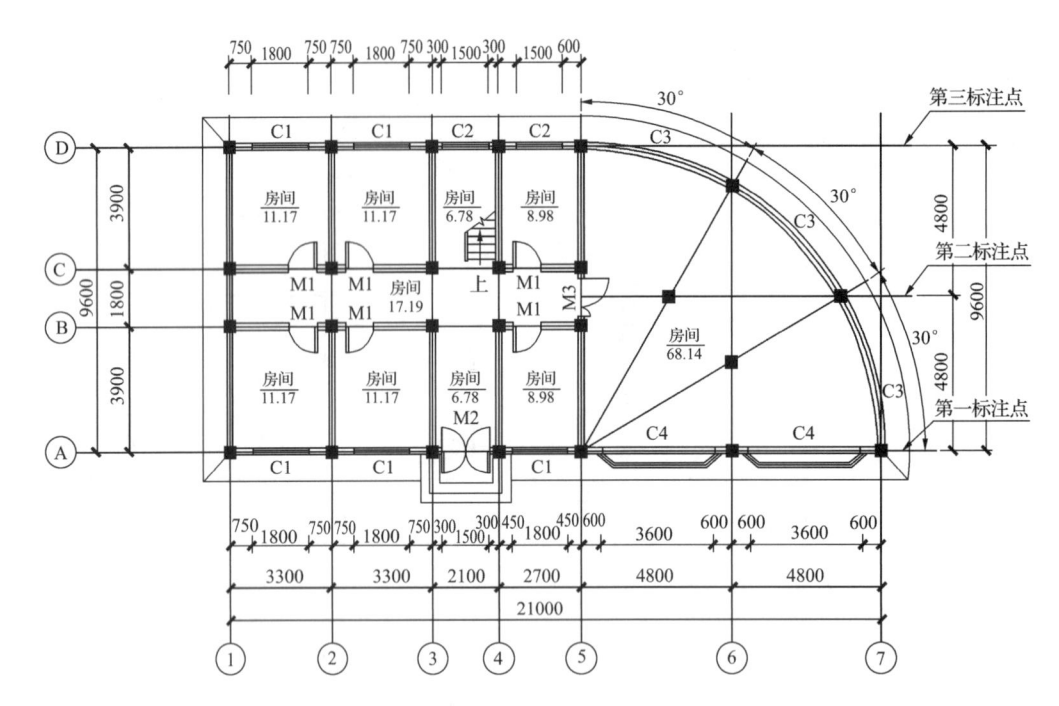

图 8-47 右边轴线标注

左、右墙宽,墙体内没有轴线存在时则标注墙体总宽。

(1)常用"墙厚标注"命令的启动方式如下:

①命令行:"QHBZ"↙。

②屏幕菜单:执行"尺寸标注"→"墙厚标注"命令。

(2)操作步骤如下:

执行"尺寸标注"→"墙厚标注"命令,根据命令行提示,分别指定墙线的第一点和第二点,就可完成墙厚标注。墙厚标注如图 8-48 所示。

微课 61

墙厚标注

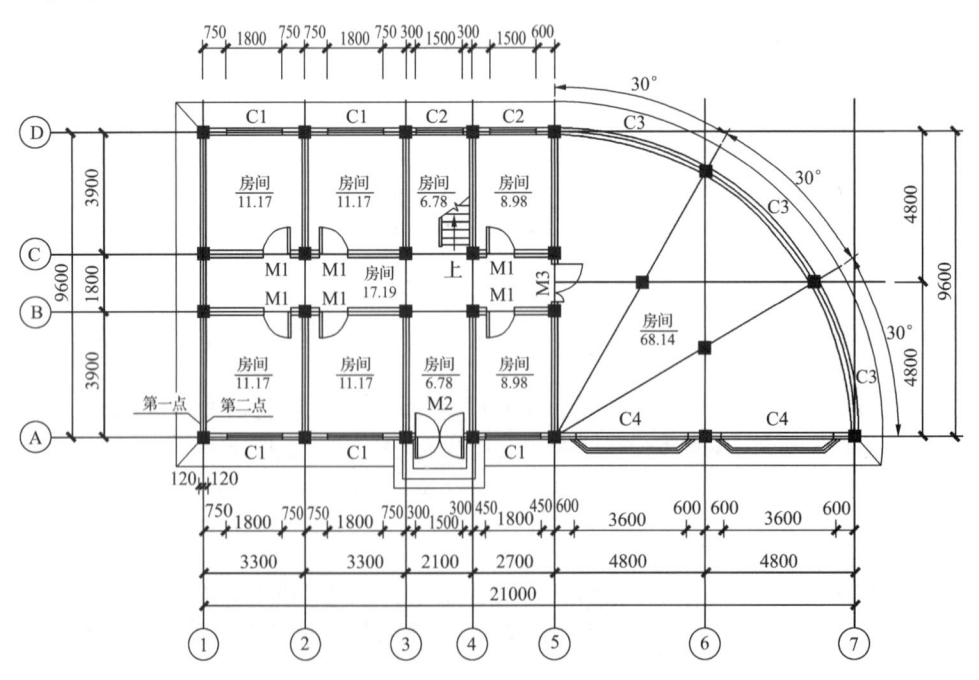

图 8-48 墙厚标注

8.2.9 符号标注

按照《建筑制图标准》中工程符号规定画法,天正建筑软件提供了一整套的自定义工程符号对象,这些符号对象可以方便地绘制剖切号、指北针、引注箭头、绘制各种详图符号、引出标注符号。

符号标注的各命令由主菜单下的"符号标注"子菜单引导。

"坐标标注"和"标高标注"分别用于标注某点的坐标值和某点的标高值。

"索引符号"和"索引图名"两个命令用于标注索引号。

"剖面剖切"和"断面剖切"用于标注剖切符号,同时为剖面图的生成提供了依据。

"画指北针"和"箭头引注"命令分别用于在图中画指北针和指示方向的箭头。

"引出标注"和"做法标注"主要用于标注详图。

"图名标注"为图中的各部分注写图名。

【例 8-11】 对如图 8-44 所示的图形分别使用标高标注、剖切符号、画指北针命令及图名标注进行室内外地坪标高标注、剖切标注、北向标注及图名标注,效果如图 8-49 所示。

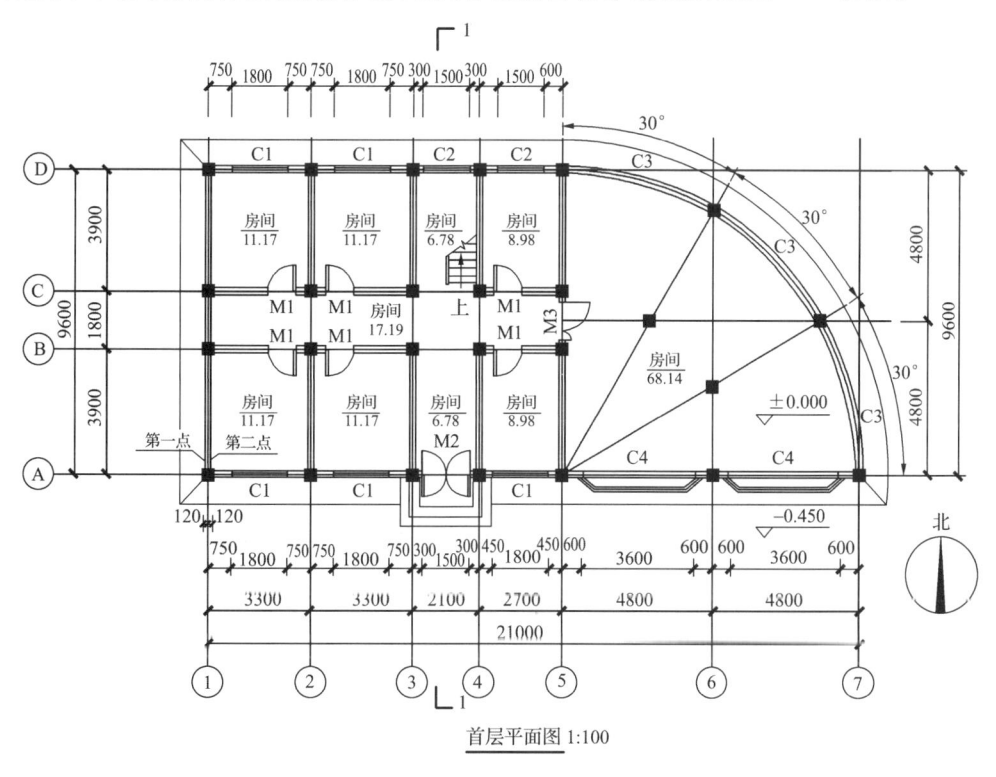

图 8-49 符号标注

1. 标高标注

"标高标注"命令可对平面图的楼面与地坪进行标高标注,可标注绝对标高和相对标高,也可用于立面图和剖面图标注楼面标高。

(1)常用标高标注命令的启动方式如下:

①命令行:"BGBZ"↙。

②屏幕菜单:"符号标注"→"标高标注"命令。

执行"符号标注"→"标高标注"命令,将弹出如图 8-50 所示的"标高标注"对话框。

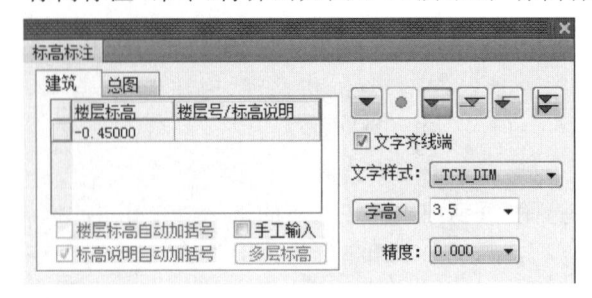

图 8-50 "标高标注"对话框

(2)操作步骤如下:

①选取"普通标高标注"按钮▼,并设置好相关参数后,根据命令行提示:

请选取标高点或[参考标高(R)]<退出>: // 在平面图室内选取一点作为标注点
请单击标高方向<退出>: // 选取一点确定标高方向
下一点或[第一点(F)]<退出>: // 在平面图室外选取一点作为标注点
下一点或[第一点(F)]<退出>: // 按"Enter"键结束命令

②对于完成后的标高标注,双击标高对象可进入在位编辑,将室内标高值改为±0.000,室外标高改为-0.450。完成室内外标高标注,效果如图 8-49 所示。

2. 剖切符号

剖切符号是用于表示剖切位置的图线,"剖切符号"命令可在图中标注符号国标规定的剖面剖切符号。

(1)常用剖切符号命令的启动方式如下:

①命令行:"PQFH"↵。

②屏幕菜单:执行"符号标注"→"剖切符号"命令。

执行"符号标注"→"剖切符号"命令,将弹出如图 8-51 所示的"剖切符号"对话框。在此可设置剖切编号、剖面图号和文字样式等参数。

图 8-51 "剖切符号"对话框

(2)操作步骤如下:

①执行"符号标注"→"剖切符号"命令,在弹出的"剖切符号"对话框中选择剖切编号为"1"并

选择"正交剖切"按钮,其他参数默认。

②按照图 8-49"剖切符号"标注效果,根据命令行提示:

单击第一个剖切点＜退出＞：　　// 给出第一点

单击第二个剖切点＜退出＞：　　// 沿剖线给出第二点

单击剖视方向＜当前＞：　　　　// 单击剖视方向

单击第一个剖切点＜退出＞：　　// 按"Enter"键结束命令

至此,完成"剖切符号"标注,效果如图 8-49 所示。

3. 画指北针

利用"画指北针"命令可在图上绘制一个国标规定的指北针符号,从插入点到橡皮线的终点定义为指北针的方向,这个方向在坐标标注时起指示北向坐标的作用。

(1)常用画指北针命令的启动方式如下：

①命令行："HZBZ"↙。

②屏幕菜单：执行"符号标注"→"画指北针"命令。

(2)操作步骤如下：

执行"符号标注"→"画指北针"命令,根据命令行提示：

指北针位置＜退出＞：　　// 单击一点作为指北针放置位置

指北针方向＜90.0＞：　　// 单击正上方作为北向方向

至此,完成指北针标注,效果如图 8-49 所示。

4. 图名标注

"图名标注"命令可在图形下方标出该图的图名,并且同时标注比例。

(1)常用图名标注命令的启动方式如下：

①命令行："TMBZ"↙。

②屏幕菜单：执行"符号标注"→"图名标注"命令。

执行"符号标注"→"图名标注"命令,将弹出如图 8-52 所示的"图名标注"对话框。在对话框中编辑好图名内容,选择合适的样式、字高后,按命令行提示标注图名,就可完成图名的标注。

图 8-52 "图名标注"对话框

(2)操作步骤如下：

执行"符号标注"→"图名标注"命令,将弹出的"图名标注"对话框中编辑图名内容为"首层平面图",选择文字样式为"标准样式",字高为"7",根据命令行提示：

请单击插入位置＜退出＞：　　// 在图形下方单击一点插入图名

请单击插入位置＜退出＞：　　// 按"Enter"键结束命令

至此,完成图名标注,效果如图 8-49 所示。

8.3 创建立面图和剖面图

设计好一套工程的各层平面图后,需要绘制立剖图表达建筑物的立面和剖面的设计细节,立剖面的图形表达和平面图有很大的区别,立剖面表现的是建筑三维模型的一个投影视图,受三维模型细节和剖视方向建筑物遮挡的影响,天正立面图形是通过平面构件中的三维信息进行消隐获得的纯粹的二维图形,除了符号与尺寸标注对象以及门窗阳台图块是天正自定义对象外,其他图形构成元素都是 AutoCAD 2015 的基本对象。利用天正建筑软件绘制立面图和剖面图,通常按以下步骤进行:

(1)利用天正软件绘制各层平面图。
(2)利用 AutoCAD 2015 的基点命令指定各层平面图的对齐点。
(3)用天正建筑软件的楼层表命令,生成楼层表。
(4)执行"生成立面图"和"生成剖面图"命令,生成建筑的立面图和剖面图。
(5)利用 AutoCAD 2015 命令以及天正软件提供的立面图和剖面图编辑命令对生成的建筑的立面图和剖面图进行修正。

立面图和剖面图的具体创建方法我们将结合下面的实例讲解。

8.3.1 完成其他层平面图的绘制

【例 8-12】 在图 8-49"首层平面图"的基础上完成二层平面图、三层平面图、顶层平面图的绘制。

第一步 将前面所绘制的图 8-49 命名为"首层平面图",保存路径为 C:\桌面\办公楼施工图。

第二步 绘制二层平面图。

二层平面图的绘制,可以在首层平面图的基础上修改,效果如图 8-53 所示

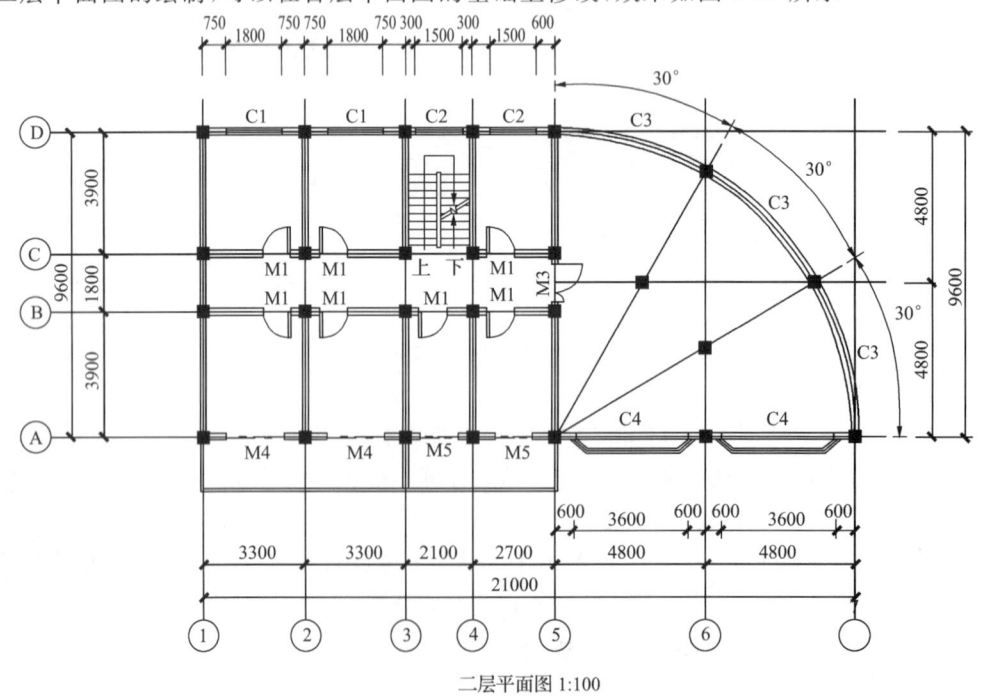

图 8-53 二层平面图

(1)操作步骤如下:
①将首层平面图另存为二层平面图。
②删除平面图中不符合二层平面图需要的构件和标注,如散水、台阶、大门、楼梯、部分门窗等,保留一些可以修改利用的构件和标注。效果参照如图 8-53 所示。
③为二层平面图创建楼梯

执行"楼梯其他"→"双跑楼梯"命令为二层平面图添加楼梯,方法、参数设置同首层楼梯,不同的是在"层类型"选项中选择"中间层"。效果如图 8-53 所示。
④绘制阳台

阳台一般有悬挑式、嵌入式、转角式三类,在天正建筑软件中,阳台可以直接绘制,也可以将绘制好的多段线转换为阳台。

常用阳台命令的启动方式如下:
a. 命令行:"YT"↙
b. 屏幕菜单:"楼梯其他"→"阳台"命令

执行"楼梯其他"→"阳台"命令,将弹出如图 8-54 所示的"绘制阳台"对话框。

在对话框底部,共设置了凹阳台、矩形三面阳台、阳角阳台、沿墙偏移绘制、任意绘制与选择已有路径生成 6 种阳台绘制方式。选择"矩形三面阳台"绘制方式,在"绘制阳台"对话框中按照如图 8-54 设置栏板宽度、栏板高度、阳台板厚等参数后,根据命令行提示:

图 8-54 "绘制阳台"对话框

阳台起点<退出>://单击阳台侧栏板与墙外皮交点作为阳台起点,即图 8-55 所示第一点
阳台终点或[翻转到另一侧(F)]:
　　　　　　　　　　//单击如图 8-55 所示第二点
阳台起点<退出>://单击如图 8-55 所示第二点
阳台终点或[翻转到另一侧(F)]:
　　　　　　　　　　//单击如图 8-55 所示第三点
阳台起点<退出>://按"Enter"键结束命令

绘制二层平面图

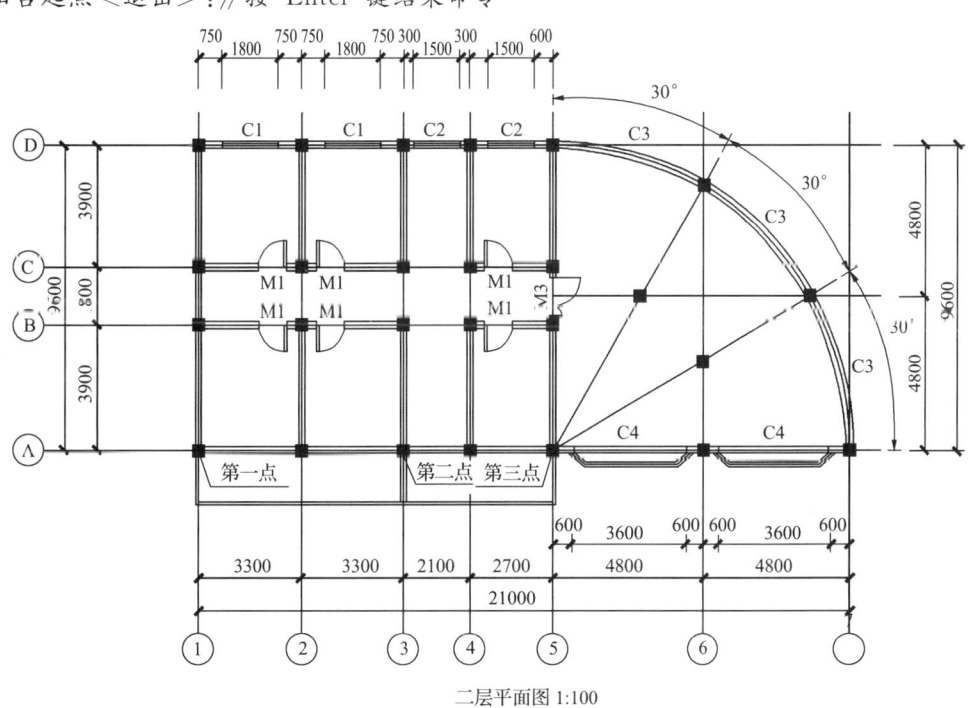

图 8-55 绘制阳台
二层平面图 1:100

⑤绘制新的墙体和门窗：
在二层平面图中添加新的墙体，并且插入"M4""M5"参数设置如图 8-56、图 8-57 所示。"M4"和"M5"插入效果如图 8-53 所示。

图 8-56　"M4"参数设置　　　图 8-57　"M5"参数设置

第三步　绘制三层平面图。
三层平面图与二层平面图一致，直接将二层平面图另存为三层平面图即可。

第四步　绘制顶层平面图。
操作步骤如下：
(1)将三层平面图另存为顶层平面图。
(2)在三层平面图的基础上删除顶层平面图不需要的部分，并添加新的墙体，插入需要的门窗，绘制效果如图 8-58 所示。

微课 67

绘制顶层平面图

顶层平面图 1:100

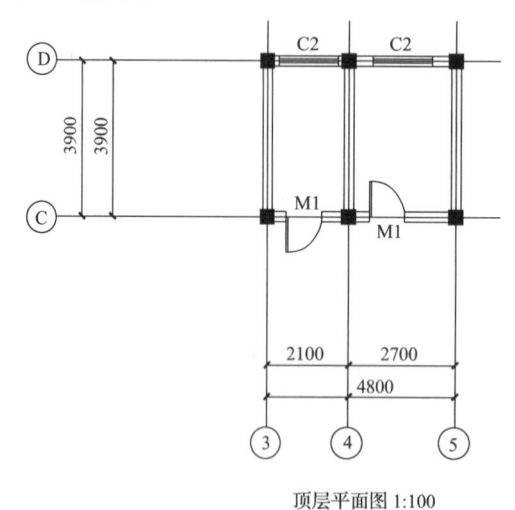

图 8-58　顶层平面图

8.3.2　建立楼层表并创建建筑立面图

在完成了各层平面图的绘制之后，利用天正建筑软件功能可以直接创建立面图。

【例 8-12】　建立楼层表并创建建筑立面图。

操作步骤如下：

第一步　新建工程。

执行"文件布图"→"工程管理"命令，将弹出的"工程管理"界面，在"工程管理"下拉列表中执行"新建工程"命令，在弹出的"另存为"对话框中设置工程文件的名称和保存位置，单击"保存"按钮即可，新建的工程如图 8-59 所示。

图 8-59　新建的工程

第二步　添加图纸。

当工程创建好后，还需将已绘制好的平面图全部添加到当前工程中，其方法是在"工程管理"面板的平面图类别上单击鼠标右键，在弹出的快捷菜单中执行"添加图纸"命令，如图 8-60 所示。再在弹出的"选择图纸"对话框中依次选择已经绘制好的平面图文件，单击"打开"按钮即可，如图 8-61 所示。添加的图纸如图 8-62 所示。

图 8-60　选择"添加图纸"命令

微课 68

生成立面图

图 8-61 "选择图纸"对话框　　　　　　　图 8-62 添加的图纸

第三步 创建楼层表。

当添加完图之后，接下来需要在"工程管理"的"楼层"选项栏中创建楼层表。具体的创建方法如下：

（1）在"工程管理"界面中展开"楼层"栏，在"层号"列输入编号"1"，"层高"列输入相应的高度"3 000"。

（2）"文件"列根据平面图存储路径单击"选择楼层文件"按钮，在打开的"选择标准层图形文件"对话框中添加该楼层的图纸文件，单击"打开"按钮添加。如图 8-63 所示。

图 8-63 "选择标准层图形文件"对话框

(3)使用同样的方法,依次添加二层平面图、三层平面图、顶层平面图图纸文件,创建的楼层表如图 8-64 所示。

第四步 生成立面图。

楼层表建立以后,天正建筑软件便可以生成立面图了。

(1)常用建筑立面命令的启动方式如下：

①命令行:"JZLM"↙。

②屏幕菜单:"立面"→"建筑立面"命令。

(2)操作步骤如下：

①执行"立面"→"建筑立面"命令,根据命令行提示：

请输入立面方向或［正立面(F)/背立面(B)/左立面(L)/右立面(R)]＜退出＞：　　　　　　　　　//输入"F"

请选择要出现在立面图上的轴线：　//选择轴①及轴⑦

②在弹出的"立面生成设置"对话框中设置相应参数,单击"生成立面"按钮即可完成立面的创建,"立面线设置"对话框如图 8-65 所示。

图 8-64　楼层表

图 8-65　"立面生成设置"对话框

③在立面生成时会提示保存位置,输入文件名为"正立面图",单击"保存"按钮,如图 8-66 所示。自动生成的正立面图如图 8-67 所示。

图 8-66　保存正立面图

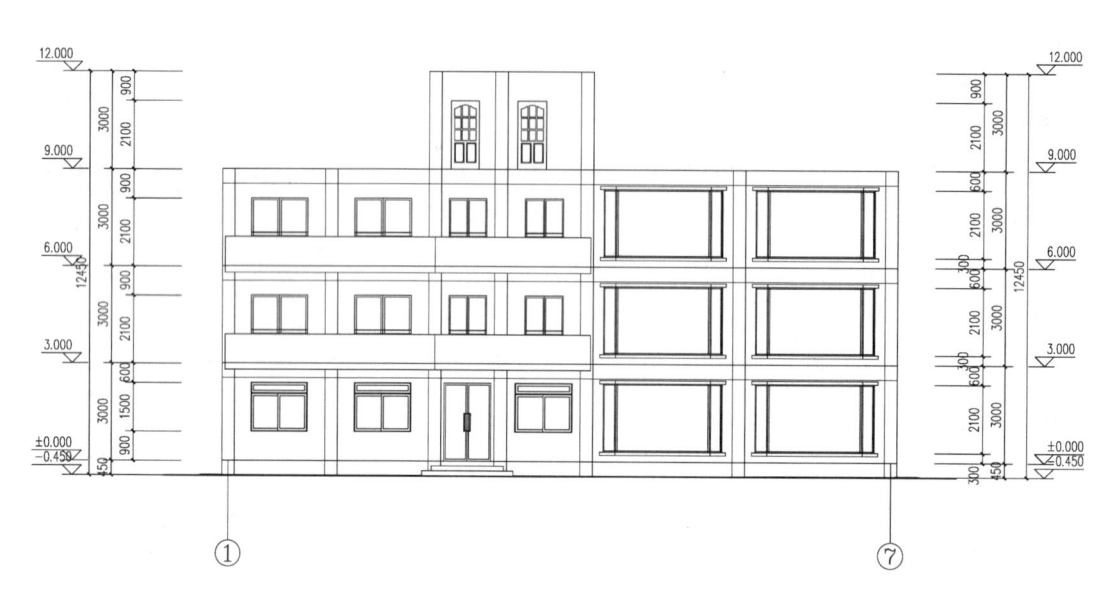

图 8-67 自动生成的正立面图

第五步 立面编辑与深化。

天正建筑软件的立面图是通过自行开发的整体消隐算法,对自定义的建筑对象进行消隐完成的,生成的立面图除了有少量的错误需要纠正外,内容也不够完善,需要对立面图进行内容深化,包括添加门窗分格、替换阳台样式及墙身修饰等工作。

【例 8-13】 对如图 8-67 所示的自动生成的立面图进行编辑深化,效果如图 8-68 所示。

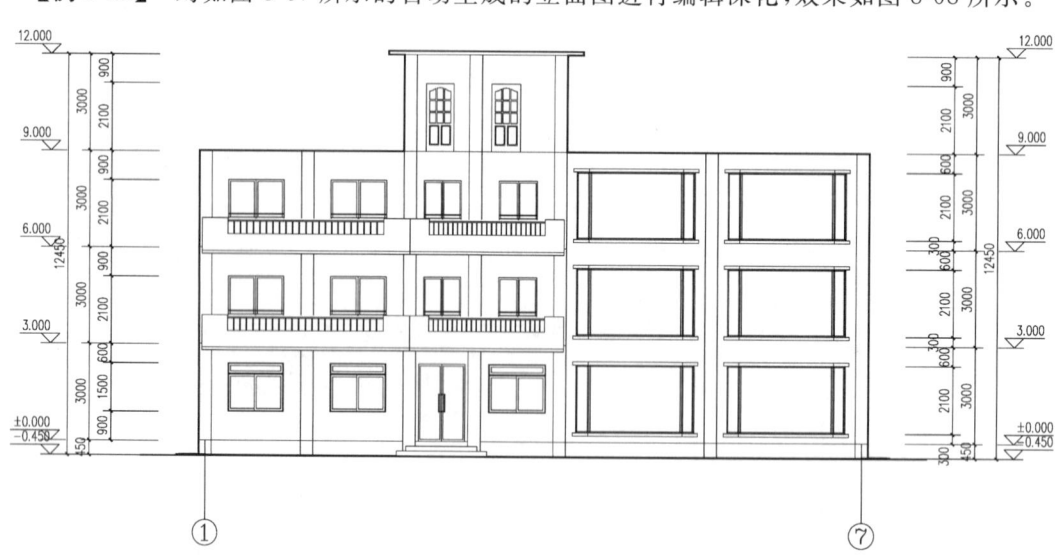

图 8-68 加深修饰后的正立面图

第一步 立面门窗。

立面门窗命令用于插入、替换立面图上的门窗,同时对立面门窗图库进行维护。

(1)常用立面门窗命令的启动方式如下:

①命令行:"LMMC"↙。

②屏幕菜单:"立面"→"立面门窗"命令。

(2)操作步骤如下:

①执行"立面"→"立面门窗"命令,弹出如图 8-69 所示的"天正图库管理系统"对话框,在图库中可选择需要替换的门窗样式。

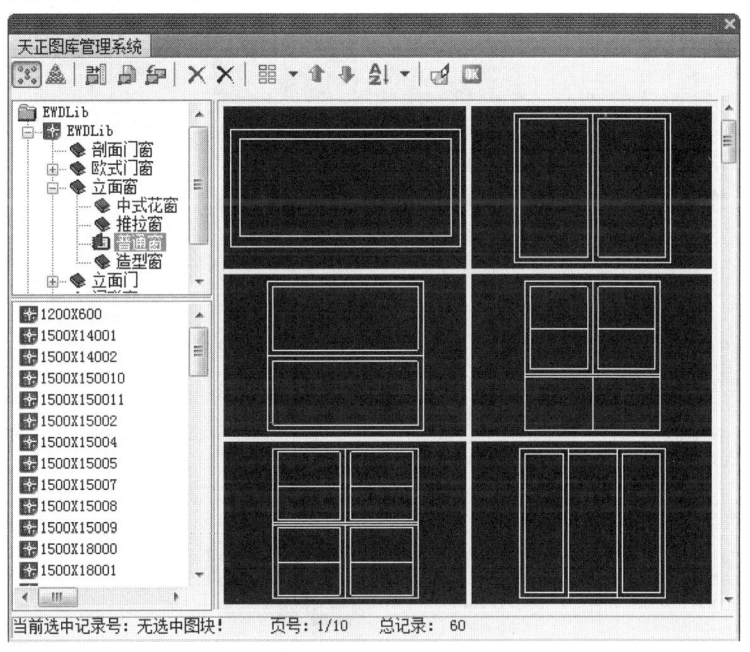

图 8-69 天正图库管理系统

②单击"天正图库管理系统"窗口上方的"替换按钮 ",选择图中要被替换的门窗,按"Enter"键即可完成替换。

注:立面门窗样式也可在绘制平面图的时候在"天正图库管理系统"中选择,这样生成立面图时立面门窗样式将会根据选择生成,生成的立面图中就无须修改。

第二步 立面阳台。

"立面阳台"命令用于插入或替换立面图上阳台的样式,同时也是立面阳台的管理工具。

(1)常用立面阳台命令的启动方式如下:

①命令行:"LMYT"↙。

②屏幕菜单:"立面"→"立面阳台"命令。

(2)操作步骤如下:

①执行"立面"→"立面阳台"命令,在弹出的"天正图库管理系统"对话框中选择阳台类型——"阳台 2",如图 8-70 所示。

②单击"天正图库管理系统"窗口上方的"替换按钮 ",在弹出的"替换选项"对话框中选择"保持插入尺寸",如图 8-71 所示。在立面图中选择要被替换的阳台,按"Enter"键即可完成阳台替换。

第三步 立面屋顶。

立面屋顶命令用于生成多种形式的屋顶立面形式。

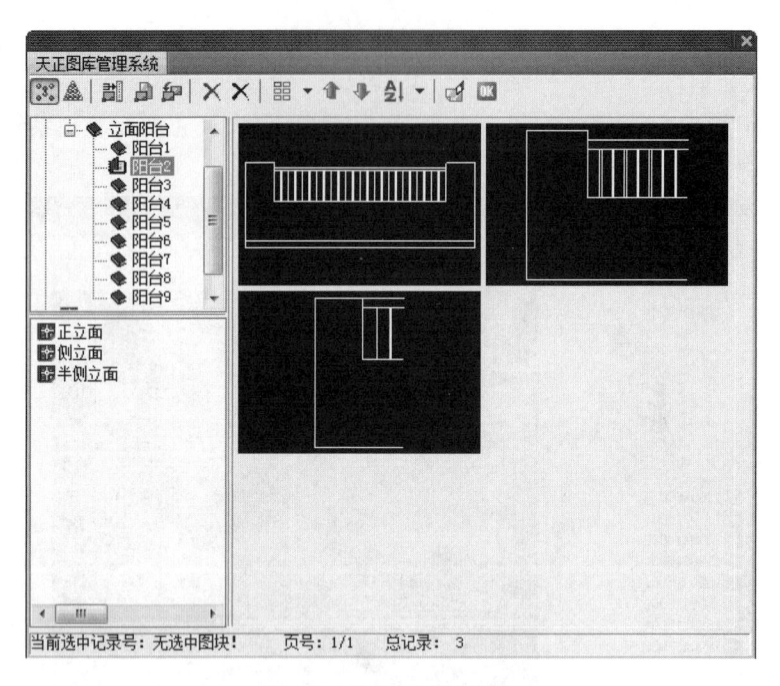

图 8-70 选择立面阳台类型

图 8-71 "替换选项"对话框

(1)常用立面屋顶命令的启动方式如下：

①命令行："LMWD"✓。

②屏幕菜单："立面"→"立面屋顶"命令。

(2)操作步骤如下：

①执行"立面"→"立面屋顶"命令，弹出如图 8-72 所示"立面屋顶参数"对话框，按照图 8-72 设置屋顶参数。

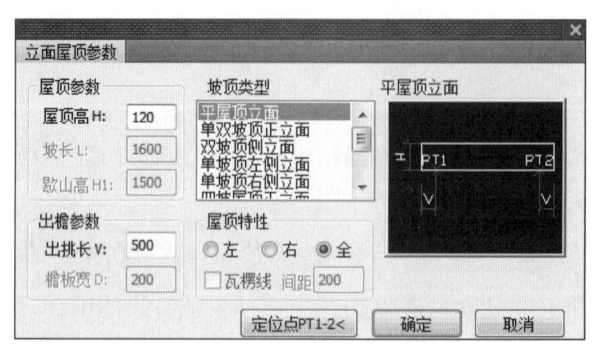

图 8-72 "立面屋顶参数"设置对话框

②单击"立面屋顶参数"对话框中的"定位点 PT1－2"按钮，在图中选择墙顶角点 PT1、PT2，

再单击"确定"按钮关闭对话框,即可完成立面屋顶的添加,效果如图8-68所示。

第四步 立面轮廓。

立面轮廓命令用于搜索立面图轮廓,生成轮廓粗线。

(1)常用立面屋顶命令的启动方式如下:

①命令行:"LMLK"↙。

②屏幕菜单:"立面"→"立面轮廓"命令。

(2)操作步骤如下:

执行"立面"→"立面轮廓"命令,根据命令行提示框选立面图,按"Enter"键确定,系统会自动搜索立面图外轮廓,再根据命令行提示设置轮廓线宽度为50,即可生成外轮廓线。效果如图8-68所示。

8.3.3 创建建筑剖面图

与创建建筑立面图相同,建筑剖面图也可由工程管理中的楼层表数据生成,区别就在于创建建筑剖面图时,需要先在首层平面图中绘制剖切符号,指定剖切位置。不同的剖切位置,将得到不同的建筑剖面图。

【例8-14】 创建建筑剖面图。

操作步骤如下:

第一步 打开之前绘制的"首层平面图",如图8-73所示。

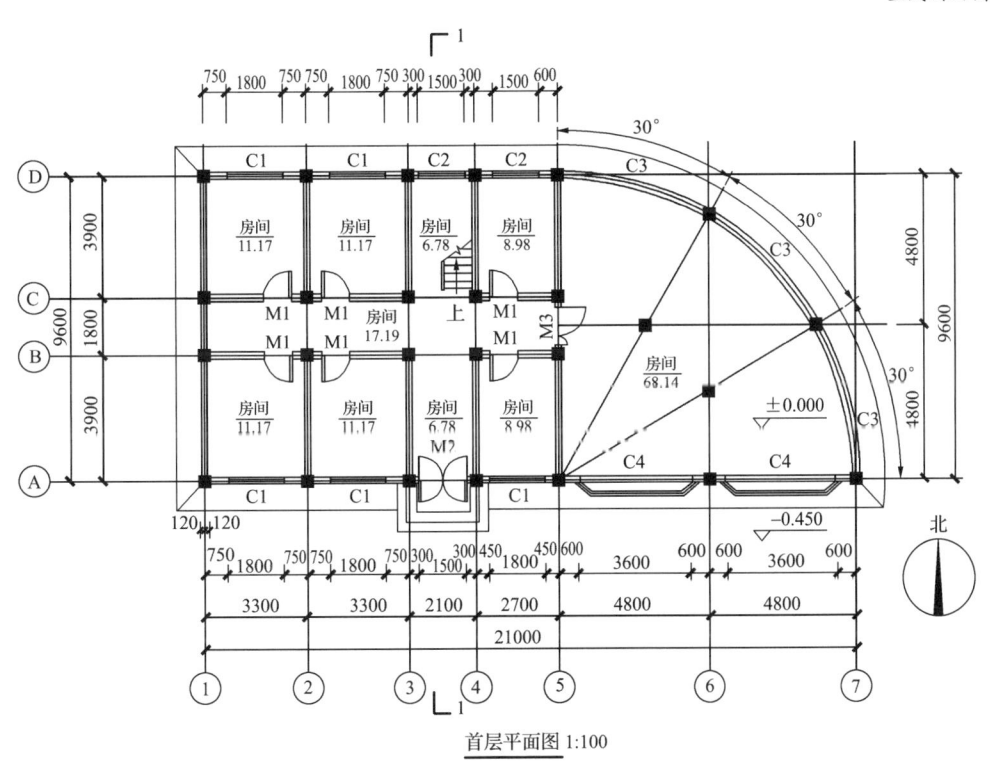

图8-73 首层平面图

第二步 打开工程。

执行"文件布图"→"工程管理"命令,将弹出的"工程管理"界面,在"工程管理"下拉列表中执行"打开工程"命令,在弹出的"打开"对话框中选择之前创建的"办公楼工程"工程项目,单击"打开"按钮即可打开创建过的办公楼工程及建立的楼层表,如图 8-74 所示。

注:如果当前工程为空的情况下执行本命令,系统会提示"请打开或新建一个工程项目,并在工程数据库中建立楼层表",用户就需新建一个工程,并添加图纸同时建立楼层表。

第三步 生成建筑剖面图。

(1)常用建筑剖面命令的启动方式如下:

① 命令行:"JZPM"↙。

② 屏幕菜单:"剖面"→"建筑剖面"命令。

(2)操作步骤如下:

① 执行"剖面"→"建筑剖面"命令,根据命令行提示:

请选择一剖切线: // 选择 1-1 剖切线

请选择要出现在剖面图上的轴线: // 选择Ⓐ、Ⓑ、Ⓒ、Ⓓ轴

② 按"Enter"键,弹出如图 8-75 所示的"剖面生成设置"对话框,按照图中所示进行设置后,单击"生成剖面"按钮,此时,弹出"输入要生成的文件"对话框,如图 8-76 所示,提示用户设置剖面图文件名和保存位置,这里输入文件名"1-1 剖面图"。

图 8-74 打开的工程项目及楼层表

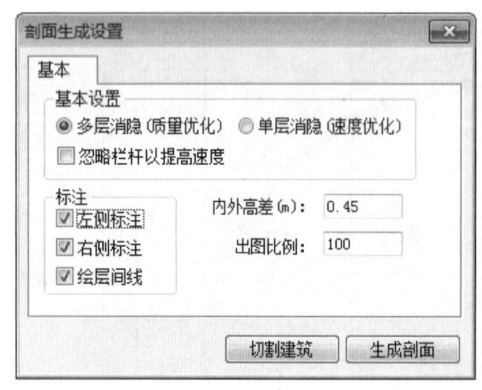

图 8-75 "剖面生成设置"对话框

图 8-76 "输入要生成的文件"对话框

③ 单击"保存"按钮,开始生成剖面图,自动生成的剖面图如图 8-77 所示。

第四步 剖面图的编辑与加深。

和生成的建筑立面图一样,天正建筑软件的剖面图也是通过自行开发的整体消隐算法,对自定义的建筑对象进行消隐完成的,生成的剖面图除了有少量的错误需要纠正外,内容也不够完善,需要对剖面图进行内容深化,包括添加楼板、补充楼梯栏杆、替换阳台样式等工作。

【例 8-14】 对如图 8-77 所示的自动生成的剖面图进行编辑深化,效果如图 8-78 所示。

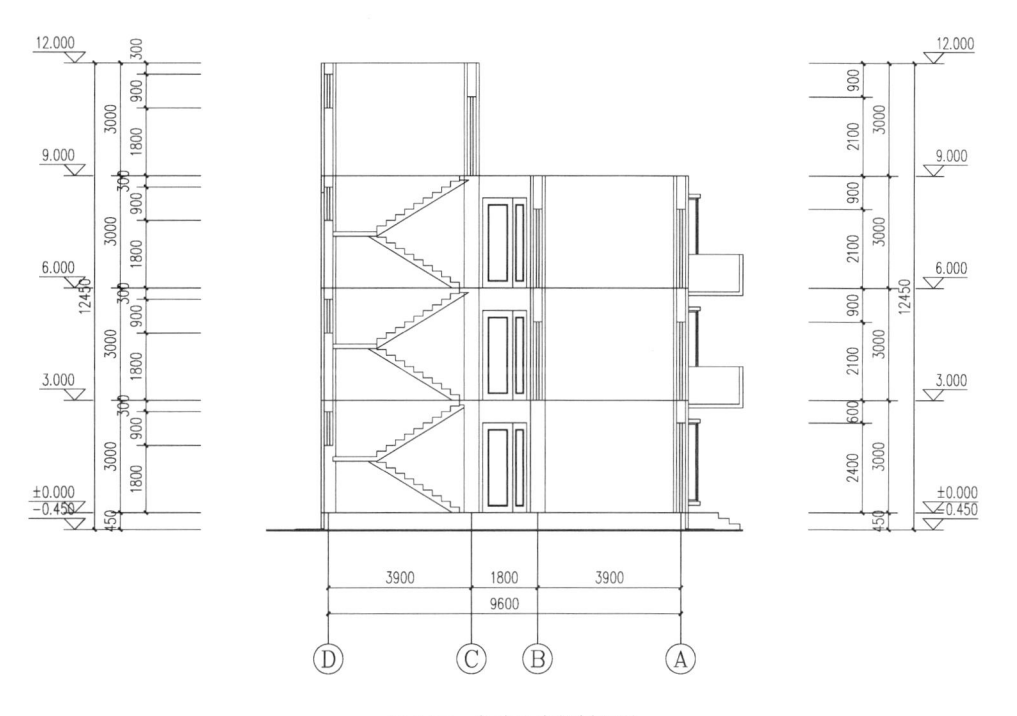

图 8-77 自动生成的剖面图

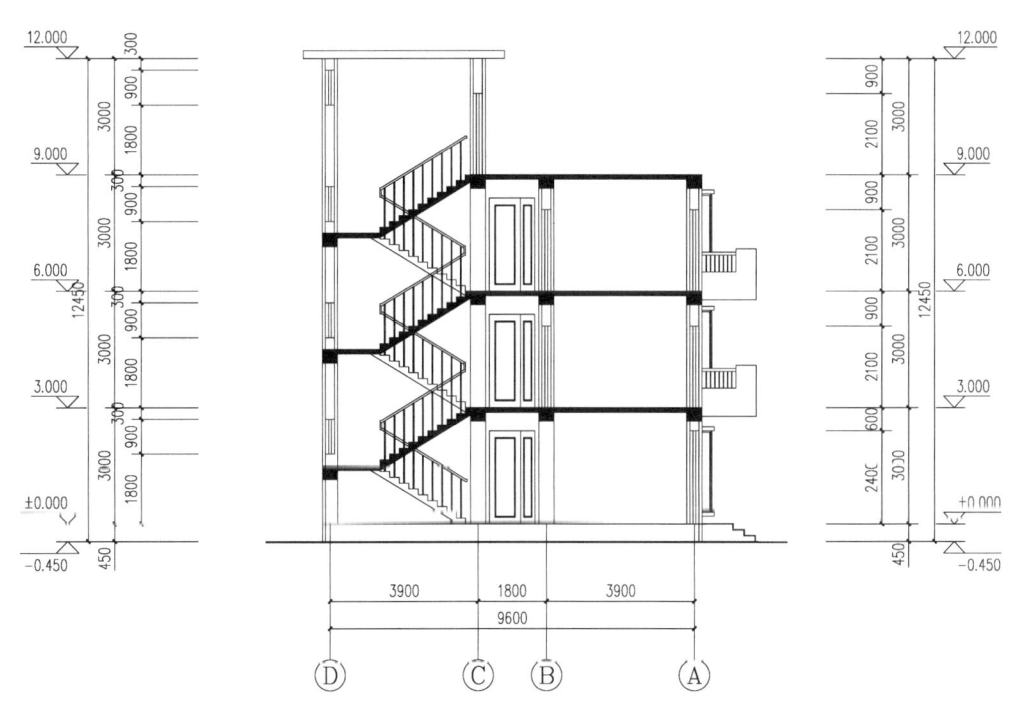

图 8-78 加深修饰后的剖面图

第一步 加双线楼板。

"双线楼板"命令用于绘制剖面双线楼板。由于平面图中没有定义楼板,在生成剖面图时楼板处也就没有厚度表示。

(1)常用"双线楼板"命令的启动方式如下：
①命令行："SXLB"↙。
②屏幕菜单："剖面"→"双线楼板"命令。
(2)操作步骤如下：
①执行"剖面"→"双线楼板"命令，根据命令行提示：
请输入楼板的起始点＜退出＞：　　　//选择首层楼板处的起点，如图8-79所示"1"
结束点＜退出＞：　　　　　　　　　//选择首层楼板的结束点，如图8-79所示"2"
楼板顶面标高＜3000＞：　　　　　　//按"Enter"键确认
楼板的厚度(向上加厚输负值)＜200＞：//输入200
②再次执行"剖面"→"双线楼板"命令，分别为二层、三层添加双线楼板。绘制完成的双线楼板如图8-79所示。

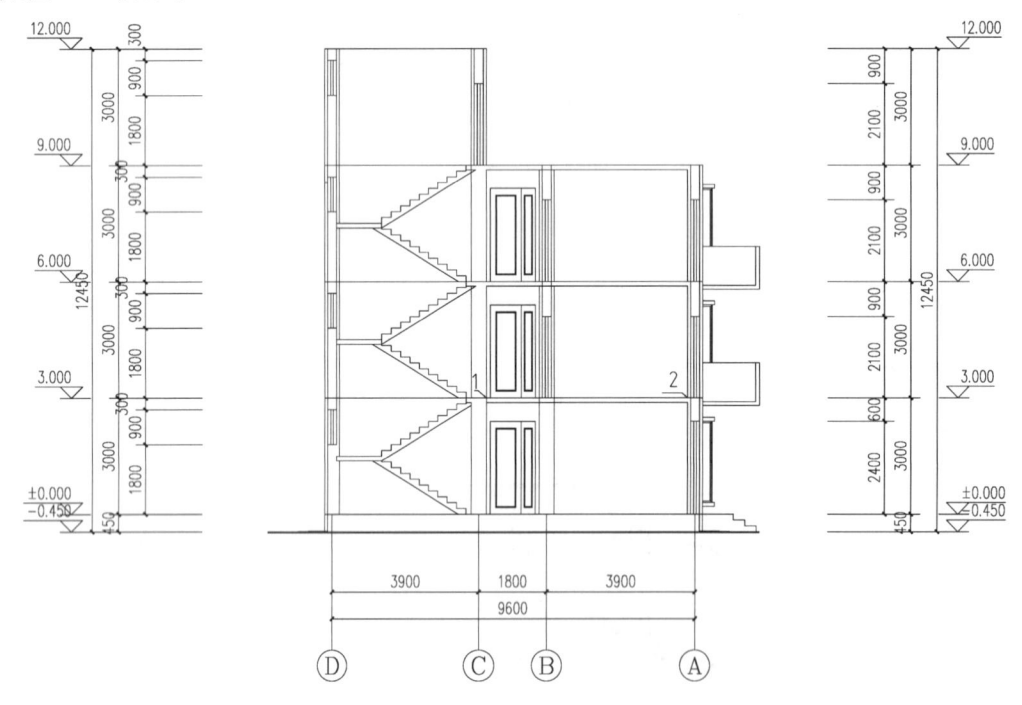

图8-79　绘制完成的双线楼板

第二步　加剖断梁。

加剖断梁命令用于绘制楼板、休息平台下的截面梁。通常情况下，在立面图和平面图中不能很好地体现出房屋大梁，在剖面图中，用户可根据需要在任意位置添加大梁断面图。

(1)常用"加剖断梁"命令的启动方式如下：
①命令行："JPDL"↙。
②屏幕菜单："剖面"→"加剖断梁"命令。
(2)操作步骤如下：
①执行"剖面"→"加剖断梁"命令，根据命令行提示，选取剖断梁的参照点A，设置梁左侧到参照点的距离为0，梁右侧到参照点的距离为400，梁底边到参照点的距离为350。
②连续执行"剖面"→"加剖断梁"命令，按照图8-80的位置为剖面图加剖断梁。加剖断梁如图8-80所示。

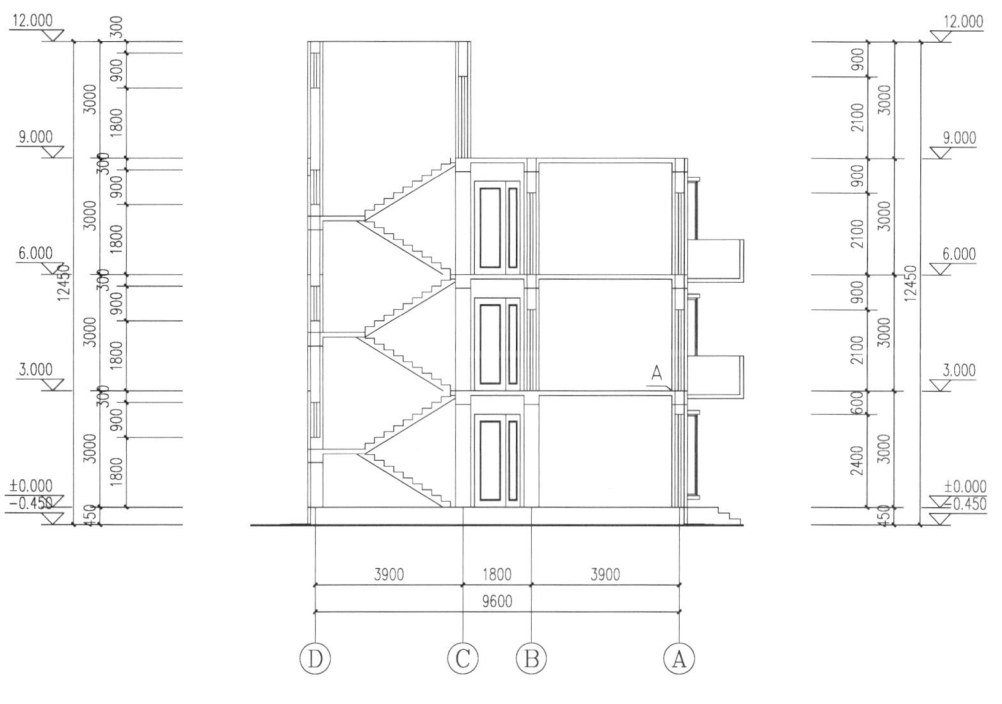

图 8-80 加剖断梁

第三步 补充剖面图中楼梯栏杆部分。

"参数栏杆"命令用于生成楼板栏杆。

(1)常用"参数栏杆"命令的启动方式如下:

①命令行:"CSLG"↙。

②屏幕菜单:"剖面"→"参数栏杆"命令。

(2)操作步骤如下:

①执行"剖面"→"参数栏杆"命令,弹出"剖面楼梯栏杆参数"对话框,如图 8-81 所示,对话框中的参数必须和楼梯的参数相匹配。按"剖面楼梯栏杆示意图"梯段最下面一级踏步梯面下方点为栏杆插入点。

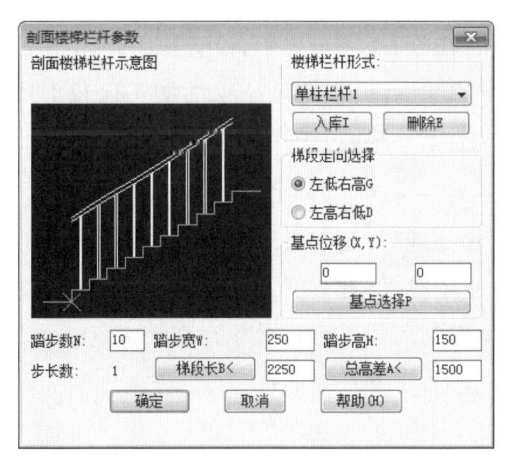

图 8-81 "剖面楼梯栏杆参数"对话框

微课 70

参数栏杆

②插入一个方向的楼梯走向栏杆后,可以调整楼梯的走向并再次插入栏杆。楼梯栏杆插入如图 8-82 所示。

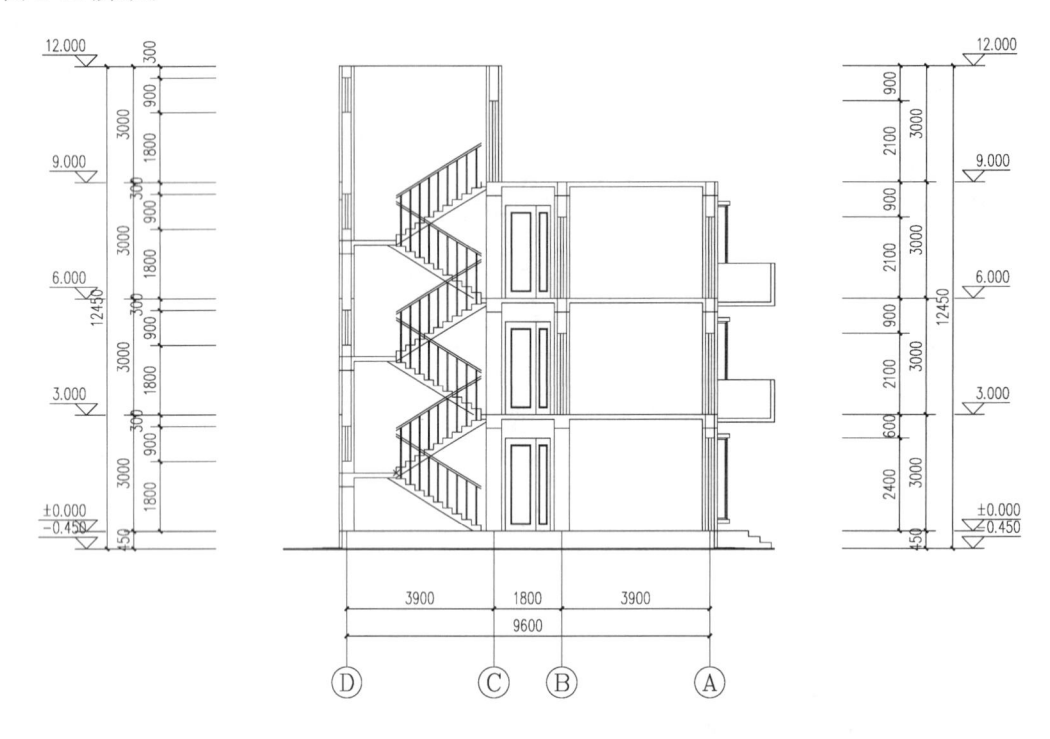

图 8-82 剖面楼梯栏杆插入

第四步 添加扶手接头。

通过"参数栏杆"命令添加的楼梯扶手是没有接头的,但通过"扶手接头"命令可以为其添加。

(1) 常用"扶手接头"命令的启动方式如下:

①命令行:"FSJT"↵。

②屏幕菜单:"剖面"→"扶手接头"命令。

(2) 操作步骤如下:

执行"剖面"→"扶手接头"命令,命令行提示,设置扶手伸出距离为 0,提示"是否增加栏杆",选择"否"。然后选中两段扶手的接头区域即可。添加扶手接头如图 8-83 所示。

第五步 剖面填充。

当对建筑剖面图进行深化处理后,还需要对建筑剖面图进行材料填充。"剖面填充"命令用于在剖面墙线与楼梯剖面按指定材料图例进行图案填充,与 AutoCAD 2015 软件的图案填充使用条件不同,本命令不要求墙端封闭即可填充图案。

(1) 常用"剖面填充"命令的启动方式如下:

①命令行:"PMTC"↵。

②屏幕菜单:"剖面"→"剖面填充"命令。

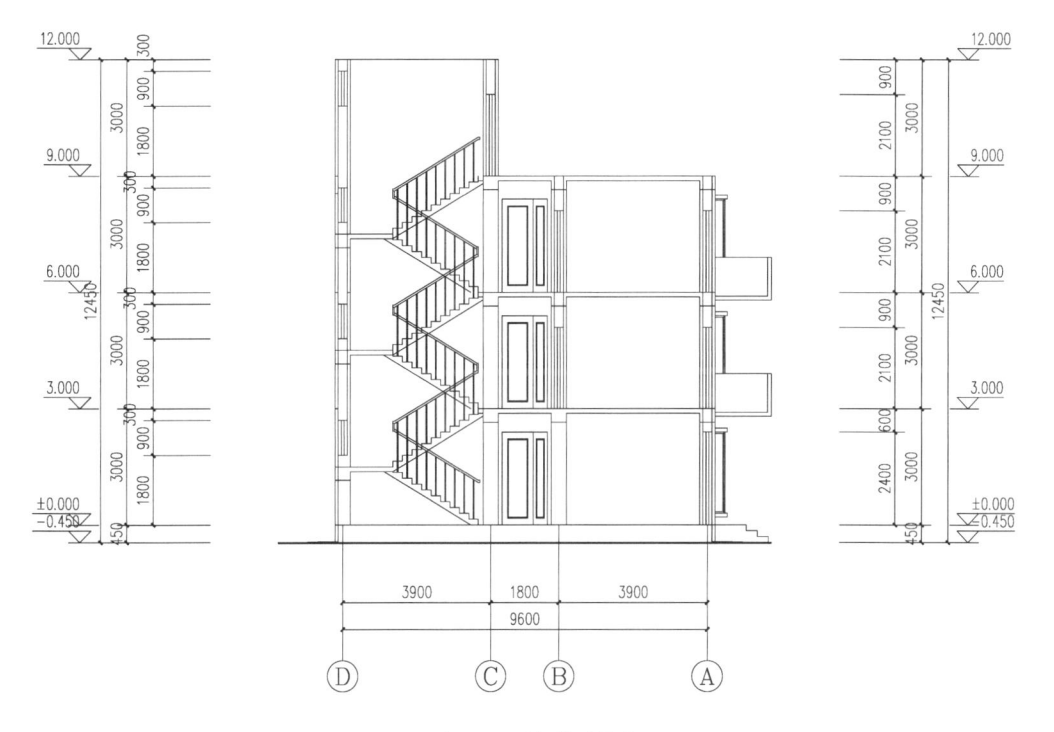

图 8-83 添加扶手接头

(2)操作步骤如下：

①执行"剖面"→"剖面填充"命令，根据命令行提示，选择需要填充的双线楼板、剖断梁、楼梯板，按"Enter"键，在弹出的"请点取所需的填充图案"对话框中选择填充图案"涂黑"，如图 8-84 所示。点"确定"即可完成填充。剖面填充如图 8-85 所示。

图 8-84 选择填充图案

②修饰剖面图

另外，还可以使用"立面"→"立面阳台"为剖面图添加侧面阳台，使用"立面"→"立面屋顶"为剖面图添加屋顶。使用 AutoCAD 2015 相关命令对图中需要修改的地方进行修饰，最终效果如图 8-78 所示。

图 8-85　剖面填充

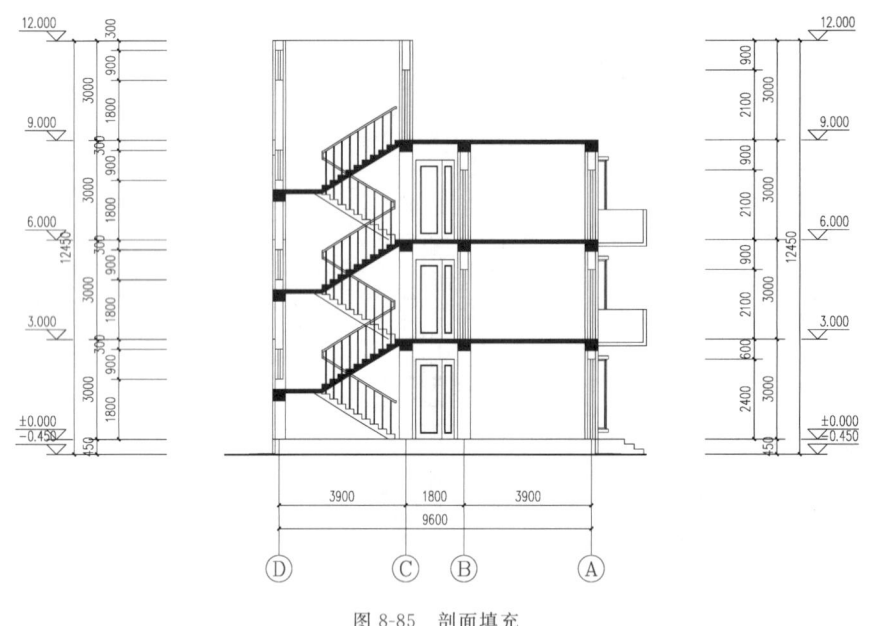

习　题

操作题

根据本章所学内容，利用天正建筑软件绘制出如图 8-86 和图 8-87 所示的某办公楼的首层平面图、标准层平面图。该办公楼一共有四层，二层和三层平面图为标准层平面图。然后根据平面图创建立面图和剖面图，并对其进行加深修饰。

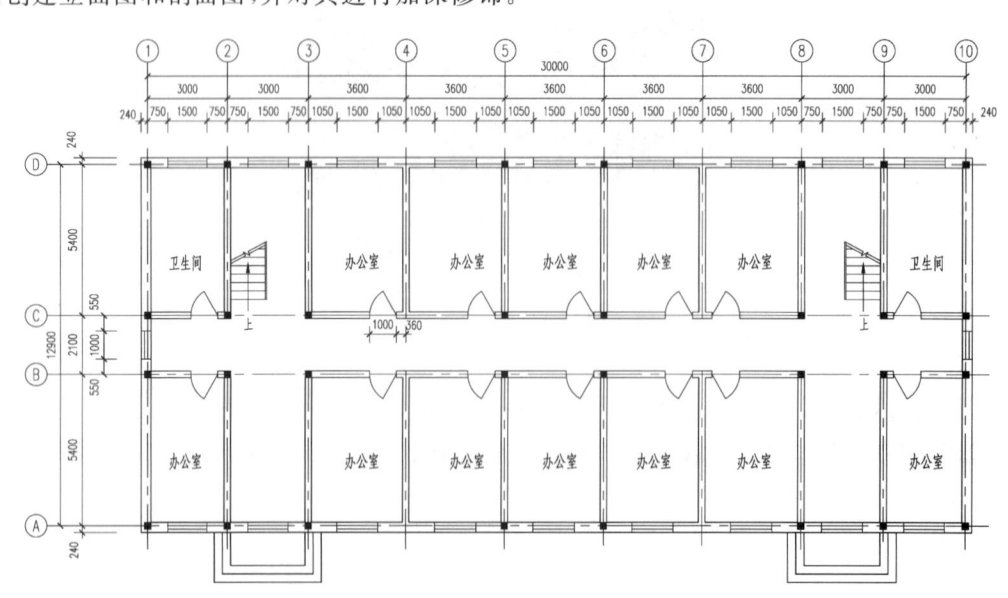

图 8-86　某办公楼首层平面图

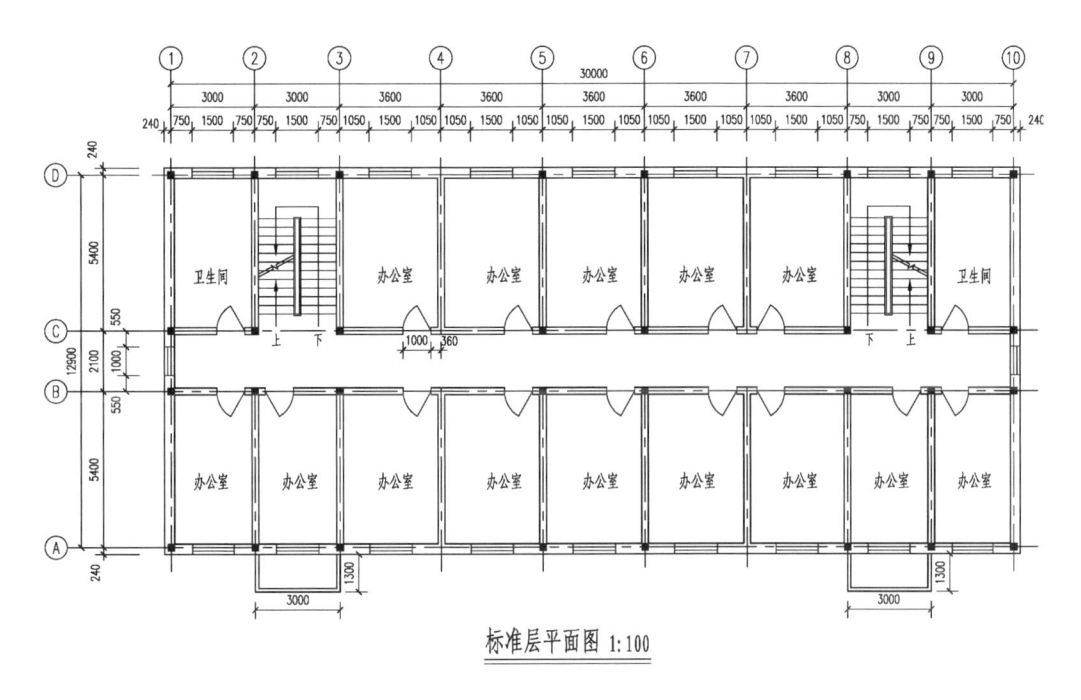

图 8-87　某办公楼标准层平面图

提示：

(1)执行"轴网柱"→"绘制轴网"命令，依据图中尺寸完成轴网的绘制。

(2)执行"尺寸标注"→"两点标注"命令，依次标注轴线横向定位轴线及纵向定位轴线之间的尺寸。

(3)执行"轴网柱"→"标准柱"命令，在弹出的"标准柱"对话框中选择柱材料为钢筋混凝土，形状为矩形，设置柱尺寸横向为 240 mm、纵向为 240 mm，柱高为当前层高，为首层平面图添加柱。

(4)执行"墙体"→"绘制墙体"命令，在弹出的"绘制墙体"对话框中设置墙体厚度左、右宽各为 120 mm，墙体高度为 3600 mm，为首层平面图绘制墙体。

(5)执行"门窗"→"门窗"命令，在弹出的对话框中分别点"插门"及"插窗"按钮，并选择"垛宽定距插入"方式为首层平面图添加门窗(**注**：门窗样式可自行选定)。

(6)执行"楼梯其他"→"双跑楼梯"命令，在弹出的"双跑楼梯"对话框中设置楼梯高度为 3600 mm，踏步总数为 24 个，一跑步数为 12 个，二跑步数为 12 个，踏步高度为 150 mm，踏步宽度为 300 mm，单击"梯间宽"按钮在图中量取楼梯间宽度，层类型选择"首层"，再根据命令行提示插入楼梯。

(7)分别执行"楼梯其他"→"台阶"命令及"楼梯其他"→"散水"命令，根据命令行提示为平面图添加台阶和散水，相关尺寸可参考图中标注。

(8)执行"尺寸标注"→"门窗标注"命令，根据命令行提示对首层平面图进行尺寸标注。

(9)绘制标准层平面图，标准层平面图的绘制可以在首层平面图的基础上修改，删除平面图中不符合标准层平面图需要的构件和标注，如散水、台阶、大门、门窗等，保留一些可以修改利用的构件和标注。再分别为二层平面图创建楼梯、阳台、绘制新的墙体和门窗。

(10)建立楼层表并生成正立面图(图 8-88)，并使用相关命令对生成的立面图进行加深修饰(图 8-89)。

(11)同样的方法生成剖面图。

图 8-88　某办公楼正立面图

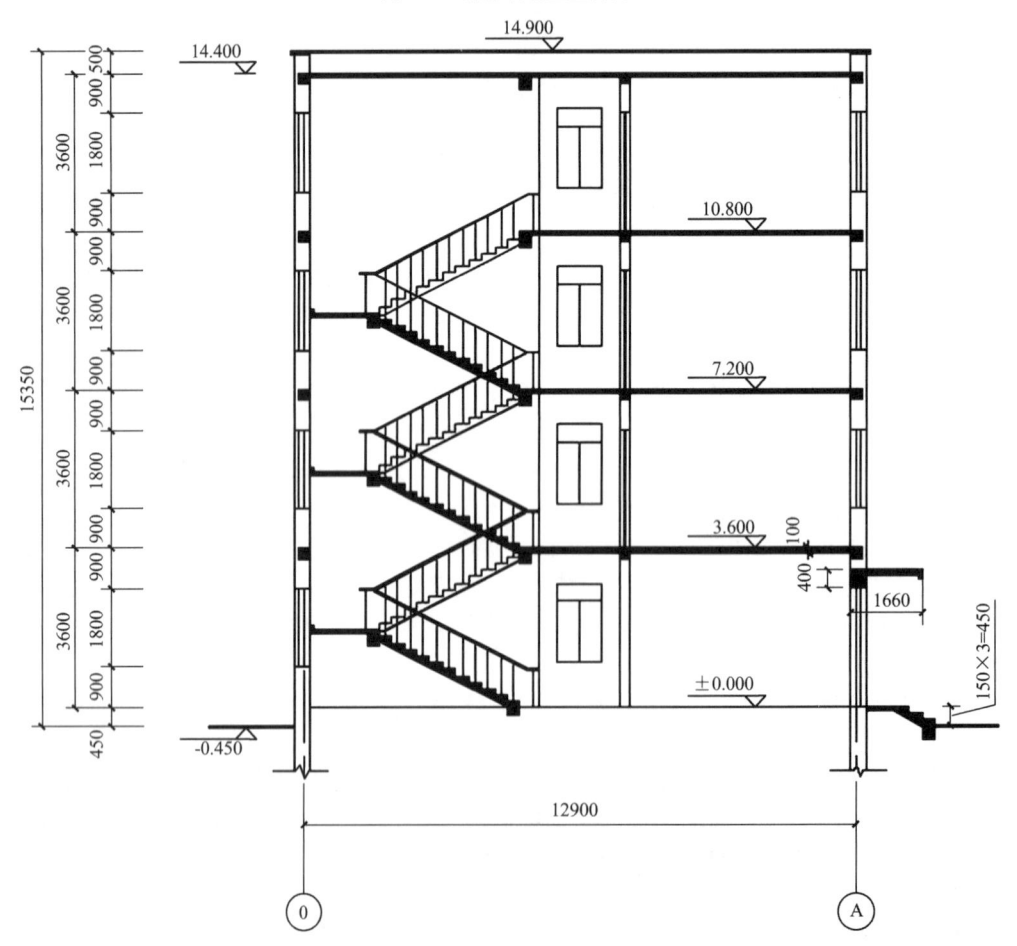

图 8-89　某办公楼剖面图

习题答案

第1章

一、单项选择题

1．A　2．C　3．A　4．D　5．B

二、多项选择题

1．AD　2．ABCD　3．ABCD　4．AD　5．AB

第2章

一、单项选择题

1．B　2．C　3．D　4．B　5．D　6．A　7．D　8．D　9．C　10．A　11．B　12．B　13．C　14．B　15．C

二、多项选择题

1．ABD　2．ABC　3．ABCD　4．ABCD　5．ABC

参 考 文 献

1　吕大为.建筑工程CAD.北京:中国电力出版社,2007年12月
2　谭皓,张电吉.AutoCAD 2009建筑制图.北京:中国电力出版社,2009年2月
3　陈通等.AutoCAD 2000入门与提高.北京:清华大学出版社,2000年7月
4　方晨.AutoCAD 2009中文版实例教程.上海:上海科学普及出版社,2010年1月
5　赖文辉.建筑CAD.重庆:重庆大学出版社,2004年1月
6　胡仁喜,刘昌丽,韦杰太.AutoCAD 2009中文版建筑设计实例教程.北京:机械工业出版社,2009年3月
7　谢世源.AutoCAD 2009中文版建筑设计综合应用宝典.北京:机械工业出版社,2008年7月
8　李波,杨红.TArch 7.5建筑设计与工程应用案例精粹.北京:机械工业出版社,2009年7月
9　麓山工作室.AutoCAD 2015建筑设计实例与施工图绘制教程.北京:机械工业出版社,2014年9月
10　刘哲,谢伟东.AutoCAD实例教程.大连:大连理工大学出版社,2014年11月
11　张云杰,张艳明.天正建筑软件2015建筑设计培训教程.北京:清华大学出版社,2016年7月

附　　录

附录1　　　　　　　　　　AutoCAD 2015 常用命令快捷键

快捷键	全称	功能
A	*ARC	圆弧
AA	*AREA	面积
AL	*ALIGN	对齐
AP	*APPLOAD	加载或卸载应用程序
AR	*ARRAY	阵列
ATT	*ATTDEF	属性定义
B	*BLOCK	定义块
BC	*BCLOSE	关闭块编辑
BE	*BEDIT	编辑定义块
BH	*HATCH	图案填充
BR	*BREAK	打断
BS	*BSAVE	块保存
C	*CIRCLE	圆
CH	*PROPERTIES	属性
CHA	*CHAMFER	倒角
COL	*COLOR	选择绘图颜色
CO;CP	*COPY	复制
DAL	*DIMALIGNED	对齐标注
DAN	*DIMANGULAR	角度标注
DAR	*DIMARC	弧长标注
DELETE	*ERASE	删除
JOG	*DIMJOGGED	折线标注半径
DBA	*DIMBASELINE	连续标注
DCE	*DIMCENTER	中心线
DCO	*DIMCONTINUE	连续标注
DDA	*DIMDISASSOCIATE	解除关联
DDI	*DIMDIAMETER	直径标注
DI	*DIST	测量
DIV	*DIVIDE	定数等分
DJL	*DIMJOGLINE	给标注添加折弯
DJO	*DIMJOGGED	折弯标注
DLI	*DIMLINEAR	线性标注
DOR	*DIMORDINATE	坐标标注

(续表)

快捷键	全称	功能
DRA	*DIMRADIUS	标注半径
DS	*DSETTINGS	草图设置对象捕捉
DST	*DIMSTYLE	标注样式管理器
DT	*TEXT	单行文字
E	*ERASE	删除
ED	*TEXTEDIT	编辑标注文字
EL	*ELLIPSE	绘制椭圆
F	*FILLET	倒圆角
FI	*FILTER	对象选择过滤器
G	*GROUP	建立组
GD	*GRADIENT	渐变颜色填充
GR	*DDGRIPS	选项选择集
H	*HATCH	填充图案
HE	*HATCHEDIT	编辑填充图案
I	*INSERT	插入图纸
QVD	*QVDRAWING	切换图纸
J	*JOIN	合并线段
L	*LINE	绘制直线
LA	*LAYER	图层管理器
LAS	*LAYERSTATE	图层状态管理器
LE	*QLEADER	多行引线标注
LEN	*LENGTHEN	延伸
LI	*LIST	特性查询
LMAN	*LAYERSTATE	图层状态管理器
LS	*LIST	特性查询
LT	*LINETYPE	线性管理器
LTYPE	*LINETYPE	线性管理器
LTS	*LTSCALE	线性比例因子
LW	*LWEIGHT	线宽设置
M	*MOVE	移动
MA	*MATCHPROP	属性匹配
ME	*MEASURE	定距等分
MEA	*MEASUREGEOM	查询
MI	*MIRROR	镜像
ML	*MLINE	双线绘制
MLA	*MLEADERALIGN	对齐多重引线

(续表)

快捷键	全称	功能
MLC	*MLEADERCOLLECT	合并多重引线
MLD	*MLEADER	引线标注
MLE	*MLEADEREDIT	多重引线添加箭头
MLS	*MLEADERSTYLE	引线样式管理器
MO	*PROPERTIES	属性
MT	*MTEXT	多行文字
O	*OFFSET	偏移
OP	*OPTIONS	选项
OS	*OSNAP	草图设置
P	*PAN	移动
PA	*PASTESPEC	选择性粘贴
PE	*PEDIT	编辑多段线
PL	*PLINE	多段线
PO	*POINT	绘制点
POL	*POLYGON	绘制多边形
PR	*PROPERTIES	特性
PU	*PURGE	清理对象
QC	*QUICKCALC	计算器
QP	*QUICKPROPERTIES	快速查询
RE	*REGEN	重生成
REC	*RECTANG	绘制矩形
REG	*REGION	创建面域
REN	*RENAME	重命名
RO	*ROTATE	旋转
S	*STRETCH	拉伸图形
SC	*SCALE	比例放缩
SE	*DSETTINGS	草图设置
SN	*SNAP	捕捉间距
SPL	*SPLINE	样条线
ST	*STYLE	文字样式
T	*MTEXT	多行文字
TA	*TEXTALIGN	文字对齐
TB	*TABLE	插入表格
TEDIT	*TEXTEDIT	文字编辑
TO	*TOOLBAR	工具栏设置
TOL	*TOLERANCE	公差

(续表)

快捷键	全称	功能
TR	*TRIM	修剪
TS	*TABLESTYLE	表格样式
UC	*UCSMAN	UCS 坐标系
UN	*UNITS	图形单位
VP	*VPOINT	视点预设
W	*WBLOCK	块输出
X	*EXPLODE	分解
XL	*XLINE	构造线
Z	*ZOOM	缩放

附录 2　　AutoCAD 2015 常用功能键

快捷键	功能	快捷键	功能
F1	HELP(帮助)	CTRL+B	捕捉模式,同 F9
F2	文本窗口	CTRL+C	复制内容到剪切板
F3	对象捕捉	CTRL+F	对象捕捉,同 F3
F7	栅格显示	CTRL+G	栅格显示,同 F7
F8	正交模式	CTRL+L	正交模式,同 F8
F9	捕捉模式	CTRL+N	新建文件
F10	极轴追踪	CTRL+O	打开旧文件
F11	对象捕捉追踪	CTRL+P	打印输出
CTRL+1	特性	CTRL+Q	退出 AutoCAD 2015
CTRL+2	设计中心	CTRL+S	快速保存
CTRL+3	工具选项板	CTRL+U	极轴追踪,同 F10
CTRL+A	选择全部对象	CTRL+V	从剪切板粘贴